AF454712

TRAITÉ DES HARAS,

AUQUEL on a ajouté la manière de ferrer, marquer, hongrer & angloiser les Poulains; des Remarques sur quelques-unes de leurs maladies; des Observations sur le Pouls, sur la Saignée & sur la Purgation;

AVEC UN

TRAITÉ DES MULETS;

Par JEAN-GEORGE HARTMANN, Conseiller de la Chambre des Rentes de S. A. S. Monseigneur le Duc régnant de Wirtemberg, Membre de l'Académie des Arts de Wirtemberg, & des Sociétés de Physique & d'Economie de Zurich & de Berne:

Traduit de l'Allemand, sur la seconde Edition, & sous les yeux de l'Auteur;

Avec Figures :

Revu & publié par M. HUZARD, Vétérinaire à Paris, de plusieurs Académies, &c.

A PARIS,

Chez THÉOPHILE BARROIS le jeune, Libraire, quai des Augustins, n° 18.

M. DCC. LXXXVIII.

Avec Approbation, & Privilège du Roi.

Fortes creantur fortibus & bonis,
Est in Juvencis, est in equis patrum
Virtus.

HORAT. Lib. IV. Oda 4. 29.

A MONSIEUR LE CHEVALIER

DE LA FONT-POULOTI,

Auteur du nouveau Régime pour les Haras, honoraire de l'Académie royale des Belles-Lettres d'Arras, affocié de celle d'Agen, &c. &c.

Monsieur,

Vous avez lu le manufcrit de l'Ouvrage que je publie, & vous avez trouvé qu'il contenoit des vues neuves & des recherches intéreffantes. Votre jugement, toujours fondé fur une critique févère &

judicieuſe, m'a engagé à vous en offrir l'hommage. Votre goût pour tout ce qui eſt relatif aux Haras, & l'amitié dont vous m'honorez, ont pu ſeuls vous dé-terminer à l'accepter.

HUZARD.

Paris, le 1er Mars 1788.

AVIS

DE L'ÉDITEUR.

LA première édition de l'Ouvrage dont je publie la Traduction, parut à Stutgard, chez Jean-Benoît *Mezler*, en 1777, *in-8°* de 302 pages & cinq feuillets pour le titre, la table, &c. Elle est divisée en dix Chapitres, sans y comprendre un *Traité des Mulets*, & les *Réglemens des Haras* dans le Duché de Wirtemberg, que l'auteur ajouta à la fin. Elle fut favorablement accueillie dans toute l'Allemagne.

La seconde édition parut en 1786, à Tubinge, chez Jean-George *Cotta*, *in-8°* de 420 pages & huit feuillets pour le titre, l'épître dédicatoire, la table, &c. Elle est augmentée de six nouveaux Chapitres & de deux gravures. M. HARTMANN en fit hommage à son père, auquel il devoit toutes ses connoissances dans cette partie, & qui avoit été, pendant une longue suite d'années, à la tête des Haras du Wirtemberg.

Elle fut encore plus favorablement reçue que la première, l'Auteur en ayant rendu l'utilité plus générale, en y indiquant la manière de couper les poulains, de les angloiser, &c. Quelques personnes, auxquelles la Langue allemande étoit familière, & qui étoient en état d'apprécier le mérite de cet Ouvrage, sentirent que la traduction françoise pourroit être avantageuse à nos Haras, en nous faisant connoître la manutention de cette partie en Allemagne; elles engagèrent l'Auteur à s'en occuper; il la fit faire sous ses yeux, avec quelques changemens & additions, qui ne peuvent qu'en augmenter le mérite, & qui font de cette traduction une troisième édition.

Comme il y a peu de mulets en Allemagne, M. HARTMANN avoit jugé inutile de faire traduire le petit Traité qu'il en donne à la fin de son Ouvrage; mais plusieurs de ceux qui l'ont lu en ont pensé autrement. M. MÉGELÉ, Médecin & Pensionnaire de l'Electeur de Mayence à l'Ecole royale Vétérinaire de Paris, a bien voulu s'en charger, & y ajouter quelques notes intéressantes, qui, avec celles de l'Auteur, pourront servir à éclaircir l'histoire du *Jumart*, & de la fécondité si disputée de tous ces êtres mixtes. Quelques-unes de ces notes lui ont été communiquées par M. MALATS, Pensionnaire du Roi d'Espagne, aussi à l'Ecole Vétérinaire.

L'Auteur avoit également retranché de cette traduction les Chapitres de la castration des poulains, & de l'amputation de la queue à la manière des Anglois : il pensoit que ces opérations, très-connues en France, & décrites dans de bons ouvrages, seroient inutiles dans son Traité ; mais les recherches historiques auxquelles il s'est livré à ce sujet, & les gravures qu'il a ajoutées au premier de ces Chapitres, pour représenter la manière d'abattre & de hongrer les poulains, rendent ce travail intéressant ; & je crois que les lecteurs me sauront gré de l'avoir conservé & fait connoître.

On s'appercevra facilement, en lisant ce Traité, qu'il a été traduit en Allemagne, & vraisemblablement par un Allemand ; on y trouvera un grand nombre de phrases qui ont une tournure entiérement germanique. Pour les faire disparoître, il eût fallu refondre toute la traduction, & elle auroit nécessairement perdu alors une grande partie de son originalité, & peut-être de son mérite. Je me suis donc borné à éclaircir & à simplifier celles qui auroient pu en rendre

le fens moins intelligible. C'eft principalement dans les derniers Chapitres, que
j'ai cru devoir faire le plus de changemens & d'additions : l'Auteur y décrit
plufieurs opérations, que j'ai tâché de
détailler de manière qu'à l'aide des def-
criptions & des explications que j'ai jointes
aux gravures, l'homme le moins exercé
pût aifément les exécuter toutes. C'eft
par la pratique feulement, qu'il fera poffible d'apprécier cette partie de mon travail.

On me reprochera peut - être d'avoir
laiffé fubfifter, dans cet Ouvrage, quelques opinions que plufieurs Ecrivains regardent comme furannées, & quelques
idées qui ne font pas généralement re-
çues : mais, je le répète, j'ai dû conferver
à l'Auteur fon originalité. Je ne remplis
point la tâche pénible de commentateur
& de critique, je ne fuis qu'Editeur ; j'ai
feulement cru devoir ajouter quelques
notes, lorfque l'occafion s'en eft préfentée ;
la plus confidérable eft un extrait de notre
Réglement des Haras, relativement à la propagation & au commerce des mulets dans
le royaume , page 300.

M. HARTMANN nous fait connoître un
grand nombre d'écrits allemands fur l'hip-

platrique ; il a souvent cité auffi des traductions allemandes d'ouvrages françois
ou anglois fur cette fcience. J'ai rétabli les
citations d'après les originaux ou d'après
les traductions françoifes, toutes les fois
que les uns ou les autres m'ont été connus,
& fur-tout lorfque j'ai été à portée de les
confulter, en indiquant toujours les meilleures éditions, lorfqu'il y en a eu plufieurs. Il avoit inféré, dans la première
note du Difcours préliminaire de fa traduction, une notice de quelques Auteurs
qui ont parlé du cheval ; j'ai entiérement
refondu, & beaucoup augmenté cette notice : en y réuniffant celles qu'on trouve
dans les Chapitres XIII, page 229, &
XIV, page 237, ainfi que les autres ouvrages *ex profeffo* cités dans les notes,
on aura ce qui a été écrit de meilleur jufqu'à préfent, en Europe, fur la propagation, l'éducation, la ftructure & la confervation du cheval.

L'ordre des Chapitres de la traduction
n'eft pas toujours le même que celui de
l'original. L'Auteur avoit placé le *Traité
des Haras du pays*, qui contient auffi l'extrait des Réglemens faits dans divers Etats
du Nord fur ce fujet, à la fin de l'Ouvrage, avant le *Traité des Mulets*, Cha-

pitre XVI ; il l'a reporté ici Chapitre **XI**, immédiatement après celui qui concerne les poulains, de forte qu'on trouve de fuite tout ce qui eft relatif aux Haras proprement dits. Les autres Chapitres, qui traitent de la manière de marquer les poulains, de les ferrer, de les couper, &c. n'étant que des acceffoires, ont dû être placés enfuite. Le *Traité des Mulets* termine également l'Ouvrage.

Enfin, comme on parle, dans le Difcours préliminaire, de quelques mefures d'Angleterre & d'Italie, j'ai cru devoir en indiquer les rapports avec celles de France. Ce travail, placé à la fuite de l'Avis fur les poids & mefures employés dans ce Traité, ci-après page *liv*, eft extrait de l'ouvrage intitulé : *Itinéraire des routes les plus fréquentées*, ou *Journal de plufieurs voyages aux villes principales de l'Europe, depuis 1768 jufqu'en 1783 ; nouvelle édition, par M.* DUTENS. *A Paris, chez* Th. Barrois le jeune. *1788*, petit in-8°.

DISCOURS PRÉLIMINAIRE.

DE tous les animaux que l'homme a apprivoifés pour fon fervice, le cheval eft inconteftablement celui qui mérite le premier rang.

Si les qualités & les facultés des animaux doivent être envifagées comme des moyens relatifs à leur confervation & à celle de leurs efpèces, il n'eft pas moins vrai que la beauté & les talens éminens du cheval femblent auffi lui avoir été donnés par le Créateur, pour l'agrément & le fervice de l'homme.

Tout le monde connoît l'élégance de fa conformation extérieure, la régularité & la proportion de fes membres, la majefté de fa taille, la fierté de fon regard, la nobleffe de fon maintien, la grace & la précifion de fes mouvemens; mais on faura encore mieux apprécier toutes fes qualités, fi on l'étudie fous la direction des Auteurs qui s'en font occupés (1).

---

(1) Les principaux font : RUSE, *Hippiatria five maref-calia. Lutetiæ.* 1532. in-fol. fig.

CARACCIOLO, *la Gloria del Cavallo. Venetia,* 1589. in-4°.

DE PLUVINEL, *Maneige royal, où l'on peut remarquer*

On fait encore qu'à une bonne mé=
moire il réunit un efprit d'attention & de

---

la perfection & le défaut du Chevalier. Paris, 1624. in-fol.
fig. obl.

JOURDAIN ; *la vraie cognoiſſance du cheval, ſes maladies & ſes remèdes.* Paris, 1647. in-fol. fig.

DE NEWCASTLE ; *Méthode & invention nouvelle de
dreſſer les chevaux.* Anvers, 1658. in-fol. fig.

WINTER , *Bellerophon, ſive eques peritus, hoc eſt artis
equeſtris acuratiſſima inſtitutio.* Norimbergæ , 1678. in-fol. fig.
— *Hippiater expertus.* Norimbergæ , 1678. in-fol. fig.
— *Tractatio nova & auctior de re equaria.* Norimbergæ ,
1703. in-fol. fig.

Ces Ouvrages ſont écrits en Allemand , en Italien ,
en François & en Latin.

CONDE , *la Verdadera albeyteria.* Madrid , 1685. in-fol.
fig.

DE SOLLEYSEL , *le parfait Mareſchal.* Paris , 1693 ,
in-4°. fig. 2 vol.

D'EISEMBERG , *Deſcription du Manège moderne dans
ſa perfection.* Londres , 1727, in-4°. fig. obl. — *Anti-ma-
quignonage pour éviter la ſurpriſe dans l'emplette des chevaux , où l'on traite de leurs perfections & de leurs défauts.*
Amſterdam & Leipſig , 1764. in-4°. fig. obl.

DE LA GUERINIERE , *Ecole de Cavalerie contenant la
connoiſſance, l'inſtruction & la conſervation du cheval.* Paris ,
1736. in-fol. fig.

DE SAUNIER , *la parfaite connoiſſance des chevaux.* La
Haye , 1734. in-fol. fig.

DE GARSAULT , *le nouveau parfait Maréchal.* Paris ,
1746. in-4°. fig.

DE BUFFON & D'AUBENTON , *Hiſtoire Naturelle
générale & particulière.* Paris , 1749. in-4°. fig. Tome IV.

ROSSELMINI , *Dell' obedienza del cavallo.* Livorno ,
1764. in-4°. fig.

BONSI , *Il maniſcalco inſtruito nella medicina pratica
delle principali malattie del cavallo.* Rimini , 1767. 6 vol.
in-8°. fig.

diſcernement, & un ſentiment délicat. Les Anciens en ont allégué divers exemples frappans (1), & il n'y a point d'obſerva-

---

BOURGELAT, *Elémens de l'Art vétérinaire. Précis anatomique du corps du cheval. Paris, 1769. in-8°. — Traité de la conformation extérieure du cheval. Paris, 1775, in-8°. fig. 2 vol.*

DE SIND, *Vollſtandiger Unterricht in den Wiſſenchaften eines ſtallmeiſters. Gœttingen und Gotha, 1770. in-fol. fig. — L'Art du manège pris dans ſes vrais principes. Vienne, Paris, 1774. in-8°. fig.*

CAVERO, *Inſtituciones de albeyteria. Madrid, 1773. in-4°. fig.*

Cet Auteur, qui a publié pluſieurs autres volumes ſur l'Hippiatrique, eſt, avec CONDE, ce que les Eſpagnols ont de meilleur ſur cet objet.

BRUGNONE, *la Maſcalcia o ſia la medicina veterinaria ridotta ai ſuoi veri principi. Torino, 1774. in-8°. fig. — Trattato delle razze de' cavalli. Torino, 1781. in-8°. fig.*

LA FOSSE, *Dictionnaire raiſonné d'Hippiatrique, Cavalerie, Manège & Maréchalerie. Bruxelles, 1776. in-8°. 2 vol. — Manuel d'Hippiatrique. Nancy, 1787. in-12.*

DUPATY DE CLAM, *la Science & l'Art de l'équitation démontrée d'après la nature. Paris, 1776. in-4°. fig.*

DE LA FONT-POULOTI, *nouveau Régime pour les Haras, ou Expoſé des moyens propres à propager & à améliorer les races de chevaux. Paris, 1787. in-8°. fig.*

La quatrième partie de cet Ouvrage contient l'analyſe de plus de quatre-vingts écrits ſur l'objet dont il traite.

M. CHABERT, Directeur & Inſpecteur général des Ecoles royales Vétérinaires de France, a publié, depuis quelques années, pluſieurs Traités ſur l'Art vétérinaire en général, & ſur les maladies du cheval en particulier. (*Note de l'Editeur.*)

(1) *Voyez* ſur-tout PLINE, *Hiſt. Nat. Lib. VIII,* ſect. 64 & 65. — JUL. SOLINI *Polyhiſtor. cap. 57.* — PLUT. *de Solert. Anim. Operum, vol. 2. Pariſ. 1624. fol. p. 970.*

teur curieux qui n'en puiſſe alléguer auſſi.

La hardieſſe du cheval va juſqu'à une intrépidité incroyable. L'Auteur du Livre de JOB & VIRGILE l'ont chantée (1) : le *Peintre de la Nature* l'a décrite avec cette énergie de pinceau qui lui eſt ordinaire : « Ce fier & fougueux animal partage, » avec l'homme, les fatigues de la guerre » & la gloire des combats : auſſi intrépide » que ſon maître, le cheval voit le péril » & l'affronte; il ſe fait au bruit des armes; » il l'aime, il le cherche, & s'anime de » la même ardeur (2) ».

Il ne ſe diſtingue pas moins par ſa vîteſſe. On connoît celle des chevaux dont les Anglois ſe ſervent pour leurs courſes. M. DE BUFFON rapporte, d'après une lettre que *Mylord Comte* DE MORTON lui écrivit de Londres en 1748, que M. *Thornhill*, maître de poſte à Stilton, ayant fait la gageure de courir à cheval trois fois de ſuite le chemin de Stilton à Londres, c'eſt-à-dire, de faire deux cens quinze milles d'Angleterre (environ ſoixante-douze

____

(1) JOB. *Chap. XXXIX. 23, 28.* — VIRG. *Georgic. Lib. III.*

(2) DE BUFFON, *Hiſt. Natur.* ci-devant citée, édition in-12, Tome VII, ſeconde partie (1753), page 249.

lieues

lieues de France) en quinze heures, se mit en course le 29 Avril 1745, & fit ce chemin en onze heures trente-deux minutes (1). Quelque rapide qu'ait été cette course de M. *Thornhill*, ce n'est pourtant pas ce que l'Angleterre a vu de plus surprenant en ce genre. Les Annales de *Newmarket* produisent des exemples de chevaux qui, au pied de la lettre, couroient aussi vîte, ou même plus vîte que le vent ; comme M. DE LA CONDAMINE l'a aussi observé dans son *Voyage d'Italie*. Il y a de ces chevaux qui ont fait souvent quatre milles d'Angleterre en six minutes six secondes, c'est-à-dire, plus de cinquante-quatre pieds en une seconde. On assure même que le *Starling*, le *Childers*, & le *Germain*, fameux coursiers anglois, ont fait plusieurs fois un mille, ou à-peu-près, en une minute, & ainsi quatre-vingt-deux pieds & demi en une seconde. Du moins ce fait est-il indubitable & de toute notoriété, par rapport aux deux derniers. Le *Childers* a parcouru la carrière de *Newmarket*, c'est-à-dire, un chemin de quatre milles moins quatre cens yards, en six minutes quarante secondes ; & on

---

(1) *Ibid.* page 336.

b

trouve dans la *Gazette d'Erlang* (1), que le *Germain* a parcouru, en quatre minutes, un espace de quatre milles anglois. Or, la vîtesse du vent le plus impétueux est, en Angleterre, selon le calcul de M. DERHAM, de soixante-six pieds anglois, & à S. Pétersbourg, selon le calcul de M. KRAFFT, de cent vingt-trois pieds rhénaux par seconde (2). Les chevaux

----

(1) *Erlang. Real-Zeitung*, 1780, n° 89.
(2) Voyez *le Mercure de France*, sept. 1757, p. 121. — *Britisch Zoology*, by THOMAS PENNANT. London, 1768. *vol I*, p. 1 & *suiv.* — *Hamburgisches magazin*, *Band XXI*, p. 440. —SCHLŒZERS *Briefwechsel*, *Theil VI*, *p. 337.*
Ne seroit-ce pas particuliérement en vue de ce grand rapport entre la vitesse du cheval & celle du vent, que les Anciens disoient des cavales de Lusitanie & de Galice, *qu'elles concevoient du vent?* C'est du moins l'opinion de TROGUE-POMPÉE, ou de son Abréviateur, JUSTIN. *Hist. lib. 44, cap. 3;* & le savant *Gerard-Jean* VOSSIUS observe aussi, que c'est pour exprimer ce rapport, qu'HOMÈRE, & après lui d'autres Poëtes, ont donné la même origine aux fameux coursiers qu'ils chantoient. *De Theol. Gentil. lib. 3, cap. 54, p. 1019. Edit. Francof. ad Mœn. 1675. in-4°.*
Les *Assyriens*, ainsi que les autres Orientaux, avoient consacré le cheval au Soleil; les *Massagètes* & les *Perses* sacrifioient le plus vîte de tous les animaux au plus vîte de tous les Dieux. HÉRODOTE, *Liv. I, chap. 5, fin.* — HÉLIODORE, *Æthiop. 10.* — OVIDE, *Fast. lib. I;* & c'est aussi, sans doute, par la même raison, que l'Antiquité faisoit traîner par quatre coursiers le char de cette Divinité.

Perfes, Tartares, Ruffes, Hongrois, &c.
font auffi d'excellens coureurs. Les Arabes
fur - tout, vont d'une vîteffe incroyable,
& au point que quelques-uns d'entre eux
devancent les autruches à la courfe (1).

Le cheval eft auffi particuliérement
recommandable par fa force. La charge
ordinaire d'un cheval de bât de la baffe
Saxe eft de quatre cens à quatre cens
cinquante livres. Ceux de Yorkshire,
dont on fe fert pour tranfporter les ouvrages de manufacture dans les parties
les plus reculées du royaume d'Angleterre, portent communément quatre cens
vingt livres, & cela indifféremment, en
franchiffant les plus hautes montagnes
du nord, comme en marchant dans les
plaines. Les gros chevaux de trait, que
l'on appelle en Angleterre *chevaux de*

---

(1) LEO AFRIC. *de Africæ Defcript. Tom.* 2, *p. 150*
& fuiv. — *Afrique de* MARMOL, *Tome I, p. 50.*
Pour marquer l'étonnante rapidité avec laquelle le
cheval traverfe un grand terrein, les Arabes difent, au
rapport de GIGGEIUS & de GOLIUS, *qu'il l'engloutit,*
& ils lui donnent un nom qui fignifie un *avaleur de*
terre. Cette expreffion eft déjà employée dans JOB,
ch. XXXIX. 24 ; & il eft remarquable qu'elle fe retrouve auffi chez les Latins. *Voyez* VIRGILE, *Georg.*
lib. 3, verf. 142. feq. — SILIUS ITAL. *lib. 3.* — NEME-
SIANUS, &c.

b ij

meûnier, traînent pour le moins neuf cens quatre-vingts livres. Ceux du Duché de Zell, que l'on appelle en langue du pays, *Heid-Hengst*, tirent, fur un haquet ou charrette à deux roues, dix quintaux, méme dans de mauvais chemins, & en de longues traites. Les chevaux Suiffes, que les François attèlent aux canons, traînent encore davantage. On a à Londres des exemples de chevaux qui peuvent tirer foixante quintaux fur un terrein uni & à une courte diftance, & qui traînent commodément, & pendant un affez long-temps, trente quintaux. Ceux de Styrie, auxquels on donne, à Vienne, le nom de *Wœge-Pferde*, & dont on fe fert pour porter les marchandifes de la douane ou du bureau de péage chez les propriétaires, tirent, fur un traîneau, jufqu'à trois mille livres. M. AYRER, Ecuyer à Gottingue, de qui nous tenons une partie de ces faits, obferve très bien qu'un cheval qui traîne, fur deux roues, un poids de mille livres, traîneroit le double, fi une roue pouvoit être affranchie du frottement qu'elle effuie (1).

____

(1) *Voyez* PENNANT'S, *Britifch zoology ibid.* — Et SCHLŒZER, *ibid. p. 337, 339.*

Ce qui rehauffe fur-tout le prix de la force du cheval, c'eft la grande perfévérance qu'il y joint. Les chevaux de la Cavalerie Hanovrienne portent quatre cens, & même quelquefois près de quatre cens cinquante livres, non-feulement pendant toute la campagne, mais fouvent auffi dans les chocs qu'elle a à foutenir, lorfqu'elle eft en marche, & en allant le trop & le galop (1). Les chevaux Arabes font, en vingt-quatre heures, un chemin de cent milles d'Italie (2); & VOPISCUS (3) fait mention d'un cheval de peu d'apparence, & de taille médiocre, qui, non-feulement faifoit par jour autant de chemin, mais qui étoit encore en état de continuer de même huit ou dix jours de fuite. Il fe trouve des chevaux Ruffes qui courent en un jour vingt-cinq milles d'Allemagne. Ceux de Tartarie fupportent, dès l'âge de fix ou fept ans, des fatigues incroyables, comme de marcher deux ou trois jours fans s'arrêter, d'en paffer quatre ou cinq fans autre nourriture qu'une poignée d'herbe de huit heures en huit heures,

---

(1) SCHLŒZER, *ibid. pag.* 55 *& fuiv.* & *p.* 341.
(2) LUDOVIC. ROMAN. *Lib.* 4. *Navigat.*
(3) *In Prol. Imperat. cap.* 8.

& d'être, en même temps, vingt-quatre heures fans boire, &c. (1). PLINE dit des chevaux Sarmates, qu'ils faifoient, tout d'une traite, une courfe de cent cinquante milles Romains (2).

Ce qui relève encore le mérite du cheval, c'eft fa docilité & fon empreffement à fervir. Ce noble animal, qui, dans l'état de nature, paroît indomptable, eft à peine privé de la liberté, & accoutumé au mors & au harnois, qu'il fe prête à tout ce qu'on exige de lui. Il fléchit fous la main qui le gouverne, fe livre fans réferve, ne fe refufe à rien, fert de toutes fes forces, s'excède, & même meurt, pour mieux obéir (3). C'eft fur-tout au manège, qu'il montre fon admirable flexibilité. On trouve dans ELIEN & dans PLINE (4), que toute la cavalerie

---

(1) M. DE BUFFON, *qui rapporte ce fait, Hift. Nat. ibid. page 357,* a pour garants, PALAFOX, *Hift. de la Conquête de la Chine. Paris, 1670, p. 427. — Le Recueil des Voyages du Nord. Rouen, 1716, Tome 3, p. 156.* — TAVERNIER, *Tome I. de fes Voyages, p. 472 & fuiv.* — *Hift. générale des Voyages,* Tome 6, p. 603, & Tome 7, p. 214.

(2) *Hift. Natur.* Lib. VIII, fect. 65.

(3) BUFFON, *idem.* p. 250.

(4) ÆLIANUS *de Animal. Lib. 16, cap. 23.* — PLINIUS, *Hift. natur. Lib. VIII, fect. 64.*

des Sybarites étoit dreſſée à danſer au ſon d'une ſymphonie ; & ATHÉNÉE rapporte qu'à Cardie, ville de la Cherſonèſe de Thrace, on avoit des chevaux qui l'étoient à danſer au ſon de la flûte (1). Les Perſes apprenoient aux leurs à s'accroupir, lorſque le cavalier vouloit les monter (2). BUSBEC, qui rapporte la même choſe des chevaux Turcs, ajoute que, ſur l'ordre de leurs maîtres, ils prennent à terre, avec les dents, une houſſine, une maſſue, un ſabre, & le leur préſentent (3). Les Anciens avoient auſſi des chevaux qui leur rendoient ce ſervice. Et les Numides couroient à nud ſur les leurs, dont ils étoient obéis, comme nous le ſommes de nos chiens (4).

Le cheval eſt encore très - eſtimable, par la bonté & la douceur de ſon naturel.

____

(1) ATHEN. *Dipnoſoph.* Lib. XII.

(2) *Dictionnaire d'Hiſt. Natur. par M.* VALMONT DE BOMARE, *Tome 2 , art. du Cheval, p. 443. Edit. de Lauſanne, 1776. in-8°.*

(3) BUSBEQUIUS , *Epiſt. Legat. Turcic. 3. Pariſ. 1595.* in-8°. p. 69.

(4) Voyez dans le *Journal de Paris*, année 1787, nᵒˢ 152, 182, l'hiſtoire d'un petit cheval ſavant, appelé *Moraco.* Ces exemples d'obéiſſance, & des effets de l'éducation du cheval, ſont très-multipliés de nos jours. (*Note de l'Éditeur.*)

Malgré fa force & fon courage, il fe permet rarement d'attaquer les autres animaux. Il en évite même, autant qu'il le peut, les occafions ; il ne fait que fe défendre s'il eft provoqué.

Enfin, ce qui doit achever de nous le rendre précieux, c'eft fon inclination & fon attachement pour l'homme, & principalement pour fon maître. Chacun fait le zèle que le fameux Bucéphale avoit pour *Alexandre*, & avec quel généreux oubli de lui-même il s'empreffoit, fur-tout dans les occafions périlleufes, à le bien fervir. Ayant été bleffé au fiège de Thèbes, il ne fouffrit pas que le Roi en montât un autre (1). Un Prince Scythe ayant été tué dans un combat fingulier, fon cheval fit périr le vainqueur, en le foulant aux pieds, & en le mordant, pendant qu'il étoit occupé à dépouiller le mort (2).

----

(1) PLIN. *ibid.*
(2) *Idem ibid.* — SOLIN. *l. c. cap.* 57.
Dans une Traduction allemande de l'*Ecurie de* FEDERIC GRISON, de Naples, faite par FAYSER, & imprimée à Ausbourg, par *Manger*, en 1570, in-fol. on voit, Planche 13ᵉ du 6ᵉ Livre qui forme un Supplément à l'original, un combat fingulier à la lance ; l'un des cavaliers eft défarçonné ; fa lance eft à terre ; il attaque avec le poignard, à la vifière, celui qui eft refté en felle, & le force à fe pencher en arrière: pendant ce temps, fon cheval s'élance avec furie fur la croupe de l'autre, &

Celui du Roi *Nicomède*, l'ayant vu mort, se laiſſa mourir de faim (1). Je tiens d'un Capitaine Autrichien, qui s'étoit trouvé à la bataille de Torgau en 1760, qu'ayant changé de cheval, parce qu'un boulet avoit emporté une jambe à celui qu'il montoit ; il vit, avec attendriſſement, cet animal ſe traîner comme il pouvoit, pour venir à lui, exprimant, par un regard fixe, le but auquel tendoient ſes deſirs. « Il y a » quelques années, qu'un homme d'Echter- » dingen, village du grand Bailliage de » Stougard, s'en retournant chez lui pen- » dant la nuit, ſon cheval fut épouvanté » par un cerf, qui ſe leva bruſquement » ſous ſes pieds, & il lui fit faire, en

---

paroît vouloir ſaiſir, par le heaume, le cavalier avec lequel ſon maître eſt aux priſes. Cette Traduction de FEDERIC GRISON, citée par M. GOTTLIEB HENZE, dans ſon *Catalogue allemand d'écrits ſur l'Art vétérinaire*, publié à Gottingue & Standal en 1781, *in-8°*. eſt très-rare : l'exemplaire que je poſſède eſt encore à ſa première relieure en peau de cochon, couverte de bas-reliefs re-préſentans l'Hiſtoire du Nouveau Teſtament, avec des ſentences latines.

EDELINCK, dans une de ſes belles gravures, repré-ſente auſſi un combat de cavalerie ancienne : on y voit les chevaux animés d'une fureur vraiment guerrière, combattant comme les cavaliers, ſe défendant avec les pieds, & ſe déchirant mutuellement avec les dents. (*Note de l'Editeur.*)

(1) PLIN. *ibid.* — SOLIN. *ibid.*

» sautant de côté, une si lourde chûte,
» qu'il demeura étendu sur la place. Pen-
» dant tout ce temps, le fidèle animal ne
» bougea pas d'auprès de lui ; & lorsqu'il
» le vit relevé, & s'acheminant vers le
» village, il se mit à marcher devant,
» regardant, par intervalles, s'il le suivoit,
» ralentissant le pas pour se proportionner
» à sa foiblesse, l'attendant, & venant
» même quelquefois le chercher, lorsqu'il
» s'appercevoit qu'il étoit resté en arrière ;
» il lui continua ces bons offices jusqu'à
» ce qu'il l'eût rendu devant sa porte. Le
» villageois, qui mourut quelques jours
» après des suites de sa chûte, témoigna
» que, dans l'étourdissement qu'elle lui
» avoit causé, il n'auroit su de quel côté
» se tourner, sans le secours de son guide ».
Il seroit aisé de recueillir ici plusieurs
exemples pareils ; ils ne sont point du tout
rares (1).

Ainsi que l'homme, qui est fait pour
tous les climats & pour tous les terreins,
le cheval s'habitue & réussit aussi presque
par-tout. Du cercle polaire boréal au tro-

---

(1) *Voyez* encore ce qui a été dit de la fidélité des
chevaux Arabes, dans la dernière note du quatrième
Chapitre de ce Traité, page 82.

piqué, il n'y a guère de contrée où il ne fe trouve.

Son utilité eft, à tous égards, de la plus vafte étendue. Du Monarque au Laboureur, prefque tous s'applaudiffent du fervice qu'ils en tirent. Il eft devenu fi néceffaire chez toutes les nations policées, que la richeffe, la fplendeur, la force & la fûreté d'un Etat confiftent, en grande partie, dans la quantité & la bonté de fes chevaux. Sans eux, les diverfes parties de l'économie, les poftes, les affaires de la guerre, le négoce, & même la navigation fur les fleuves, feroient fruftrés d'une infinité d'avantages. Et comme ils font, par leurs fervices, d'une reffource inépuifable pour le commerce, ils en font auffi eux-mêmes une branche confidérable, tant à caufe de leur ufage univerfel, qu'à caufe de la multitude qu'il en faut, en particulier, dans les armées.

Par rapport à l'économie rurale, on a fouvent agité cette queftion, s'il n'eft pas plus avantageux de fe fervir de bœufs que de chevaux. Sans entrer dans une difcuffion à ce fujet, nous nous contenterons d'obferver que cette préférence eft relative aux différens pays & à la nature des terres. Le bœuf coûte moins d'entretien,

il eſt moins ſujet-aux maladies ; & lorſqu'il eſt vieux , il peut encore être mis
à l'engrais , & vendu avec profit. Le cheval eſt plus cher ; ſes harnois & ſa ferrure
ſont auſſi de plus grande dépenſe. Plus il
vieillit , moins il a de prix ; & il n'en a
plus du tout , dès que quelque accident le
met hors d'état de ſervir.

Mais les bœufs ſont extrêmement lents,
& le travail des chevaux eſt incomparablement plus profitable que le leur. On
a démontré , par un calcul exact & ſans
réplique , qu'il rend au moins trois fois
autant , & que l'on peut faire plus d'ouvrage avec quatre chevaux qu'avec douze
bœufs.

Les chevaux ſont ſur-tout d'une néceſſité indiſpenſable pour le labour des terres
fortes & pierreuſes , qui doivent être ou-
vertes profondément , de même que pour
différentes ſortes de charrois , pour la
monture , pour la communication intérieure & extérieure , & le perfectionnement du commerce ; enfin, pour pluſieurs
autres affaires , dont l'exécution exige
tout à la fois de la célérité & de la force.

Du reſte , les chevaux ſont plus utiles
pendant leur vie, & les bœufs le ſont plus
après leur mort. Mais un pays , pour peu

qu'il foit confidérable, ne fauroit fe paffer
des premiers (1).

---

(1) **Voyez** *Gedanken über die Frage: ob es beffer fey,*
Pferde, oder Ochfen zu halten? In den Œkonomifchen
Nachrichten, 3tes. Buch, pag. 321, 446; 15. Buch,
pag. 348, 386.
Comme ceux qui préfèrent les bœufs tirent leur principale raifon des reffources que nous trouvons dans la
chair & le lait des bêtes à cornes pour notre nourriture, il ne fera peut-être pas tout-à-fait hors de propos
d'obferver ici en paffant, qu'il y a eu chez les Anciens, & qu'il y a encore chez les Modernes, différens peuples qui favent tirer le même parti de leurs
chevaux. Il faut bien que les anciens Thraces, ou leurs
voifins, en aient mangé la chair, puifque PLINE dit
des premiers, qu'ils les engraiffoient. *Hift. Nat. lib.* 22,
cap. 10. Et c'étoit auffi, fans doute, la nourriture ordinaire, peut-être même la principale, de ces anciens
peuples de Perfe & de la Scythie afiatique, que PTO-
LOMÉE défigne, dans fa *Géographie*, fous le nom d'*Hip-*
pophages, c'eft-à-dire, *mangeurs de chevaux*. CELLARIUS,
Notit. orbis antiq. Tom. 2. *Tabul. II, ad pag. 301. Edit.*
Lipf. 1732. in-4°. place auffi des Sarmates hippophages
entre les monts hyperboréens & le fleuve Rha. Les
anciens Germains l'étoient pareillement ; & il paroît,
par une Lettre du Pape GRÉGOIRE III, & par une
autre de fon fucceffeur ZACHARIE à S. BONIFACE,
Apôtre de l'Allemagne, qu'au huitième fiècle, on y
mangeoit encore le cheval, tant fauvage que domef-
tique. *Tome VI. Concil.* LABBEI, *col.* 1468. *& col.* 1528.
On trouve de même, dans les Relations des Voyageurs, que les Nègres de la Côte d'Or, les Pata-
gons, les Wotjaques, les Cofaques de Tomsk, les
Calmouks, les Tartares d'Usbeck, de Tangut, de
Kirgifie, d'Aftracan, de Crimée, & plufieurs autres,
s'en nourriffent auffi. Les Prêtres des Bachkirs (*Brazki*),
peuple de Sibérie, mangent la chair des chevaux qui

C'eſt pour ces raiſons, que les Etats bien réglés ont toujours regardé l'éduca-

---

ont été ſacrifiés. Chez les Tartares Usbeks, la tête du cheval eſt un morceau pour les gens de qualité ; & chez les Arabes, la tête du poulain eſt un mets déli- cat. Les Tartares Jacutes préfèrent même celle de chevaux crevés à la viande de vache & de bœuf.

M. *le Chevalier* DE MICHAELIS remarque, ſur le té- moignage de certains Seigneurs Polonois, que dans la partie méridionale de la Pologne, on mange la chair des chevaux ſauvages que l'on y tue à la chaſſe, & qu'on l'y trouve de très-bon goût ; & il ajoute, en citant les *Rêveries du Maréchal* DE SAXE, que les François ne font pas, non plus, difficulté d'uſer, dans les ſièges, de cette ſorte d'alimens. *Voyez* ſon *Moſaiſches Recht Th. IV*. §. 202. En effet, durant le blocus de Prague, en 1742, ils vécurent quelque temps de cette chair ; ils y avoient auſſi été réduits plus de deux mois pén- dant le ſiège de Lille, en 1708 ; & M. DE LIMIERS, qui nous apprend cette dernière particularité, dit encore que le Prince EUGÈNE *de Savoie*, & *le Prince de Naſſau*, Gouverneur héréditaire de Friſe, ayant voulu goûter de cette viande, dans un ſouper que le *Maréchal* DE BOUFFLERS leur donna dans la citadelle le jour même où il en avoit ſigné la reddition, la trouvèrent moins mauvaiſe qu'ils ne ſe l'étoient imaginés. *Hiſt. du règne de Louis XIV, Tome VIII. Amſterd. 1718.* in-12, p. 253 & ſuiv.

Les Scythes, les Sarmates, & différens peuples de Thrace, ſe nourriſſoient encore du lait de leurs jumens, HEROD. *Lib. 3. init.* — STRABO *Rerum Geograph. Lib. 7. Baſil. 1571. fol. 336.* —PLIN. *Hiſt. Nat. lib. 18, ſect. 24.* Il faut même que, dès les plus anciens temps, l'uſage de cette ſorte de nourriture ait été répandu dans tout le Nord de l'Aſie & de l'Europe, puiſque c'eſt un des traits caractériſtiques qu'HOMÈRE & HÉSIODE font entrer dans la deſcription générale qu'ils donnent des peuples

tion des chevaux comme un objet de la police générale, & l'ont jugée digne de

---

qui habitoient alors ces vastes contrées. HOMER. *Iliad.* 13. — HESIOD. *Terræ Circuit.* & *apud* ERATOSTHENEM. — STRABO cit. *Geograph. lib.* 1. *fol.* 3. *lib.* 7. *fol.* 340 & 342 ; & il paroît, par le témoignage des Voyageurs modernes, que cet usage subsiste encore parmi les Tartares, & même que plusieurs de leurs hordes, comme les Calmouks, les Mongules, les Jacutes, les Tangusiens & les Burattes, font de ce lait une boisson forte & enivrante, qu'ils appellent, les uns *Tschigau*, & les autres *Kumiss* ou *Kosmos*, & qui est tellement de leur goût, qu'ils font consister le bonheur à avoir une grande quantité de cavales à lait.

Les Tartares, au rapport de ces mêmes Voyageurs, font aussi du fromage de ce lait. C'est encore un usage qu'ils ont des Scythes, leurs ancêtres. STRABO cit. *lib.* 1. *fol.* 340 ; & non - seulement SEXTIUS, cité par PLINE, *lib.* 28, *sect.* 34, & DIOSCORIDE, *lib.* 2, *cap.* 80, rapportent que ce fromage produit les mêmes effets que celui de lait de vache ; mais encore le dernier de ces Auteurs, *cap.* 79, & PLINE, *ibid.* lui attribuent différentes autres qualités utiles : on le nomme *hippacen.* Voyez J. TACQUET, *Philippica, ou Haras de chevaux. Anvers,* 1614. in-4°. fig. p. 70.

Il n'est pas même jusqu'au sang de leurs chevaux, que ces peuples n'aient fait & ne fassent encore servir à leur subsistance. PLINE, *lib.* 18, *sect.* 24, parle d'un mets des anciens Sarmates, où il entroit de ce sang, qu'ils tiroient à leurs chevaux, en leur ouvrant la veine crurale ; & on trouve, dans la *Géographie universelle de* HUBNER, *Tome IV, page* 185. *Basle*, 1757. in-8°. que les Ostiacks, peuple Tartare de la Sibérie asiatique, boivent le sang de cheval tout chaud, & que c'est une de leurs boissons les plus agréables.

On fait de la peau des chevaux le gros cuir, le cuir de roussi, le chagrin, &c. Le crin de ces animaux,

la plus férieufe attention ; & il eft aifé de voir, qu'il ne fauroit être indifférent à un bon & fage Gouvernement, que les chevaux foient achetés chez l'étranger, ou élevés dans le pays même, ni que les fujets en aient ou n'en aient pas une quantité fuffifante, ni que ce foient de bons ou de mauvais chevaux.

M. COLBERT ne tarda pas à s'appercevoir combien la France fouffroit du dépériffement où les Haras du royaume étoit tombés de fon temps ; & ce n'eft pas une des moindres opérations par laquelle il mérita bien de la nation, fous le règne de LOUIS XIV, que l'ardeur avec laquelle il travailla à leur rétabliffement, en faifant venir, à grands frais, des étalons des pays étrangers, en les diftribuant dans toutes les provinces, & en écrivant, & faifant même écrire par le Roi, aux perfonnes les plus diftinguées, pour les encourager à concourir auffi efficacement, de leur côté, à l'exécution de ce deffein. La France eut, dans la fuite,

---

leurs dents, leurs tendons, leur corne, fervent auffi à différens ufages, & la plupart de ces articles font des objets de commerce. Voyez la Préface *du nouveau parfait Maréchal, de* M. DE GARSAULT, ci-devant cité.

tout

tout lieu de reconnoître, mais à ſes dépens, combien les vues de M. COLBERT
étoient ſages. Car ce projet, qui avoit
été ſi bien commencé, ne s'étant pas
continué depuis la mort de ce Miniſtre,
avec le même zèle ; & les bons arrangemens qu'il avoit faits ayant été négligés,
ſans doute, par une ſuite des agitations
continuelles de ce règne, l'Etat ſe vit
obligé, dans les guerres de 1688 &
de 1701, d'acheter des chevaux chez
l'étranger pour plus de cent millions (1).

Dans le Duché de Wirtemberg, le
nombre des chevaux monte à trente mille
& au-delà. Vers la fin du dernier ſiècle,
dans un temps où l'on étoit encore réduit
à en acheter la plus grande partie hors

---

(1) Voyez *ibid.* p. 54 *& ſuiv.*
Lorſque FRÉDÉRIC III, Electeur de Brandebourg, &
enſuite premier Roi de Pruſſe, établit de nouveaux
Haras, & fit différens autres réglemens, tendant à perfectionner, dans ſes Etats, l'éducation des chevaux ;
cet événement parut ſi important, qu'on jugea à propos d'en conſerver la mémoire par une Médaille, qui
fut gravée par le célèbre *Falz.* On y voit d'un côté le
buſte de l'Electeur, avec la légende : *FRIDERICUS III.
D. G. M. BRAND. S. R. I. A. C. & ELECTOR* ; le
revers préſente un cheval courageux, & au-deſſus,
cette légende : *MAGNANIMO GENERI.* Il y a dans
l'exergue : *EQUARIÆ UBIQUE CONSTIT.* Voyez
LOCHNERS, *Sammlung merkwürdiger Medaillen. Nürnberg,*
dans ſa Préface pour l'année 1737.

du pays, & où le Gouvernement, deſirant d'y conſerver les ſommes conſidérables que cet achat en faiſoit ſortir, jugea néceſſaire d'exciter les ſujets à élever eux-mêmes, avec plus d'attention, & en plus grande quantité, cette eſpèce d'animaux, on y en comptoit autour de trente-quatre mille, ſans comprendre, dans ce nombre, les écuries du Prince, les haras, la cavalerie, & les chevaux deſtinés au menu ſervice de la ſeigneurie.

Depuis ce temps, le nombre des hommes s'eſt fort accru dans ce pays; mais il n'en eſt pas de même de celui des chevaux; il paroît, au contraire, par les ſuppurations les plus nouvelles, qu'il a ſouffert une grande diminution, quoique, pendant cet intervalle, on ait bâti Louisbourg, ſeconde réſidence du Duc, fait l'acquiſition de la Seigneurie de Juſtingen, de Gruppenbach & de Stettenfels, des terres nobles des Barons de Sternenfels, & d'autres biens domaniaux, & établi différentes colonies de Vaudois.

On voit que le nombre des chevaux diminue, à meſure que celui des hommes augmente; comme, au contraire, celui des bêtes à cornes & du petit bétail s'accroît proportionnellement. Du reſte, comme je l'ai déjà dit, on peut encore préfentement évaluer, à coup fûr, au nombre de trente mille, les chevaux dont les fujets du Wirtemberg ont abfolument befoin, & qu'ils entretiennent actuellement, pour l'agriculture, le commerce & la propagation de l'efpèce.

Le nombre des bêtes à cornes que l'on tient dans ce même pays, va au-delà de trois cens fept mille; & ainfi il y eft, à celui des chevaux, à-peu-près comme dix à un; ce qui, comparé avec les temps précédens, juftifie l'obfervation qui vient d'être faite, mais auffi prouve clairement, que l'entretien des chevaux ne fait point négliger celui des bêtes à cornes, qui eft fur-tout fort confidérable dans cette partie du Duché, que l'on nomme la *forêt noire.*

S'il falloit acheter, hors du pays, feulement la moitié des chevaux dont on y a befoin, ne fût-ce, l'un portant l'autre, qu'à raifon de foixante florins pièce; ou encore, fi l'on n'étoit fimplement réduit qu'à remplacer, de temps en temps, par des chevaux étrangers, ceux qui viennent à manquer, il fortiroit toujours du pays, dans le premier cas, une fomme de plus de neuf cens mille florins, & dans le dernier, en fuppofant que l'on eût , par an, chaque dixième cheval à remplacer (1) , il en fortiroit une fomme annuelle de cent quatre-vingts mille florins, fans y comprendre les chevaux de la grande écurie , ceux du militaire , de la nobleffe & des particuliers aifés ; articles qu'il faudroit naturellement mettre en ligne de compte à un bien plus haut prix.

Et quels chevaux recevroit-on pour de fi grandes fommes , puifqu'il n'y a point de trafic où la fraude foit plus grande , ni plus aifée à faire, que celui des chevaux , & qu'il arrive fouvent au meilleur connoiffeur d'en acheter de mauvais & de vicieux ? Que de hafards & de rifques, en attendant que des chevaux étrangers fe foient accoutumés à un autre air , à une autre eau & à d'autres fourrages ? Ou encore , quelle reffource refteroit-il , fi la fortie de ces animaux, déjà fi reftreinte en différens endroits, venoit à être gênée davantage , & même à être défendue dans les Etats & les pays voifins ?

---

(1) De la façon dont on abufe communément des bêtes , le moyen âge du cheval, ou le temps pendant lequel il eft propre au fervice, ne s'étend pas au-delà de dix ans; & ainfi, un pays doit renouveller fes chevaux tous les dix ans.

Rien donc de plus évident, ni de plus sensible, que l'utilité, ou même la nécessité qu'il y a, pour un pays, de faire, de l'éducation des chevaux, un objet essentiel. La chose parle d'elle-même. Ce sont deux principes universellement adoptés dans l'économie politique, que l'importation des productions étrangères est toujours préjudiciable, même dans le cas où l'on ne sauroit s'en passer; & qu'au contraire, l'exportation de celles dont on peut se passer, fait l'avantage le plus réel & le plus solide qu'un peuple puisse avoir. Personne n'ignore que l'Angleterre, le Holstein, la Hollande, la Frise & d'autres pays, font un commerce très-lucratif de leurs chevaux. Mais aussi, un pays ne laisseroit pas de trouver toujours son intérêt, & un intérêt très-notable, à élever lui-même les chevaux qu'il lui faut, quand même on ne voudroit point faire compte du gain qu'il y a à retenir dans l'État l'argent qu'on seroit obligé de transporter dehors pour se les procurer, ni regarder ces animaux comme une branche de commerce propre à y attirer l'argent étranger, & à en augmenter la richesse.

De méchans & chétifs chevaux ne sauroient même remplir toutes les destinations particulières affectées à leur espèce. Comme ils ne peuvent servir à arrêter l'exportation de l'argent, & encore moins être vendus à l'étranger, ils sont, à tous égards, nuisibles à l'Etat & au citoyen même. Il faut les entretenir en plus grande quantité, & quatre mauvais chevaux travaillent moins, coûtent autant, ou même plus d'achat & d'entretien que deux bons. Ils n'ont que peu ou point de valeur réelle, &, dans la propagation, la race en devient toujours plus mauvaise.

Un paysan qui aime mieux tenir des chevaux que des bœufs, ou qui y est obligé par la qualité de son terroir, ou par la nature de son commerce, a toujours beaucoup plus d'avantage à avoir de bons chevaux, qu'à en avoir de mauvais ; & dans une contrée, & parmi des circonstances assortissantes à l'éducation des chevaux, il trouvera toujours son compte à faire entrer celle-ci dans son plan d'économie. Pour être bon économe, il doit éviter, autant qu'il est possible, le débourlé de son comptant ; & c'est un article de son négoce, de remplacer par ses propres nourritures, ceux de ses chevaux qui viennent à manquer, comme de vendre, avec profit, ce dont il n'a pas besoin lui-même. Il agit donc doublement contre les principes d'une fage économie, s'il n'entretient pas de bons chevaux, puifqu'en effet, il ne coûte pas plus de peine & de frais à élever des poulains de bonne race, qu'à en élever de mauvaife. D'où il paroît qu'il eft du plus grand intérêt, tant de l'Etat en général, que du payfan en particulier, non-feulement d'avoir des chevaux, mais auffi fur-tout d'en avoir de bons.

C'eft une erreur groffière, que de s'imaginer que la bonne éducation des chevaux eft attachée à certaines parties du monde, & que c'eft le climat qui fait, dans tel ou tel pays, leur mauvaife conftitution. La faute ne vient communément que des hommes, de leur manque d'induftrie, & du peu d'attention & de foin qu'ils donnent à ces utiles animaux. Car, quoique le climat influe affez fur eux, ainfi que fur tout le refte du règne animal, pour les diverfifier toujours proportionnément à la différence des contrées & des pays; l'expérience prouve néanmoins que par-tout, dans chaque province & dans chaque contrée du monde, où il y a de bonne eau & de bons pâturages, on peut, avec de bonnes cavales

& de bons étalons, obtenir & élever de beaux & de bons chevaux.

Le Duché de Wirtemberg, ma patrie, feroit une faute impardonnable, s'il négligeoit cette importante production. Cet heureux pays a peu de campagnes qui, par leur climat tempéré, par la quantité de leurs eaux claires & saines, & par la grande abondance de fourrage qu'elles donnent, n'offrent tous les avantages requis pour l'éducation des chevaux. Les communaux & les terres vaines & vagues qui s'y trouvent particuliérement en grand nombre, peuvent aussi être employés, avec fruit, à cet effet (1). Les chevaux de Wirtemberg ne le cèdent, ni en beauté, ni en force & en persévérance, à quelques autres chevaux d'Allemagne que ce

---

(1) Je suis bien éloigné d'approuver par-là l'usage des communaux. Je suis persuadé, au contraire, que c'est communément la plus mauvaise manière de profiter d'un terrein, & ce ne sont, en effet, que des restes de la barbarie primitive d'un pays. Mais on sait combien d'obstacles s'opposent encore à leur entière abolition, & combien il est difficile d'engager les gens à renoncer à leurs préjugés, à une ancienne coutume & à un ancien droit. Néanmoins il est hors de doute, que c'est pour l'éducation des poulains, que l'on peut encore tirer le meilleur parti de ces pâturages; comme c'est aussi pour cet objet, qu'ils sont le plus indispensablement nécessaires.

puiſſe être. De plus, ce Duché confine avec des pays où l'éducation de ces animaux eſt comme à l'abandon, ou du moins n'eſt traitée que fort négligemment. Il ne lui manque donc aucune occaſion de tirer en particulier, par le moyen du commerce avec les étrangers, les plus grands avantages de ſes chevaux. Auſſi y en fait-on effectivement, depuis fort long - temps, un trafic très-conſidérable; & on y en a déjà vendu ſouvent, & principalement en 1737, 1775 & 1783, une grande quantité pour les remontes, tant aux pays Autrichiens, qu'à différens autres.

Pour connoître de quelle importance eſt le commerce de chevaux que fait le Wirtemberg, & à quel point de perfectionnement il peut encore être porté, il n'y a qu'à jetter les yeux ſur les calculs ſuivans, faits d'après les regiſtres des péages, & par conſéquent très-dignes de foi.

Selon ces regiſtres, il eſt entré dans le pays, dès la Saint-George $17\frac{49}{52}$, pour le prix de 2,855 chevaux, 157,025 florins; & il eſt ſorti, pour l'achat de 1,598 chevaux, 67,116 florins. La ſomme entrée dans le pays excède donc celle qui en eſt ſortie, de 89,909 florins; &

ainſi, tous les ans, l'un portant l'autre, l'Etat a fait, par le commerce des chevaux, un gain de 29,969 florins.

Les 5,757 chevaux vendus hors du pays dès la Saint - George 17$\frac{73}{76}$, ont produit 314,509 florins, & les 3,834 qui y ont été importés, ont coûté 163,497 florins. Ainſi, le commerce de chevaux a encore rapporté au pays, pendant ces trois années, 151,012 florins, & conſéquemment il a gagné tous les ans, l'un portant l'autre, une ſomme de 50,337 florins 20 kreutzers.

Si aucun cheval n'avoit été acheté hors du pays, le profit du commerce actif en chevaux, dans les trois dernières années, feroit annuellement un objet de plus d'une tonne d'or (1). Il y a auſſi tout lieu de

---

(1) Toute compenſation faite, le prix de chaque cheval vendu à l'étranger, eſt d'environ cinquante-cinq florins, & celui de chaque cheval acheté chez l'étranger & introduit dans le pays, de quarante-deux florins; conſéquemment il y a, entre ces prix, à - peu - près même raiſon qu'entre trois & quatre. La cauſe de cette différence eſt, d'un côté, que les gens du pays avoient acheté aux foires étrangères nombre de jeunes poulains, qui, après avoir pris toute leur crue, ont été derechef exportés & revendus plus cher; & de l'autre, que les chevaux de Wirtemberg ſont généralement plus eſtimés, & ſe paient mieux que d'autres.

En fixant ci-deſſus à ſoixante florins le moyen prix d'un cheval que l'on achète hors du pays, j'ai ſuppoſé

croire que le nombre des chevaux exportés, & le gain, monteroient encore bien plus haut, s'il n'y avoit pas une défense de vendre, hors du pays, aucun cheval au-deſſous de l'âge de quatre ans (1). Qu'on faſſe un pareil calcul dans des royaumes & des pays plus étendus, on ne pourra certainement manquer d'être ſurpris des ſommes d'argent qui ſortent, & qui entrent pour des chevaux.

Il eſt vrai qu'en Angleterre, l'on n'a exporté, depuis 1750 juſqu'à 1772, & ainſi dans vingt-deux ans, que 29,131 chevaux. De ces vingt-deux années, il y en a quatorze pendant leſquelles on a joui de la paix, & l'exportation des chevaux y a été de 21,348 têtes. Dans les autres années, qui ont été un temps de guerre, on en a exporté 7,783. En prenant

---

de bons chevaux propres à ſervir, quoique ce ne ſoient toujours, pour cet argent, que des chevaux médiocres; au lieu que, dans les calculs préſens, il ſe trouve non-ſeulement de bons chevaux, qui par-là même ſont chers, mais auſſi beaucoup de poulains, & nombre de mauvais chevaux, vieux & uſés, & conſéquemment de vil prix; c'eſt-là proprement ce qui fait qu'ils ne ſont eſtimés, l'un portant l'autre, qu'aux prix modiques de cinquante-cinq & quarante-deux florins.

(1) Depuis 1770, cette défenſe porte ſur l'âge de trois ans, au lieu qu'auparavant elle s'étendoit juſqu'à l'âge de quatre ans.

donc les années l'une dans l'autre, l'exportation annuelle n'a été que de 1,324 têtes (1). Et ainſi le Wirtemberg, où l'exportation des chevaux s'eſt montée, dans l'eſpace de ſix années, à 8,612 têtes, ou annuellement à 1,435, auroit vendu chaque année, hors du pays, 1,100 chevaux de plus que l'Angleterre.

. Mais il s'en faut de beaucoup qu'il y ait la même proportion entre le produit des ventes dans ces deux pays. Les exportations de chevaux, moins nombreuſes, ont rapporté annuellement à l'Angleterre, pour le moins au-delà d'un million, ou même un millon & demi de florins, & le Wirtemberg n'a tiré des ſiennes que ſoixante-dix-huit à ſoixante-dix-neuf mille florins par an.

Et que manque-t-il donc au Wirtemberg & à pluſieurs autres pays, pour élever d'auſſi beaux & d'auſſi bons chevaux que l'Angleterre, & pour approcher davantage des prix auxquels elle vend les ſiens? Aſſurément, rien autre choſe qu'un meilleur arrangement des haras, & des

---

(1) Voyez *Chriſtian Wilh.* DOHM's *Miſcellaneen, ſtatiſtiſchen und hiſtoriſchen Innhals; Im deutſchen muſeum,* 12. *Stük, vom Decemb.* 1776, *ſeite* 1117.

étalons Arabes ou Barbes. L'Angleterre peut, sans doute, avoir ceux - ci plus aisément & à moins de frais; mais en échange, l'entretien des chevaux y est aussi bien plus coûteux que dans tout autre pays.

Au reste, on n'a pas absolument besoin de ces sortes de calculs. Il suffit de donner un simple coup-d'œil sur la nécessité des chevaux pour l'agriculture, sur les autres destinations de ces animaux, sur la perte d'argent que l'on feroit, si l'on devoit les acheter chez l'étranger, & sur le profit qu'il y a à en faire trafic, pour se convaincre combien il est nécessaire à un pays de s'appliquer avec soin, à élever des chevaux, & pour sentir le grand avantage qui revient à l'Etat, lorsque le Prince a non-seulement ses propres haras, mais fait encore, de l'éducation des chevaux, un établissement public, pour procurer un nombre suffisant de ces animaux aussi parfaits qu'il est possible.

De simples ordonnances, ou même des haras de pays seuls, ne suffisent pas pour établir, dans un Etat, une bonne éducation des chevaux. Les gens de la campagne n'ont pas toujours des jumens propres à de bonnes productions. Communément ils font travailler trop tôt les jeunes chevaux. Il y en a plusieurs qui n'ont point de pâturages ; & la plupart ne savent pas conduire, ou du moins ne conduisent pas les poulains comme il le faudroit.

A moins que d'avoir des Haras réguliers, des exemples attrayans, & des moyens qui, non-seulement annoncent un but, mais aussi promettent un succès vraiment bon & heureux, & excitent par-là de l'émulation ; ce ne seroit jamais que très-imparfaitement & très-lentement, que l'on parviendroit à ses fins (1).

---

(1) On a, en Espagne, une espèce particulière d'ordre, pour encourager l'éducation des chevaux & l'art du manège. Il y a, dans ce royaume, quatre de ces Ordres ou Confrairies, qui portent le titre de *Real Maestranzas*, & sont composés d'un nombre indéterminé de Gentilshommes. Ils sont tous sous la protection du Roi, & sont établis à Séville, à Grenade, à Valence & à Ronda. La Confrairie de Grenade se forma en 1686, & choisit pour patrone la très-sainte Vierge Marie, dans le haut mystère de son immaculée Conception. Le but de cette société est d'élever, de dompter & de monter les chevaux. Ses membres portent un habit uniforme, qui est différent dans les quatre villes. Celui de Grenade est bleu ; celui de Séville écarlate ; l'un & l'autre est bordé d'un large galon d'argent, avec une cocarde rouge au chapeau. La formule du serment que le Chapelain de la société reçoit de chaque candidat avant sa réception, est fort singulière ; dans leurs statuts on lit, entre autres, cet article : « Nous avons » résolu, aussi-tôt que, par la grace de Dieu, paroîtra

Néanmoins, les Haras des Princes ont été souvent un écueil, contre lequel des Financiers même se sont heurtés. On les regarde communément comme des établissemens préjudiciables aux Finances ; & ceux du Wirtemberg ont été, par cette raison, plus d'une fois en danger de tomber en décadence.

Il est vrai que l'établissement & la conservation de ces Haras exigent de grandes sommes d'argent. Mais le calcul de l'homme d'Etat, qui tourne tous ses soins & toute

---

» l'heureux jour, où la sainte Eglise Catholique-Romaine » déclarera que ce sublime mystère (de la Conception » immaculée de Marie) est un article de foi, de le » publier à cheval avec les plus grandes cérémonies ». Les armes de ces *Maestranzas* sont deux chevaux bridés qui courent ensemble, avec cette devise : *Pro Republica est, dum ludere videmur.* Voyez le *Voyage en Portugal & en Espagne, fait en* 1772 & 1773, *par M.* RICHARD TWISS, 1776. *in-8°. page* 232.

Déjà, vers la fin du quatorzième siècle, le Comte ADOLPHE DE CLÈVES avoit fondé un pareil Ordre, de concert avec plusieurs Princes & Seigneurs, qui prit le nom de *Sociéte de l'Etrille*, en langue du pays, *Gesellschaft vom Rosskamm* ; d'où le nom de *Rosskamm* est sans doute resté en Allemagne aux maquignons, parce que ceux qui vouloient acheter un bon cheval, aimoient à s'adresser aux Chevaliers de cet Ordre, qui devoient être bons connoisseurs en chevaux & excellens cavaliers. Si, avec cela, on se rappelle encore la probité & la droiture de ce bon vieux temps, qui ne souhaiteroit de trouver un pareil *Rosskamm?* Voyez TESCHENMACHERI *Annales Clivia, Julia, &c. page* 285.

fon attention à la félicité publique, diffère en ceci, comme en beaucoup d'autres points, du calcul du particulier. Quand celui-ci veut compter le gain qu'il fait en élevant des poulains, il doit naturellement commencer par la déduction des frais qui y font attachés. Mais quand celui-là confidère les Haras du Prince par rapport à l'intérêt de l'Etat entier, il fe trouve que l'argent qui y eft employé refte dans le pays, & que tout le produit eft un profit clair & net.

D'ailleurs, quelles que foient les avances que demande un Haras, le Prince, ou fa Chambre des rentes, moyennant un arrangement & une adminiftration économique, peut auffi toujours retirer fes deniers, & même avec grand avantage. Ce qu'on trouvera dans la fuite de cet écrit, facilitera ce calcul. Il faut feulement ne pas oublier de mettre en ligne de compte les chevaux que le Prince emploie à fon fervice, foit dans fes écuries, ou pour fa cavalerie, au même prix qu'il devroit les payer à l'Etranger. Il faut de plus confidérer qu'il entretiendra également des chevaux entiers dans fes écuries, quand même il n'y auroit point de Haras; que les jumens peuvent gagner une partie de

leur

leur nourriture, & qu'une autre partie eſt
bien compenſée par les fumiers dont on
amende les terres, qui, ſans cela, ne
porteroient pas autant. Il faut encore ne
pas perdre de vue l'influence bienfaiſante
qu'ont, ou du moins que doivent & que
peuvent avoir les Haras pour le perfectionnement de l'éducation des chevaux
parmi les ſujets, ni les ſommes d'argent
qui, ſans elle, doivent ſortir du pays.
Enfin, il faut ſur-tout pouvoir ſuppoſer,
que l'on ne ſe ſurcharge pas d'un trop
grand nombre de chevaux, & qu'au contraire le ſurcroît eſt toujours vendu, autant
qu'il eſt poſſible, à l'étranger, tant pour
l'avantage de l'Etat en général, que pour
celui du propriétaire en particulier (1).

---

(1) Que les Haras, s'ils ſont bien réglés & admi-
niſtrés avec intégrité, par des perſonnes intelligentes,
puiſſent être d'un revenu conſidérable, & au ſouverain
& aux ſujets, c'eſt ce que M. ZEHENTNER prouve par
différens projets & différens calculs, dans un Traité qui
a pour titre : *Unterricht von der Pferde Zucht, Chap. IV,
page 61* ; & il réfute en même temps, par des raiſons
convaincantes & palpables, les objections auſſi vaines
que communes, par où l'on voudroit faire croire que
les Haras ſont préjudiciables au ſouverain & au pays,
ou que du moins ils leur procurent peu d'avantage. Il
allègue auſſi, Chap. VII, page 117, l'exemple du *Sennert*,
eſpèce de Haras ſauvage près de Detmold, dans le Comté
de la Lippe, qui étoit autrefois d'environ quatre cens

En effet, quoiqu'il foit vrai, comme M. DE JUSTI l'a fait voir (1), que M. le Marquis DE MIRABEAU eft outré, lorf-qu'il prétend (2) que la multitude des chevaux qu'on entretient eft nuifible à la population, & que, fi tout le refte eft laiffé fur le même pied, chaque cheval, que l'on a de trop dans un État, coûte la vie à quatre hommes, à qui il ne fau-droit, pour leur fubfiftance, qu'autant de

---

jumens, & qui, ayant acquis une grande réputation par la bonté, la beauté & les rares couleurs de fes chevaux, & attiré par-là, de tous côtés, des acheteurs, doit avoir rapporté annuellement vingt mille florins, & jufqu'à vingt mille écus d'Empire ; & il fait voir, par un calcul, la poffibilité de ce revenu.

M. D'ECKHART calcule le profit d'un Haras de cent jumens & trois étalons, & le fait monter à deux mille écus par an. Voyez fon Livre intitulé : *Experimental Œkonomie*, page 216.

Mais outre qu'il y auroit différentes chofes à dire, foit pour, foit contre ces calculs, il eft d'ailleurs certain que l'on ne fauroit conclure, du rapport de tel ou tel Haras, quel peut & doit être celui d'un autre. La diver-fité des circonftances, des commodités & des arrange-mens des Haras, des frais d'entretien, le temps, les accidens, la fituation, & autres chofes femblables, peu-vent tantôt augmenter, & tantôt diminuer le profit. Communément on regarde un Haras comme avanta-geux, lorfque chaque poulain qu'il produit ne coûte, jufqu'à l'âge de quatre ans, pas plus de cent écus d'Empire.

(1) Voyez *Herrn von* JUSTI *œconomifche fchriften*, 2. theil, page 485.

(2) Voyez fon *Ami des Hommes, Part. I, chap. 2.*

terrein qu'il en faut pour produire le fourrage néceffaire à un cheval ; il eft pourtant également certain , comme M. DE
JUSTI en convient auffi , qu'en place de
fourrage, on pourroit cultiver du grain
& d'autres productions utiles , & vendre à
l'étranger ce dont on n'auroit pas befoin
dans le pays. Du moins ne fauroit-on nier
que la trop grande quantité, ou la fu-
perfluité de chevaux ne faffe renchérir
l'avoine , le foin & la paille ; que l'entretien des Haras n'en devienne conféquemment plus difpendieux, & que, dans ce
cas, deux chevaux ne mangent à-peu-près
le troifième. Et comme le propriétaire des
Haras n'a point d'acheteurs pour des chevaux trop cher ; que le Financier trouve
la dépenfe plus grande que la recette, &
que la cherté des fourrages fait juger au
payfan qu'il y a plus d'avantage pour lui
à vendre fon avoine, & à tenir des vaches
ou des bœufs au lieu de chevaux, on voit
s'évanouir tout à la fois , & le profit que
l'on s'étoit promis de l'éducation des chevaux, & le fruit des peines & des foins
que l'on y avoit employés ; c'eft l'époque
de fa décadence.

Mais les chevaux que l'on n'entretient
que pour le luxe & le fafte , font fur-tout,

comme les gens oisifs, les plus préjudiciables à l'Etat. C'est à la quantité excef-
sive de chevaux que l'on emploie en Angleterre pour les carrosses & autres voitures pareilles, & à la forte passion que
l'on y a montré presque par - tout, dans
ces derniers temps, pour l'éducation de
ces animaux, que l'on attribue le déclin
de l'agriculture, la nécessité où l'on s'est
vu, en 1766, de défendre l'exportation
des grains, & le haut prix de la main-
d'œuvre (1). « La multitude incroyable de
» chevaux, dit M. HOME (2), a haussé
» le prix du travail, en doublant celui du
» gruau d'avoine, qui est, dans plusieurs
» contrées d'Angleterre, la nourriture des
» pauvres laborieux. Elle fait aussi en-
» chérir le froment ; car la grande quan-
» tité de terres que l'on emploie pour la
» culture de l'avoine, en laisse d'autant
» moins de reste pour cette autre sorte
» de grain (3) ».

-----

(1) *Deutsches Museum*, 12. *Stük, vom Decemb.* 1776, page 1117.

(2) Voyez *Heinrich* HOME, *Versuche über die geschichte des Menschen, auf dem Englischen übersezt. Leipsig* 1774. 8°. 1. *theil*, 2. *Buch. 8. vers. seite* 549.

(3) Sous le règne d'Elisabeth, l'Angleterre pouvoit à peine fournir deux mille chevaux pour la cavalerie.

Le befoin de chevaux pour le labourage, pour les autres ufages auxquels on les fait fervir, & pour le trafic qu'on en fait avec les étrangers, doit être, partout où l'on obferve une fage économie & une bonne police, la mefure à tenir, pour que l'Etat ne fouffre ni du trop, ni du trop peu de chevaux. Un trop petit nombre de ces animaux diminueroit la force & la fûreté de l'Etat. Une plus grande quantité caufe quelque rabais dans les revenus. Mais entre ces deux extrémités, c'eft toujours la dernière qui eft la plus fupportable, & de moindre conféquence.

Ce n'eft pas tant dans la quantité, que dans la beauté, la bonté & l'excellence des chevaux & des poulains, que l'on trouvera communément l'avantage des Haras; tout cela dépend d'une infpection attentive & d'un bon arrangement.

Dans la guerre de 1588, où ce royaume étoit menacé d'une invafion des Efpagnols, on n'en raffembla que trois mille. A préfent, quelques-uns prétendent que, dans la feule ville de Londres, le nombre des chevaux de felle & de trait s'étend à quatre-vingt mille.

En 1658, fous le règne de LOUIS XIV, il n'y avoit à Paris qu'environ trois cens carroffes, & aujourd'hui il doit s'y en trouver au-delà de quatorze mille. On voit par-là combien le nombre des chevaux s'y eft auffi accrû depuis cent vingt ans.

Dans les Haras, fur-tout dans les grands, il eft, tant par rapport à l'économie, que par rapport à l'éducation de bons & de beaux chevaux, d'une bien plus grande importance qu'on ne le croit, pour l'ordinaire, d'y avoir un bon maître. Un *Maître de Haras* doit être un homme de probité, actif, vigilant, intelligent, & dont tout le favoir ne fe borne pas à panfer, à ferrer & à bien monter un cheval. Souvent les plus beaux & les meilleurs établiffemens de ce genre ne font tombés en décadence, que par l'ignorance, l'inexpérience, la négligence, ou l'infidélité de ceux à qui l'adminiftration en avoit été confiée.

AVIS

Sur les poids, les mefures & les monnoies employés dans cet Ouvrage.

Comme dans le cours de ce Traité on a conftamment pofé, pour fondement, *les mefures & les poids de Wirtemberg*, on a cru devoir placer ici une *Table pour la réduction de ces mefures & de ces poids aux mefures & aux poids de Paris.*

1°. L'*arpent* de Paris fait à-peu-près 1 ⅓ *journal* de Wirtemberg.

8 *journaux* de Wirtemberg font 5 arpens de Paris.

2°. Le *pied* de Wirtemberg a 12 pouces, & est à celui de Paris comme 1268 à 1440.

360 pieds de Wirtemberg font 317 pieds de Paris.

Si l'on souftrait du pied de Paris 1⅓ pouce de Paris, le reftant fait à-peu-près un pied de Wirtemberg.

3°. Le *fcheffel* de Wirtemberg eft de 8 *fimri*;
Le *fimri*, de 4 *vierling*;
Le *vierling*, de 2 *achtel*;
L'*achtel*, de 4 *eklen*;
L'*eklen*, de 4 *viertelen*.
Le *fimri* a 1656 pouces cubes.

1 *fimri* de bonne avoine pèfe 19 livres.

1 *fimri* de mauvaife avoine pèfe 17 livres.

Le moyen poids d'un *fimri* d'avoine eft donc de 18 livres.

Ainfi, 1 *vierling* d'avoine a 414 pouces cubes, & pèfe . . . . 4 ½ liv.
1 *achtel* . . . . . . 207. . . 2 ¼
1 *eklen* . . . . 51 ¾ . . 9 onc.

1 *boiffeau* de Paris fait ½ *fimri* ½ *viertelen*; & ainfi 256 boiffeaux de Paris font juftement 131 *fimri* de Wirtemberg.

4°. Le *pot* de Wirtemberg a 4 chopines. Le demi-pot, ou la *pinte* de Wirtemberg vaut la *pinte* de Paris.

5°. La *livre* de Wirtemberg contient 2 deniers 4 grains de plus que celle de Cologne.

La livre de Paris a 1 livre 6 gros 1 denier 10 grains de Cologne.

Ainsi, la livre de Wirtemberg est de 5 gros 3 deniers 6 grains de Cologne plus légère que la livre de Paris.

6°. Le *mille anglois* est de 1760 *yards* ou *verges;* environ 825 toises de France.

La *verge* est de 3 pieds anglois.

Le *pied anglois* a $1\frac{9}{100}$ plus que le pied de France.

Le *mille d'Italie* est de 61 verges & 1 pied plus long que le mille d'Angleterre.

Le *mille Romain* d'à présent est à très-peu de chose près le même que le mille ancien des Romains. Il est de 50 toises plus court que le mille d'Angleterre , environ 775 toises de France.

Le *mille d'Allemagne* est de 3804 toises de France.

La *lieue moyenne de France* est de 2450 toises.

Le *pied rhénal*, ou *pied d'Allemagne*, n'est que de onze pouces cinq lignes.

Le *palme* est une mesure de la largeur de la main ouverte ; elle a environ quatre pouces.

7°. La *tonne d'or* vaut cent mille florins.

Le *ducat* vaut cinq florins.

L'*écu d'Empire*, ou *thaler*, vaut un florin trente kreutzer.

Le *florin* vaut soixante kreutzer.

Le *kreutzer* vaut environ neuf deniers tournois.

TRAITÉ

TRAITÉ
DES HARAS.

CHAPITRE PREMIER.

De la différence & de la division des Haras.

LES haras peuvent être divisés, par rapport à leur arrangement économique, en *haras sauvages*, en *haras demi-sauvages*, & en *haras privés*; ceux-ci se subdivisent en *haras seigneuriaux* ou *de la chambre des finances*, & en *haras du pays*.

On donne le nom de *haras sauvages* à une troupe de chevaux qui vivent l'été & l'hiver, & nuit & jour, dans les forêts & sur les montagnes, ou dans les landes & les plaines, sans être soignés, & n'ayant d'autre abri que le ciel, cherchant leur nourriture comme les autres bêtes fauvages ; réduits même, en hiver, à fe contenter de l'herbe qu'ils trouvent fous la neige, en détournant celle-ci avec les pieds, & ne recevant un peu de foin que dans la plus grande néceffité, lorfque le froid eft rigoureux & de longue durée, ou que la neige eft trop épaiffe. A la vérité, on les fait garder par quelques hommes ; mais ils n'ont d'autre retraite contre les ardeurs du foleil, ni contre la pluie & la neige, que de fimples hangars, qu'ils ne rencontrent même fouvent qu'à des diftances de plufieurs milles.

Si les chevaux paffent l'été entier dans les forêts & les pâtis, & ne font nourris que l'hiver à l'écurie, c'eft-là un *haras demi-fauvage*.

Un autre ufage, c'eft de ne mettre en été les chevaux à la pâture que pendant le jour, de les ramener le foir à l'écurie, & de les y entretenir durant tout l'hiver ; c'eft ce que l'on appelle un *haras privé*.

Enfin on entend fous le nom de *haras du pays*, la manière dont les fujets élèvent leurs poulains, & les réglemens que le Gouvernement juge à propos de faire pour le perfectionnement univerfel de cet objet.

Les *haras fauvages* fuppofent une vafte étendue de terres incultes, de bruyères & de forêts, qui foient pourvues de bonne eau, & bornées par des barrières naturelles, ou fermées de foffés artificiels, de haies & de palis, pour que les terres cultivées foient par-là préfervées du dégât que les chevaux ne manqueroient pas d'y faire, s'ils pouvoient y pénétrer.

Cette forte de haras eft, à la vérité, la moins

coûteuse, tant qu'on ne peut pas tirer un meilleur parti du terrein ; & elle a encore cet avantage particulier, que les chevaux sauvages sont plus endurcis aux fatigues, plus nerveux, plus forts, plus légers & plus souples que la plupart des chevaux privés. Mais aussi d'ordinaire ils sont petits ; & outre toutes les peines & les dangers qu'il y a à les attraper & à les apprivoiser, un pareil haras a encore cet autre inconvénient, qu'il ne faut qu'une intempérie de saison pour le détruire tout d'un coup, comme on en a déjà eu assez d'exemples dans l'Écosse septentrionale, la Pologne, la Hongrie, la Walachie & la Tartarie, où il se trouve sur-tout de cette sorte de haras. Du reste, par-tout où il y a de ces haras sauvages, c'est toujours une preuve que le pays est fort mal peuplé ; & on ne peut tout au plus en recommander l'établissement, que quand il n'y a point de moyens d'augmenter la population autant qu'il seroit nécessaire pour pouvoir employer plus avantageusement par la culture les vastes campagnes qu'il leur faut.

Un *haras demi-sauvage* coûte déjà davantage ; mais il est aussi moins risquable ; cependant il n'est pas encore assez à couvert de tout danger de la part des voleurs & d'autres accidens fâcheux. Mais ce qui fait sur-tout que cette sorte de haras est si rare, c'est que pour son entretien, en hiver, il exige à-peu-près les mêmes arrangemens & les mêmes bâtimens qu'un haras privé. C'est à cette classe qu'il faut rapporter le fameux haras du *Senner*, dans le Comté de la Lippe, depuis les nouvelles dispositions qui y

ont été faites ; & d'après la defcription que **M. le**
Capitaine & Écuyer PRIZELIUS en a publiée à
Lemgo en 1770, il peut être regardé comme
le modèle de tous les haras demi-fauvages.
Celui du Prince de Lichtenftein en Moravie,
& celui du Prince de Schwarzberg en Bohême,
doivent auffi être de la même efpèce.

Les haras privés, tels que font ceux du Wirtemberg, n'ont pas befoin d'auffi grands parcs
ou terreins en pâturages que les autres ; ce font
pourtant en quelque façon ceux qui coûtent le
plus ; mais ce font auffi les plus fûrs & les
meilleurs ; & c'eft cette troifième efpèce de
haras, y compris les réglemens & les arrangemens particuliers pour les *haras du pays*, qui
forme proprement le grand objet de cet Qu-
vrage.

CHAPITRE II.

De l'établiffement des Haras privés, & de leur difpofition extérieure.

IL y a peu de provinces fi peuplées & fi
généralement cultivées qu'on les fuppofe, où
il ne fe trouve encore çà & là des terreins incultes & déferts.

Pourvu que ces terreins produifent au moins
des herbages médiocres ; qu'ils ne foient point
marécageux, & qu'ils ne manquent pas d'eau
claire, foit de rivière ou de fontaine ; ce font-là
les places où l'on peut établir le plus avanta-

geufement des haras. A l'aide de ces haras même, & des gens qu'il faudra y tenir, ils ne tarderont pas à acquérir la qualité convenable qu'ils n'ont peut-être pas encore naturellement pour cette deftination.

C'eft la grandeur & la bonté des pâturages qui doivent feules déterminer combien, à-peu-près, on peut y mettre de jumens & de poulains. Il faut qu'ils y trouvent leur pâture pendant tout l'été en quantité fuffifante.

Dans un Mémoire fur la manière d'élever les poulains, qui fe trouve dans les nouvelles économiques de Leipfick (1), ainfi que dans le magafin de Police & de Finance, par M. Bergius, article des *haras* (2), on ne compte dans les grands haras, pour pâturages d'été, qu'une acre de 300 perches de Leipfick (ou $1\frac{3}{4}$ journal, mefure de Wirtemberg), de bon herbage, par cheval, foit jument ou poulain, & la moitié par poulain de lait. Mais mon expérience m'a convaincu que ce terrein, fût-il même de la meilleure qualité, eft à-peu-près de deux tiers trop petit. Il eft vrai, qu'à caufe de la différence des contrées & des années, il eft difficile de déterminer en ceci, felon la précifion mathématique, une proportion générale ; néanmoins on peut toujours s'en tenir,

---

(1) *Wirthfchaftlichen Bedenken von Anlegung der Fohlenzucht ; in den Leipfiger œkonomifchen Nachrichten, 3er theil, feite 663.*

(2) *Herrn* Bergius *Policei-und Cameralmagafin ; unter dem artikel ftuterei.*

pour un haras de cent jumens poulinières, au compte suivant :

Journaux

Pour 100 jumens poulinières il faut, de bons pâturages, à raison de 5 journaux par cheval 500

De bons prés, pour le fourrage sec qu'il leur faut en été, outre l'herbe du pâturage, & sur-tout en hiver, à 2 journaux. 200

70 Poulains de lait, à quoi peut se monter le produit de ces 100 jumens,

De pâturages, à $2\frac{1}{2}$ 175
De prés, à 1 70

70 Poulains de 2 ans,
70 ———— de 3 ans,
70 ———— de 4 ans,

210 Poulains,

De pâturages, à 5 1050
De prés, à 2 420

380 ensemble : pour 380 chevaux, vieux & jeunes, il faut . . . . 2415 journaux, mesure de Wirtemberg, ou autour de 1380 acres, mesure de Saxe.

Ce qu'il y a de certain, c'est que les pâturages ne sauroient jamais être trop grands ou trop spacieux, mais qu'ils peuvent aisément se trouver trop petits, & que, quand ils sont trop maigres & infuffifans, l'éducation des poulains y réuffit toujours mal, quelques foins que l'on y apporte d'ailleurs, & quelque attention que l'on ait à y entretenir les meilleurs étalons.

Non-feulement la faim empêche par elle-même la croiffance & la réuffite des bêtes ; mais elle les met auffi dans la néceffité de manger, dans un gagnage trop refferré, des herbes auxquelles elles ne touchent pas d'ailleurs, & qui leur font nuifibles (1). Il faut que l'on puiffe réguliérement faire changer de pâturages aux chevaux du haras, & quand une place eft mangée, lui laiffer affez de repos pour fe rétablir ; il eft également néceffaire, & de fe pourvoir pour les étés fecs, qui donnent peu d'herbe, & d'avifer aux moyens d'entretenir à côté du haras un certain nombre de bêtes à corne pour l'amélioration du fonds, comme on le verra dans la fuite.

Les pâturages, qui ont un terroir fec, & qui produifent une herbe fine & courte, & particuliérement beaucoup de trefle, font les meilleurs pour les chevaux. Ils deviennent bien plus alègres, plus nerveux & plus forts dans les contrées maigres & sèches, & ils y ont le fabot plus beau que dans les pâturages humides, aigres & gras. Ceux-ci donnent ordinairement des chevaux pareffeux, lourds, groffiers, fans

___

(1) M. le Chevalier LINNÉE a trouvé par plufieurs épreuves, que les chevaux mangent 262 herbes, & en laiffent 212 ; que les bœufs en mangent 276, & en rebutent 218 ; que les chèvres en trouvent 449, & les brebis 387 de bon goût ; mais que celles-là en laiffent 216, & celles-ci 141, fans y toucher.

adreffe & fans vigueur ; ils leur gâtent les yeux, & en général ils ne valent rien pour ces animaux. De plus, dans un terrein humide & marécageux, les poulains gagnent aifément de gros pieds fujets aux fluxions, & un fabot plat ; car l'humidité du terrein attendriffant & amolliffant la corne & la fourchette de ces jeunes animaux, il eft naturel qu'elles s'étendent & s'élargiffent fous la pefanteur du corps. C'eft auffi de quoi on a la preuve dans les chevaux de Frife & de Holftein, qui font élévés dans ces fortes de pâturages. Au refte, il faut obferver que ce ne font pas des landes arides & ftériles que l'on entend ici par le terme de terrein maigre & fec.

Par-tout l'entretien du bétail réuffit mieux fur les montagnes. Les chevaux en particulier cherchent les hauteurs plus que tous les autres beftiaux, fans doute parce qu'ils y trouvent les plantes & les herbes qui leur font le plus falutaires. C'eft ce qui fait que les chevaux du Nord font fi renommés pour leur force & leur vigueur (1). L'air y eft auffi plus fain

---

(1) Les payfans de Norwège regardent l'herbe qui croît fur le fommet des montagnes, comme un reméde polychrefte contre les maladies des beftiaux ; ils graviffent donc fouvent, même au péril de leur vie, contre les plus hautes, y coupent l'herbe & l'emportent, tant il leur paroît important d'avoir en réferve pour l'hiver une herbe fi falutaire. Et ce n'eft pas fur la fuperftition que cet ufage eft fondé, mais fur l'expérience qu'ils ont de la vertu particulière de cette herbe. Voyez *Schwedifche Abhandlungen, th.* XXIV, *feite* 45.

que dans les plaines, & les chevaux s'y plient
dès leur jeuneſſe à toutes ſortes de mouvemens. A force de monter & de deſcendre, ils
ſe dénouent les épaules & les hanches, ſe
procurent une taille mince & déliée, des jambes
fortes & nerveuſes, un bon dos, un ſabot haut
& petit, un pas ſûr, & deviennent en général
beaucoup plus vifs & plus robuſtes que dans les
plaines.

De plus, on trouve auſſi communément ſur
les montagnes une eau plus fraîche ; ce qui eſt
pour un haras une choſe de première néceſſité. Une eau fraîche & claire fait des chevaux vifs & courageux ; & quand ceux qui ont
été élevés à une telle eau, viennent dans un
lieu où elle eſt fade, ils peuvent bien mieux
la ſupporter, que les chevaux accoutumés
à une eau fade ne peuvent ſupporter l'eau
fraîche. Ces derniers en deviennent communément malades, & il n'eſt pas rare qu'ils en
périſſent (1).

Au reſte, il ne faut pas non plus que l'eau

---

(1) C'eſt ce qu'on remarque aux chevaux de Holſtein,
de Flandres, de Gueldre, de Weſtphalie, & généralement à tous ceux qui ſont gardés & qui pâturent dans
des terreins marécageux, où il n'y a qu'une eau fade.
Ils ne durent pas long-temps dans des contrées rudes ;
& il y a encore en particulier cet inconvénient, que
l'eau dure & fraîche qu'ils boivent leur attaque bien
ſouvent les pieds, & qu'ils en reçoivent des fluxions,
des jardons, des arrêtes & des eaux aux jambes & aux
paturons.

Pour obvier en quelque façon à ces maux & à
d'autres, il eſt de la plus grande néceſſité de ne leur

soit trop dure & trop froide ; car les poulains s'en trouveroient encore plus mal que d'une eau fade (1).

Ce qui vient d'être dit se confirme particuliérement par l'exemple du haras de la forêt de *Solingue*, dans l'Electorat de Hanovre. Dans les commencemens on ne pouvoit y élever que des chevaux petits, foibles & jarretés ; & toutes les peines que les connoisseurs se donnèrent pour améliorer le haras furent infructueuses,

---

donner au commencement & pendant un assez long-temps, que de l'eau tiède mêlée avec un peu de farine d'orge, & de ne les accoutumer que peu-à-peu & avec la plus attentive circonspection à une eau plus vive & plus dure.

(1) Dans les puits profonds il y a un degré de chaleur toujours égal, ou plutôt un degré fixe de température ; & ce degré est le point connu, où l'on commence, dans le thermomètre universel de *Brander* & de *du Chrest*, à compter supérieurement & inférieurement. C'est 10 d. & $\frac{1}{2}$ dans le thermomètre de *Réaumur*. Comme, en général, cette eau n'est salubre ni pour les hommes, ni pour le bétail ; qu'il y a des sources qui n'ont que 5 degrés de chaleur & encore moins, au lieu que la chaleur naturelle du sang humain en a environ 32, & celle des chevaux & des bêtes à cornes jusqu'à 45, & que dans les vallées, la chaleur de l'été monte souvent jusqu'à 40 degrés & au-delà ; il est clair que, dans le cas d'un échauffement extraordinaire, chaque eau qui n'a pas plus de dix degrés de chaleur peut, aussi-bien que toute autre eau moins chaude, causer aux hommes & aux bêtes des obstructions, des inflammations ou d'autres accidens, & même souvent une mort subite.

On entend par eaux dures celles qui ont trop de particules terrestres, nitreuses, vitrioliques & autres matières minérales.

jufqu'à ce qu'enfin on s'avifa de corriger, par des conduits & des chûtes, la trop grande dureté des eaux. Au défaut de pareils conduits, qui ne font pas praticables par-tout, & qui fouvent entraîneroient dans de trop grandes dépenfes, on peut tempérer l'eau, en la mettant dans des cuves & des auges faites exprès, & en l'y laiffant quelques jours expofée à l'air pendant l'été, & en hiver dans l'écurie. Il eft d'autant plus indifpenfable de recourir à un de ces deux moyens, que, felon l'opinion d'HIPPOCRATE, une eau exceffivement dure contribue à la ftérilité des bêtes autant qu'à celle des hommes.

Au refte, il n'eft pas moins vrai qu'à diffé-rens égards on ne fauroit non plus fe paffer entiérement de pâturages plats à côté de la montagne.

Les jumens pleines qui, par leur bondiffe-ment fur les montagnes, feroient expofées, elles & leur fruit, à toutes fortes de dangers, doivent être mifes en pâture dans des plaines, fur-tout vers l'automne, où les poulains qu'elles portent font déjà forts. C'eft auffi un grand avantage, que de pouvoir, dans les temps fecs, & particuliérement dans les ardeurs de l'été, faire paître dans les vallées, &, dans les temps humides, fur les montagnes.

C'eft un grand bien d'avoir les pâturages proche du haras. Il eft en particulier très-avan-tageux aux jumens qui veulent bientôt pouliner, & à celles qui ont des poulains de lait, de n'avoir pas, dans les grandes chaleurs, à fe fatiguer en allant pâturer trop loin, & de trouver bientôt un abri dans les cas subits d'orage & de grêle. De même il est encore fort utile qu'il y ait dans les pâturages quelques arbres semés de côté & d'autre, ou des forêts dans le voisinage, pour que, pendant les grandes ardeurs du jour, les chevaux puissent se mettre quelques heures à l'ombre, & trouver aussi en même temps dans les bois un changement de nourriture. Le cheval aime d'ailleurs naturellement à vivre dans les forêts. Si toutefois les pâturages sont à une grande distance des écuries & des forêts, il faut y construire des hangars, sous lesquels les chevaux puissent trouver un abri contre les incommodités du temps.

Pour ce qui regarde les bâtimens du haras, cet article dépend des vues de celui qui veut l'établir, du nombre des chevaux, de la place, & de plusieurs autres circonstances particulières.

Quelques règles générales pourront suffire. Les voici : les écuries ne doivent être ni trop hautes ni trop basses. Dans le premier cas, elles sont trop froides en hiver; & dans le second elles sont trop humides, mal-saines, & particuliérement nuisibles aux yeux des chevaux. La hauteur de 14 à 15 pieds est à-peu-près la meilleure. On doit avoir soin de pratiquer des deux côtés, tout auprès du plancher, autant de fenêtres qu'il en faut pour donner du jour à l'écurie, parce que les chevaux que l'on tient dans l'obscurité deviennent communément ombrageux. Ces fenêtres servent aussi en même temps à faire entrer en été l'air frais, & en hiver la chaleur du soleil dans l'écurie.

Aux jambages des principales portes de l'écurie on place, au lieu de carnes, des deux côtés, à un pied & demi ou deux pieds au-deſſus de terre, des cylindres de bois mobiles de cinq pieds & demi de hauteur, pour que les jumens & les poulains ne ſe bleſſent point contre les carnes des jambages, lorſqu'ils ſe preſſent ſous la porte.

Les places des jumens poulinières doivent avoir, à cauſe des poulains, 10 pieds 8 pouces de profondeur, & 7 pieds 6 pouces de largeur, & ſur le devant, vers la mangeoire, elles ne doivent être élevées que de 3 à 4 pouces. Une pente plus forte ſeroit préjudiciable aux jumens pleines, ſoit qu'elles fuſſent debout, ou qu'elles fuſſent couchées, elles auroient continuelle-ment tout leur fardeau ſur le derrière, & cela rend bien ſouvent l'accouchement plus difficile.

Le pavé de ces places doit n'être ni gliſſant, ni plein de creux, mais former une pente unie, & être ſi bien fait, qu'il ne reſte point d'urine ſous les chevaux, & que les places n'en pren-nent point de mauvaiſe odeur. Les meilleurs ſont ceux qui ſont faits de briques ou carreaux couchés, non ſur celui de leurs côtés qui a le plus de largeur, mais ſur celui qui en a le moins ; & ceux de cailloux valent encore mieux que des ais.

La mangeoire doit être à la hauteur de 3 pieds 9 pouces juſqu'à 4 pieds au-deſſus du pavé. Si elle eſt plus baſſe, il arrive ſouvent, tant aux jumens qu'à leurs poulains, de s'en-chevêtrer ; & ceux-ci mangent auſſi, plutôt qu'ils ne devroient, avec leurs mères.

Le ratelier doit être $1\frac{1}{2}$ pied plus haut que la mangeoire, & il faut que les barres ou les cloisons qui séparent les places aient environ 4 pieds 1 à 2 pouces de hauteur.

Pour empêcher les poulains de quitter leurs mères, & de courir auprès d'autres, ce qui les exposeroit au danger de recevoir des ruades ou d'être foulés aux pieds, on ferme chaque place par une couple de traverses, qui s'emboîtent dans les deux poteaux qui font à l'entrée, & qu'on peut y faire entrer ou en retirer à volonté.

Dans l'écurie des poulains, il faut sur-tout avoir attention que les mangeoires & les rateliers foient placés à une hauteur proportionnée à l'âge & à la grandeur de ces jeunes animaux.

Dans les premières années, il faut bien fe garder de mettre la mangeoire & le ratelier trop haut ; car la posture peu naturelle que les poulains prendroient pour atteindre à leur fourrage, leur feroit contracter ce qu'on appelle un cou de cerf & un dos voûté. Il faut au contraire élever d'autant plus l'un & l'autre pour les poulains de 3 & 4 ans, afin qu'ils s'accoutument à élever la tête & le cou, & qu'ils acquièrent par-là une belle encolure.

Pour ce qui est de l'écurie des poulains de fix mois & d'un an, il n'est pas nécessaire que chacun d'eux y ait fa place féparée. On peut les attacher les uns à côté des autres en une rangée, fans qu'il foit befoin de barres entre eux. Le danger qu'ils ne fe frappent du pied, qu'ils ne fe froiffent & ne fe mordent, qui est tout ce qu'on veut prévenir par les places barrées, n'eſt pas plus grand que lorſqu'ils ſont pêle-mêle dans l'écurie en attendant qu'on les attache, ou bien dès qu'on vient de les détacher. Quand ils ſont une fois habitués enſemble, il eſt rare qu'ils ſe mordent ou qu'ils ſe donnent des ruades. Chacun d'eux ſait trouver ſa place. Ils mangent auſſi avec plus d'appétit & de plaiſir, lorſqu'ils ſont librement les uns auprès des autres, que quand ils ſont enfermés ſéparément. D'ailleurs il ne faut guère que la moitié autant de place, & on épargne encore par-là beaucoup de litière.

Lorſqu'on garde enſemble au même haras les jumens & les poulains, & ceux-ci ſans diſtinction de ſexe, juſqu'à l'âge de 4 ans accomplis, on a beſoin de trois différentes écuries de poulains, ſavoir, d'une pour ceux de ſix mois à un an ; d'une ſeconde pour ceux de deux ans, & d'une troiſième pour ceux de 3 & 4 ans.

Lorſque, pour ſevrer un poulain, on le retire d'auprès de ſa mère, ils tombent tous deux dans la triſteſſe ; & s'ils s'entendent l'un & l'autre, cela nourrit leur paſſion mutuelle, & entretient leur inquiétude ; ils en perdent l'appétit & ils en dépériſſent. Ainſi l'écurie de ces poulains doit être aſſez éloignée de celle des jumens pour qu'ils ne puiſſent pas s'entendre.

Les poulains & les pouliches ne peuvent tout au plus reſter enſemble que juſqu'à l'âge de deux ans. Dès-lors ils commencent déjà à ſentir leur ſexe ; il faut donc avoir grand ſoin de les tenir ſéparés, tant à l'écurie qu'en pâture. Les pouliches peuvent être miſes dans les écuries des jumens poulinières ; mais il n'eſt pas à propos de les faire paître avec elles ; car les mères ne ſouffrent point de poulains plus âgés auprès des leurs, & elles ne ceſſent de les frapper & de les inquiéter, que quand ils ont pris le parti de s'éloigner. Il faut donc mettre les poulains plus âgés en pâture dans un herbage ſéparé.

Le meilleur arrangement à cet égard, c'eſt d'avoir, en d'autres endroits éloignés du haras, & de ſes pâturages, deux emplacemens parti-culiers, l'un pour les poulains, & l'autre pour les pouliches, pour que, dès qu'ils ont été ſevrés, on puiſſe les tenir pour toujours ſé-parés les uns des autres.

Quant aux étalons, on ne peut les tenir plus commodément & plus avantageuſement que dans les écuries du propriétaire du haras, où l'on pourra les faire ſervir comme chevaux de ſelle ou de trait; & il ſuffit de les envoyer au haras pour la monte, ſi celui-ci n'eſt pas trop éloigné des écuries. Car, hors ce temps-là, ils cauſeroient, dans un haras privé, plus de ſoins, de peines & d'incommodités, qu'un bien plus grand nombre de jumens. Du reſte, ils doivent toujours avoir au haras leur écurie particu-lière.

Enfin, outre une hutte, ou une place fermée & allant un peu en pente, dont on a beſoin pour l'accouplement, il faut encore deux autres écuries, l'une pour les chevaux du ſeigneur, lorſqu'il vient voir le haras, & l'autre pour les chevaux malades.

La bonne économie demande que l'on ſe ſerve des chevaux du haras pour charrier les

fourrages

fourrages néceffaires, pour emmener le fumier & pour d'autres charrois.

Comme dans un grand haras on fe propofe communément d'élever des chevaux pour chaque ufage, conféquemment des chevaux de trait, & qu'un travail modéré & réglé avec intelligence, loin d'être préjudiciable aux jumens poulinières, même lorfqu'elles font pleines, leur eft au contraire avantageux & falutaire; comme d'ailleurs il fe trouve fouvent quelques - unes de ces jumens qui n'ont point retenu; on peut, fans nuire de la moindre façon au haras, les employer au trait. En général, il eft bon de vifer bien plus dans fes arrangemens à obtenir de grands chevaux propres au tirage, que des chevaux de felle ; car on en a toujours affez de ceux-ci, les defcendans inclinant toujours plutôt à devenir plus petits que plus grands.

Dans un haras de 100 jumens poulinières, où il n'y a d'autres terres à cultiver que ce qui eft affigné au maître de haras & aux palefreniers, comme partie de leurs appointemens, c'eft affez de 6 chevaux de trait pour tous les charrois qui furviennent ordinairement, furtout s'il y a pour les poulains des emplacemens particuliers. Et même, quant à ceux-ci, il y a toujours de l'avantage à y tenir des chevaux de trait deftinés en même temps à faire race.

Un attelage de 6 chevaux eft, dans tous les cas, préférable à deux de 4 chevaux; ou bien deux attelages de 6 chevaux valent mieux que trois attelages de 4. Six chevaux attelés à une voiture font moins furchargés & plus ménagés que quatre. Ceux-là demandent deux valets, un pour être au timon, & l'autre pour mener les chevaux de devant ; & deux hommes veillent mieux fur les chevaux qu'un feul. Deux peuvent auffi mieux s'aider à charger & à décharger, & dans toutes les occafions qui peuvent fe préfenter. Pour un attelage de 4 chevaux, il ne vaut pas les frais de deux valets.

Si l'on excepte les chevaux de trait, un palefrenier peut panfer 12 à 14, foit jumens ou poulains ; & ainfi, pour un haras de 100 jumens poulinières & de leurs poulains, il ne faut, outre le maître de haras, qu'environ 8 valets d'écurie, parmi lefquels il doit y avoir un maréchal.

En hiver, où le haras eft nourri à l'écurie, ces valets trouvent toujours affez d'affaire ; & pour l'été, où il eft toute la journée en pâture, voici à-peu-près comme on partage la befogne :

Pour gouverner l'attelage, 2 valets ;

Pour veiller fur les chevaux qui paiffent, 2 haraffiers ;

Pour hacher la paille, 1 valet ;

Pour nettoyer les écuries & avoir foin des jumens & des poulains malades, 1 valet.

Les deux autres valets, & entre eux le maréchal, quand il n'a point à travailler de fon métier, doivent, au printemps, s'occuper dans les prés à relever les foffés, à faire écouler les eaux, & à détruire les fourmillières ; ils doivent auffi mettre le foin en bottes & le pefer pour les fourrages d'hiver, enfin mettre la main à tous les ouvrages qui tiennent à l'économie du haras.

100 poulains d'un an, ou plus âgés, ont befoin, à-peu-près, d'autant de gens. Il faut qu'il y ait, jour & nuit, un homme dans l'écurie, pour y faire la garde ; & c'eſt aux valets à la faire tour-à-tour.

Il y a moins de danger à brûler de l'huile que de la chandelle pour éclairer l'écurie. Quand la lampe ſe renverſe, ou qu'on la porte nonchalamment, la mèche s'éteint d'elle-même.

Il y a d'ordinaire beaucoup d'avantage pour un haras, lorſqu'on accorde aux perſonnes qui y ſont employées, comme partie de leurs gages, la faculté d'y tenir un certain nombre de bêtes à cornes. Il y a pluſieurs ſortes d'herbes auxquelles les chevaux ne touchent point, & que les bêtes à cornes mangent. D'ailleurs, comme l'urine & la fiente récente des premiers gâtent & brûlent les prés ſecs & les pâturages, & que ces animaux raſent auſſi l'herbe de ſi près, qu'un herbage où l'on ne met que des chevaux, dépérit viſiblement d'année en année ; le fonds qu'ils amaigriſſent & affoibliſſent ainſi, ſe rétablit, & eſt de nouveau fertiliſé pour l'année ſuivante par le fumier bien plus profitable des bœufs & des vaches.

Les moutons, au contraire, doivent être écartés ſoigneuſement des pâturages du haras. Ils les fouillent & les gâtent trop, ils les rendent mal-ſains pour les chevaux, non - ſeulement par leur fiente, mais encore par une humeur qui leur découle le plus ſouvent du nez. Ils ſont de plus trop ſujets à la morve & à la gale ; & il eſt ſi généralement connu combien leurs excrémens ſont préjudiciables aux chevaux, qu'un cavalier d'expérience aimera mieux laisser son cheval en plein air, que de le mettre dans une étable à brebis.

N'y auroit-il pas du profit à combiner avec un haras le labourage, & à former pour cette fin, dans celui-là, un plus grand nombre de chevaux de tirage ? C'est-là une question qu'il faut encore discuter ici.

Dans une terre, où l'on a 100 chevaux & au - delà ; où le maître de haras & les valets ont communément, comme partie de leur salaire, la faculté de tenir un certain nombre de gros bétail, il ne sauroit manquer d'y avoir beaucoup de fumiers, quelque attention que l'on apporte d'ailleurs à économiser la litière. Et avec tant d'engrais, tant de chevaux, & tant de gens que l'on y tient, que ne pourroit-on pas exécuter, dira-t-on d'abord ?

Au premier coup-d'œil, la combinaison du labourage avec un haras paroît sans doute faisable, & même très-avantageuse, sur-tout si l'on suppose comme une expérience incontestable, qu'un travail modéré ne nuit aucunement aux jumens poulinières considérées comme telles. Mais il est pourtant vrai que la chose est sujette à beaucoup de difficultés, & même à de très-grandes. Je vais en indiquer quelques-unes.

1°. Les jumens poulinières ne sont pas toutes propres au tirage. En effet, qui voudroit atteler à un charriot de belles jumens fines de bonne & de noble race, qui de leur vie n'ont eu de mors dans la bouche, ni de fers aux pieds ; qui dès leur jeunesse ont été accoutumées au pâturage, & qui font particuliérement deftinées à produire une plus noble race ?

2°. Les jumens qui ont fervi au trait, & qui ont été accoutumées au fourrage fec, ne font plus toutes propres à être remifes en pâture.

Comme chevaux de trait, on les ferre des quatre pieds. Lorfqu'elles ont des poulains, & qu'on veut les faire paître de nouveau avec le refte du haras, il faut les déferrer des deux pieds de derrière ; & alors, marchant avec des fabots entamés du boutoir fur un terrein rude, plufieurs fe les gâtent entiérement, fi la corne n'en eft pas extrêmement épaiffe & dure.

3°. Il n'eft pas toujours aifé de remplacer une jument de trait qui eft pleine, par une autre qui ne l'eft pas.

4°. Le changement de nourriture eft toujours dangereux.

5°. Souvent il furvient, dans l'économie rurale, foit en temps de moiffon, foit en d'autres circonftances, tant de travail, ou un travail qui fouffre fi peu de délai, qu'il faudroit néceffairement haraffer les jumens, ou s'expofer au rifque de caufer quelque grand dommage au propriétaire du haras.

6°. Les terres que l'on voudroit mettre en culture devroient être prifes fur le fonds des pâturages, ou du moins ceux-ci en devroient être plus éloignés.

7°. Non-feulement les chevaux de trait, confidérés comme tels, coûtent bien plus d'entretien que ceux qui ne font deftinés qu'à faire race, & que l'on nourrit pour cette fin aux pâturages ; mais ils demandent auffi plus de gens , plus d'inftrumens, de meubles & de harnois.

8°. Un maître de haras & fes valets ne fau-roient guère s'occuper , autant qu'il le faut, d'un grand labourage & de tous les travaux qui s'y rapportent , fans que le haras n'ait à en fouffrir , s'il eft nombreux ; & de même ils devront négliger le labourage, s'ils donnent au haras toute l'attention & les foins néceffaires.

9°. Enfin, il eft bien rare qu'un feigneur trouve fon compte à tenir une terre ou une métairie par fes mains.

On voit clairement par-là , que bien qu'un particulier puiffe avoir du profit à joindre à fon labourage l'éducation des chevaux , en n'employant pour celui-là que des jumens, la chofe n'eft pas également praticable & avantageufe , quand il s'agit d'un grand haras ; ainfi , lorfqu'on a auprès d'un haras beaucoup de terres labourables , ou un terrein convenable pour l'établiffement d'une métairie , on fera mieux de ne garder & de ne faire valoir par fes mains qu'autant de prés qu'il en faut pour le haras , & d'affermer toutes les autres terres , en cédant auffi au fermier , dans fon bail , tous les engrais dont on n'aura pas befoin pour ces prés que l'on retiendra , & pour les champs qui feront accordés aux ferviteurs en forme de gage.

Si l'on n'a pas affez de prés pour fournir le haras de fourrages fecs, il faut y fuppléer par des prairies artificielles, & les faire , par préférence, avec les herbes fuivantes, dont les chevaux font fort friands, foit qu'on les leur donne vertes ou sèches.

Le *mélilot*; en latin, *melilotus, trifolium ur-finum*; en allemand, *steinklee, honigklee*; en anglois, *mélilot*.

Le *trefle rouge*; en latin, *trifolium rubens*; en allemand, *ræthlichte groffe geifsklee, fpanifche-klee*; en anglois, *common trefoil*.

Le *ray-graff* (*d'Angleterre*), *fromental*, ou *faux-froment*; lat. *lolium perenne*; allem. *Englifche ray-graff*; angl. *ray-graff*.

Le *ray-graff de France* ou *de Lorraine*, ou *faux-feigle*; lat. *avena elatior, gramen avenaceum elatius*; allem. *Franzœfifche ray-graff, wiefen-hafer*; angl. *tall-oat-graff*.

Le *timothy-graff* en angl., ou *cats-tail-graff*; en lat. *phleum pratenfe*; en allem. *wiefen-liefch-gras, timothy-gras*.

Le *fétu*; en latin, *feftuca elatior, gramen toliaceum elatus, gramen paniculatum elatius, feftuca paniculata fpicata*; en allem. *wiefen-fchwengel*; en angl. *tall-fefcue-graff*.

Le gramen, nommé en latin *holcus lanatus, gramen lanatum, gramen pratenfe paniculatum molle*; en allem. *wollichte roff-gras, pferae-graff*; en angl. *meadow-foft-graff*.

Le gramen, nommé en latin *anthoxantum, anthoxantum odoratum, anthoxantum flofculis diantris, gramen vernum fpica brevi laxa*; en allem. *gelbe ruch-gras*; en angl. *vernal-graff, fpring-graff*.

Le *chiendent flottant*; lat. *feftuca fluitans, poft fpiculis oblongis erectis, gramen mannæ efculentum prutenicum, gramen paniculatum aquaticum flui-*

tans, gramen fluviatile ; allem. *manna-fchwengel, manna - gras, fchwaden - gras ;* en angl. *floatgraff.*

La *luzerne* ou *foin de Bourgogne ;* lat. *medica major, medicago fativa ;* allem. *fpargel-fchneken-klee ;* angl. *medick fodder.*

L'*efparcette*, autrement nommée le *fainfoin*, ou *gros foin ;* lat. *onobrychis ;* allem. *türkifche-klee, hanen-kopf,* angl. *cock'shead vetch.*

Le *chiendent flottant* convient fur - tout aux terreins humides, & la *luzerne*, *l'efparcette* & le *faux-feigle* aux lifières sèches. Les profondes racines que jettent ces végétaux, principale-ment la luzerne, procure encore cet avantage particulier, qu'elles empêchent l'ébâclement de ces lifières.

La *pimprenelle* (*fanguiforba officinalis*) eft, pour les chevaux, auffi nourriffante que favou-reufe ; il eft vrai qu'on en tire moins de foin que des autres herbes : mais en femant fur un champ défriché, parmi 10 à 12 parties de graines de trefle, une portion de graine de pimprenelle, on peut fe flatter d'en recueillir un double avantage ; d'abord le foin s'en échauffera moins, & reftera plus verd : enfuite il n'enflera pas les chevaux & les bêtes à cornes, comme le trefle qui n'eft point mêlé.

On comprendra aifément que le maître du haras & fes valets doivent y avoir leurs loge-mens ; qu'il doit auffi y avoir une forge avec un travail ; un laboratoire pour le maître de haras ou pour le maréchal, & tous les inf-trumens de Chirurgie néceffaire, avec une pro-vifion de médicamens tant fimples que com-

pofés (1). Il faut de plus qu'il y ait des emplacemens fuffifans pour ferrer les foins, l'avoine
& la paille ; enfin il faut encore avoir foin que
l'on puiffe tirer ce dernier article du voifinage
& à un prix raifonnable.

Parmi les chofes dont on ne fauroit guère
fe paffer dans une contrée folitaire, il faut
compter une horloge fonnante & un chien
vigilant.

Le lieu où font les écuries & les autres bâtimens du haras doit être fermé, & former
un enclos affez fpacieux ; il doit y avoir dans
cet enclos une fontaine & un nombre fuffifant
d'auges pour y abreuver les chevaux.

Enfin, pour ce qui eft des foffes à fumier,
il vaut toujours mieux les avoir hors de l'enclos que dedans, tant à caufe de leurs exhalai-
fons & de leur puanteur, qui font nuifibles aux
chevaux, que pour entretenir une plus grande
propreté, &c.

---

(1) On trouve un catalogue de ces inftrumens &
des médicamens les plus néceffaires dans l'Ouvrage qui
a pour titre : *the gentleman's farriery or a practical treatife
on the difeafes of horfes*, by F. BARTLET, *London*, 1759. 8°.
Quand même il y auroit une Apothicairerie dans le
voifinage, il n'en feroit pas moins néceffaire d'avoir
une provifion de bons médicamens, parce que les Apo-
thicaires donnent ordinairement la plus mauvaife & la
plus gâtée de leurs marchandifes, dès qu'ils jugent, à
la vue de la recette ou du porteur, que c'eft pour des
chevaux que le remède eft deftiné.

CHAPITRE III.

Règles générales sur la connoissance des Chevaux.

LE grand objet de tous les haras est d'élever des chevaux qui soient beaux, sains & capables de service.

Selon les idées & les sensations communes, *la beauté* consiste dans la proportion & l'harmonie des parties avec le tout ; & en tant que l'on considère le cheval comme un animal destiné à un certain usage, on regarde sur-tout à ce que la forme, tant du corps en général que des membres en particulier, annonce l'aptitude aux opérations qui lui sont naturelles. Il faut que la figure du corps promette tout ce qu'on peut en attendre, conformément à sa nature ; & la plus belle est celle qui y montre le plus de disposition. Par-là il est aisé de distinguer les perfections & les beautés réelles de celles qui ne sont qu'imaginaires ou de convention, qui même ne sont souvent que de vraies corruptions, de véritables dégénérations, dont les écuries des princes fournissent, comme nos poulaillers & nos colombiers, une infinité d'exemples.

Dans presque tous les livres qui traitent des chevaux, on trouve la description d'un beau cheval & de toutes ses parties extérieures. Je me contenterai donc de toucher ici briévement les règles particulières, selon lesquelles on juge communément de la beauté d'un cheval, & ce qu'un directeur de haras doit nécessairement savoir par rapport à la connoissance générale des chevaux.

Dans la description du cheval, on le divise communément en trois parties principales, qui sont l'*avant-main* ou *train de devant* ; le *corps* ou *coffre*, & l'*arrière-main* ou *train de derrière*.

L'*avant-main* comprend la tête, l'encolure, le garot (c'est-à-dire l'endroit qui est entre le cou & le dos au-dessus des deux pointes des épaules, & où la crinière & le cou se terminent) , les épaules, le poitrail & les jambes de devant.

Le *corps* est composé du dos, des reins, des côtes, du ventre & des flancs (qui sont à l'extrémité du ventre, au défaut des fausses-côtes, au-dessous des reins & jusqu'aux hanches).

On rapporte à l'*arrière-main* la croupe, les hanches, la queue, les fesses, les rotules, les cuisses, les jarrets, les canons & les autres parties des jambes de derrière, qui ont les mêmes dénominations que celles des jambes de devant.

Une disposition libre & dégagée de la *tête* & de l'*encolure* contribue plus que toutes les autres parties du corps à donner au cheval un air noble. L'*encolure* doit bien sortir des épaules. Il faut que sa partie supérieure, d'où naît la crinière, qui doit être longue, soit déchargée & tranchante, c'est-à-dire, peu garnie de chair ; que tout en sortant du garot elle s'élève en droite ligne, & qu'à mesure qu'elle approche

de la tête, elle s'étrecisse toujours plus, &
forme une courbe à-peu-près comme le cou
d'un cygne. Il faut de même que la partie inférieure n'ait point de courbure, comme le
cou d'un cerf, mais qu'elle monte en droite
ligne dès la poitrine, jusqu'à la ganache, &
qu'elle penche un peu en avant. Une belle
encolure doit être longue & haute, mais toutefois proportionnée à la grandeur du cheval.

Il faut aussi qu'il y ait une juste proportion
entre la grandeur de la tête prise en général, &
celle du cheval. Elle ne doit être ni trop longue
ni trop chargée de chair, mais sèche & menue.
La meilleure position de la tête est, que le
front soit vertical ou perpendiculaire au plan
horisontal ; & le devant en est regardé comme
beau, lorsque le front est étroit, forme une
espèce de voûte qui s'élève un peu entre les
yeux, & va, comme dans la tête du bélier,
se perdre insensiblement vers les nazeaux. Les
oreilles doivent être petites & étroites, à une
juste distance l'une de l'autre, droites, vîtes
dans leurs mouvemens, ni pendantes, ni plan-
tées trop en avant.

Les *salières* doivent être remplies ; les *pau-
pières* minces, les *yeux* & la *prunelle* assez gros,
clairs, vifs & pleins de feu ; ils doivent aussi
être à fleur de tête. Les os de la *ganache* doivent
être peu épais, maigres & un peu larges vers
le gosier ; le *nez* un peu recourbé ; les *nazeaux*
bien ouverts, grands, garnis d'une peau mince
& vermeille au dedans. De plus, le cheval doit
avoir les *lèvres* fines, la *bouche* médiocrement
fendue, humide & rouge ; le *garot* élevé &

tranchant ; le *poitrail* large ; les *épaules* agiles, sèches & plates ; le *corps* rond ; le *dos* égal & uni ; les *flancs* pleins & courts ; la *croupe* ronde & forte ; les *hanches* & les *graſſets* épais & charnus ; le *tronçon de la queue* gros, bien garni de crins & roide, pour que la *queue* ſoit épaiſſe & remplie, & qu'au lieu de pendre entre les jambes, elle en ſoit un peu dégagée.

Il faut également, pour la beauté du cheval, des *genoux* ronds pardevant, & qui ne ſoient ni ſaillans ni rentrans ; des *jambes* déliées, depuis le genou juſqu'au boulet (jointure qui ſe trouve au bas du canon, où le pâturon commence) ; des *canons* plus plats que ronds ; des *tendons* forts & bien détachés ; des *boulets* menus ; des *pâturons* gros, de longueur médiocre, & qui ne ſoient que tant ſoit peu ſouples ; il faut auſſi que la *couronne* ne ſoit pas trop élevée (c'eſt le nom qu'on donne à l'élévation qui ſe trouve au bas du pâturon, qui tourne autour du ſabot, & qui eſt garnie de poils plus longs que le reſte de la jambe) ; que la *corne* ſoit noire, unie & luiſante ; le *ſabot* haut ; les *quartiers* (c'eſt-à-dire, les côtés du ſabot) ronds ; la *fourchette* menue & pointue, & la *ſole* épaiſſe & concave. Il faut enfin que le cheval ait de la hardieſſe, de la fierté & du feu.

Selon l'opinion des hommes, le ſexe féminin, chez la plupart des animaux, n'eſt pas ſi beau que le maſculin. Ainſi on tient pour belles jumens, celles qui approchent le plus de la figure de l'étalon.

Toutes les qualités que l'on vient de décrire, priſes dans leur réunion, forment ce que l'on appelle un beau cheval, & déterminent en même temps la légéreté de ſes mouvemens, la ſûreté de ſon allure, ſa perſévérance dans le travail, ſa ſanté extérieure & ſa bonté. Alors on dit dans la langue de l'art, que le cheval eſt *de bonne taille.*

Des défauts extérieurs & des vices notables de conformation qui bleſſent la vue ; des parties difformes & diſproportionnées ; enfin, des choſes qui ne ſont pas ſimplement tenues laides par une vaine fantaiſie, ou par une ſingularité de goût, font au contraire ſoupçonner quelque vice intérieur, ou annoncent une incapacité & un manque d'aptitude aux fonctions néceſſaires.

Par exemple, de petits yeux enfoncés, ou comme on les appelle, des *yeux de cochon*, ſont communément un ſigne de mauvaiſe vue. Les chevaux ombrageux, quinteux & traîtres, aiment à porter alternativement une des *oreilles* en avant, & l'autre en arrière ; & des oreilles épaiſſes & pendantes, qui font qualifier le cheval d'*oreillard*, indiquent qu'il eſt pareſſeux ou ruiné. Quand le *poitrail* déborde trop, & forme une eſpèce de ſaillie, & que les *jambes de devant* ſont placées trop en arrière, cette ſurcharge de la partie antérieure du corps fait que le cheval eſt ſujet à broncher & à tomber. Un *poitrail* étroit ou ſerré eſt cauſe qu'il lui arrive de ſe couper ou de s'entre tailler. Des *épaules* trop chargées de chair lui donnent une allure peſante & incommode. Une groſſe tête charnue & anguleuſe eſt non-ſeulement difforme, mais auſſi peſante à la main & ſujette aux maux des yeux. Il en eſt de même d'une *encolure* courte & trop épaiſſe, que l'on appelle auſſi *cou gras*, ou *cou de cochon*. Une tête trop groſſe & trop longue, mais maigre, n'eſt pas à la vérité ſi dangereuſe pour les yeux, mais elle n'en eſt pas moins une difformité, & l'extrémité en a toujours quelque choſe de choquant. Quand le *cou* eſt trop long, le cheval peut donner aiſément des coups de tête au cavalier. Une *bouche* trop grande ou trop petite fait qu'on ne bride pas ſi aiſément. Des chevaux qui ont le dos bas & trop creux dans le milieu, que l'on appelle *enſellés*, ſont bientôt las, & ne ſauroient porter de peſans fardeaux. Des *pâturons* trop menus & trop longs, dont les *ergots* touchent preſque à terre, ont peu de force, & ſe bleſſent aiſément ſur des chemins raboteux. L'*encaſtelure*, les *ſabots plats*, les *ſeimes* & preſque tous les défauts des pieds font boiter les chevaux, & ſont, en général, toujours de plus grande conſéquence que les vices extérieurs des autres parties.

Il y a des beautés plus délicates, comme il y a auſſi des défauts moins frappans. On trouve parmi les chevaux à-peu-près autant de variétés dans les figures, que parmi les hommes, & elles expriment tout autant de qualités particulières. Mais la diverſité des phyſionomies, & tout ce qui appartient à la connoiſſance ſubtile des chevaux, peut plus aiſément être ſentie & tracée au crayon, qu'elle ne peut être décrite d'une manière diſtincte. Cette connoiſfance ſuppoſe un œil examinateur, une obſervation longue & exacte, & une comparaiſon attentive de plusieurs chevaux ; elle met un habile connoisseur en état de juger par la figure du cheval, avec autant d'exactitude que le physionomiste par le visage de l'homme, non - seulement s'il est François, Espagnol, Anglois, Hongrois ou Polonois, &c. mais encore s'il est paresseux ou courageux, loyal ou traître, docile ou obstiné, de forte ou de foible constitution, &c.

Les signes les plus infaillibles d'où l'on peut recueillir qu'un cheval est sain & net, c'est lorsqu'il est toujours éveillé & prêt à obéir ; qu'il n'est point difficile sur le fourrage, ni sujet à s'en dégoûter ; qu'il mange d'appétit pendant & après le travail ; qu'il aime, après les exercices fatigans & les repas, à se reposer & à se coucher ; qu'il n'engraisse ni ne maigrit promptement, mais qu'il se conserve bien en chair ; qu'il se tient toujours alègre & dispos à la mangeoire ; qu'il tourne les oreilles en avant ; qu'il a le poil uni, luisant & court, les yeux clairs & étincelans ; qu'il appuie fortement la queue, quand on veut la lui lever ; qu'il écume sous le mors ; qu'il boit peu ; que sa fiente est plus dure que molle ou aqueuse : qu'il urine sans incommodité ; qu'il ne sue ni aisément, ni beaucoup en travaillant, & qu'il a l'haleine douce & libre.

Enfin, un autre article qui appartient encore essentiellement à la connoissance des chevaux, c'est celle de leur âge.

La durée de la vie des chevaux est, comme chez presque toutes les autres sortes d'animaux, en proportion avec la durée du temps de leur

croissance,

croissance ; c'est-à-dire, qu'ils vivent six à sept fois autant de temps qu'ils en mettent à prendre leur taille complète.

La vie des jumens est ordinairement plus longue que celle des chevaux. Cette observation, déjà faite par ARISTOTE (1), répond à celle faite à différentes époques sur le genre humain, dont les femmes vivent généralement plus long-temps que les hommes.

C'est un signe indubitable, qu'un cheval de haras est de bonne race, ou du moins qu'il est sain, quand il tarde long-temps à se former. Celui qui n'a cessé de croître qu'à six ou sept ans, sera, sauf les accidens particuliers, de bon service pendant vingt ans & au-delà, & peut bien en vivre quarante, & même davantage. Au contraire, celui qui ne croît que quatre ans, n'en vivra tout au plus que vingt à vingt-cinq. Lorsque les chevaux gros & trapus prennent toute leur croissance en moins de temps encore, ils en vivent aussi moins, & sont déjà vieux à l'âge de dix à douze ans.

Les exemples d'un âge de trente & quarante ans ne seroient pas si rares parmi ces animaux, si la tyrannie des hommes n'abrégeoit pas leur vie ; si on en abusoit moins, & si on les soignoit mieux. Communément on n'en fait plus le moindre cas, dès qu'ils ont atteint un certain âge ; on cherche à en débarrasser l'écurie, pour ménager les fourrages ; & leur récompense ordinaire, après avoir rendu pendant un assez long-temps les meilleurs services, c'est d'être

____

(1) Aristotel, de hist. anim. lib. V. 128.

C

attelés à une charette, & aftreints aux plus rudes travaux, ou d'être envoyés à l'écorcheur. Les *Bramines* & les *Banians*, dans les Indes Orientales ; les *Mahométans*, & plufieurs autres peuples font honte aux nations civilifées de la chrétienté, du côté de la pitié, de la douceur & de l'équité envers les bêtes. Les deux tribus Indiennes que j'ai nommées, non-feulement ne fe permettent d'en tuer aucune (1), mais obfervent envers elles les plus grands mé-

(1) Cela leur eft expreffément défendu par le premier commandement de leur *Loi morale*, qui eft le premier des trois Traités du *Shafter*, un de leurs livres facrés ; & c'eft celui de leurs commandemens qui eft le mieux obfervé & le plus généralement reçu parmi eux. Voyez dans les *cérémonies & coutumes religieufes de tous les peuples du monde*, & en particulier dans les *Cérémon. relig. des peuples idolâtres*, tome *I*, part. *2*, les trois articles fuivans : *Diff. fur la relig. des Banians, trad. de l'Angl. de* LORD, *fol. 77. fuiv. Diff. fur les mœurs & fur la relig. des Bramines, dreffée fur les Mém. du fieur* ROGER, *Hollandois, f. 93, 123, &c. Conformité des coutumes des Indiens Orient. avec celles des Juifs, &c. f. 28. Hift. du Chriftianifme des Indes, par* LA CROZE, *tome 2, p. 298 & 300.* PHILOSTRATE *nous apprend que les Brachmanes*, qui font les ancêtres des Bramines, & auxquels il donne, felon l'ufage des Grecs, le nom de *Gymnes* (c'eft-à-dire *les nuds*), ou *gymnofophiftes*, n'avoient pas moins d'horreur que leurs defcendans, pour l'effufion du fang des animaux ; & il nous dit la même chofe des *Gymnofophiftes* d'Afrique ; *de vita Apollonii Tyan. (Lipf. 1709. fol.). Lib. 8. cap. 7. f. 12. f. 347.* On fait que PYTHAGORE, &, après lui, toute fa *fecte* avoit adopté fur ce fujet les principes & les ufages des Brachmanes. *Voyez* JAMBLICHUS *de vita Pythag. cap. 30, p. 152.* PORPHYRIUS *de abftinentia lib. 3. fol. &c.*

nagemens, & ont même des hôpitaux (1), où l'on reçoit, nourrit & panse toutes celles qui font malades ou eftropiées, ou qui, par leur âge, font hors d'état de fervir. On trouve auffi fréquemment chez les *Mahométans*, & en particulier chez les *Turcs*, de ces fortes d'hôpitaux (2), & leur tendreffe pour les bêtes ne fe borne pas à cela; ils regardent comme un grand péché de trop charger celles qu'ils font travailler (3); ils leur font des aumônes (4); ils achètent des oifeaux enfermés dans des cages, pour leur rendre la liberté; ils achètent du pain pour nourrir les chiens qui n'ont point de maître (5). Les *Arabes* prennent un très-grand foin de leurs chevaux; ils ne les battent point; ils les traitent doucement; ils parlent & raifonnent avec eux; ils les laiffent toujours aller au pas, & ne les piquent jamais fans néceffité (6). Ils traitent leurs chameaux avec

---

(1) Il y a, par exemple, de ces hôpitaux à *Surate*. Voyez le Traité cité dans la remarque précédente, fous le titre de *Conformité des cout. des Ind. Or. avec celles des Juifs, &c. fol.* 28.

(2) Voyez *Effais de Montaigne, lib.* 2, *chap.* 11, un peu avant la fin.

(3) RICAUT, *Etat de l'Empire Ottoman, & Diff. fur les ufag. relig. des Mahométans*, inférée dans les *cérém. & coutum. relig. de tous les peuples du monde, tome* 5, *f.* 267.

(4) Voyez BUSBEQ, *Épift.* 3, *p.* 178. SMITH. *de morib. & inftit. Turcarum Epift.* 1, *p.* 66. *Obfervations hift. & crit. fur le Mahométifme, trad. de l'Angl. de* M. SALE, *feĉt.* 4. §. 3, *p.* 304.

(5) RICAUT, *ibid. Diff. fur les ufages relig. des Mahométans, ibid.*

(6) M. DE BUFFON, *Hift. Natur. du Cheval, tome* 7, *part.* 2, *p.* 347. *édit. de Paris, in-*12.

la même bonté. Les anciens *Egyptiens* se dis-
tinguoient particuliérement par des attentions
extraordinaires , & par la plus tendre véné-
ration pour les animaux. Il semble qu'ils aient
cru ne pouvoir assez reconnoître les grands
avantages qu'ils en retiroient (1). Ils regardoient comme sacrés tous ceux qui naissoient
dans leur pays (2), & non-seulement ils n'en
faisoient mourir aucun (3) ; mais on ne sauroit
rien ajouter aux soins qu'ils en prenoient ; ils
avoient des parcs publics, où on les entrete-
noit à grands frais ; on les y nourrissoit très-
délicatement ; on leur y construisoit des loges
commodes, que l'on tenoit propres, & que
l'on ornoit ; on les baignoit, on les parfumoit,
& comme si, avec tant d'égards qu'on leur
témoignoit pendant leur vie, on eût encore été
en reste envers eux, on prenoit le deuil à leur
mort, on les embaumoit & on les enterroit
avec beaucoup de pompe dans les catacom-
bes (4). C'étoit chez les *Perses*, les *Parthes* &
les *Mèdes* un devoir sacré, de ménager le sang

---

(1) HÉRODOTE, *Liv. 2, f. 130 de la Trad. Fran-
çoise de* DU-RYER. *Paris, 1658. fol.* DIODORE *de Sicile,
Liv. 1, sect. 2. n. 31, p. 183-188. Trad. de M. l'Abbé*
TERRASSON. *Paris, 1737, in-12.* CICERO *de nat. deor.
Lib. 1, num. 36.* PLUTARCHUS *de Isis. & Osiris. p. 380, &c.*

(2) HÉRODOTE, *ibid. fol. 126.*

(3) DIODORE *de Sic. ibid. p. 177-178.* CICERO *tuscul.
lib. 5.* JUVENAL, *sat. 15. v. 11, 12. Cela leur étoit aussi
défendu par les Loix.* HÉRODOTE, *ib. f. 117. Conf. exod.
VIII. 26.*

(4) HÉRODOTE , *ib. f. 126 & suiv.* DIODORE *de Sicile,
ibid. p. 179 & suivantes.*

des animaux, & fur-tout d'épargner le fang de ceux dont on retiroit de l'utilité, comme des chevaux, des bœufs, des brebis, &c. (1). Chez les Phrygiens, c'étoit un crime capital de tuer ceux qui fervoient au labourage (2). « L'ufage des *Athéniens* vouloit que l'on n'égor- » geât pas le bœuf qui labouroit & qui por- » toit le joug, foit qu'il tirât la charrue, ou » qu'il fût attelé à un charriot, parce que » c'étoit une efpèce de laboureur & un com- » pagnon des travaux du genre humain (3) ». Ils ordonnèrent de même que les mules & les mulets qui avoient fervi à la conftruction du Temple appellé *hécatompedon*, fuffent libres, & qu'on les laiffât paître par-tout fans empêche- ment (4); & on trouve auffi qu'ils mirent à l'amende un homme qui avoit écorché un

---

(1) *Magorum liber* Sad-der, ZOROASTRIS *præcepta & canones continens, Porta 38; in veterum Perfarum & Parthorum & Medorum religionis hiftoria*, auct. THOM. HYDE, *page 470, édit. Oxon.* 1760, in-4°.

(2) Voyez NICOLAS *de Damas.*

(3) *Diverfités hiftor. trad. du grec d'*ELIEN, (Berlin, 1764. in-8°.) *Liv.* 5, *chap.* 14, *p.* 148. Cet ufage doit avoir été fort ancien chez les Grecs, puifque PORPHYRE fait mention d'une loi de TRIPTOLÈME, qui portoit la même défenfe; *de abftinent. lib.* 4, §. 22. J'ajoute encore ici au fujet des *Brachmanes* dont il a déjà été parlé, que fi, après un noviciat de trente-fept ans, il leur étoit permis de manger de la viande, ce n'étoit que de celle des animaux qui n'étoient d'aucun fecours à l'homme; STRABO, *rerum geograph. lib.* 15, *fol.* 815, *édit. Bafil.* 1571.

(4) PLUTARCHUS *in Caton. cenf. cap.* 3.

C 3

mouton tout vif (1). Les *Agrigentins* dreffoient des tombeaux & des monumens fuperbes à des animaux qui leur étoient chers, & particuliérement aux chevaux qui avoient remporté le prix de la courfe (2); & à Rome, encore vertueufe, on fit une affaire publique de la nourriture des oies, dont la vigilance avoit fauvé le Capitole (3). Je conviens volontiers que dans plufieurs des exemples que je viens de rapporter, il y a quelque chofe d'outré & de ridicule, dont la fuperftition & certaines fauffes idées de métaphyfique étoient l'ame & le principe. Mais il eft auffi vrai que tout n'y mérite pas la même répréhenfion; & il feroit à fouhaiter, pour le bien des animaux, & particuliérement des chevaux, qui font encore plus maltraités que tous les autres, que, content d'y condamner l'excès, l'on imitât plus généralement, parmi nous, ce que la faine raifon ne fauroit s'empêcher d'y approuver & d'y admirer; ce qui rapprocheroit davantage de cette fenfibilité de cœur, fur laquelle on fait fi bien difcourir aujourd'hui (4). L'humanité,

---

(1) *Idem de efu carnium, tractat 1. paulò ante finem.*

(2) Diodore *de Sic. liv. 13, n. 24, p. 496, édit. cit.* Pline *Hift. Natur. lib. 8, fect. 64. Tome 1, f. 466, edit. Parif. 1741, in-fol.* Ful. Solinus, *polyhiftor, cap. 57, fol. 119. Bafil. 1543.*

(3) Plutarque, *in caton. cenf. cap. 3.*

(4) « Sers-toi de tous les animaux..... noblement & » librement, *comme un homme qui a de la raifon doit* » fe fervir de ce qui n'en a point », dit l'Empereur Marc-Antonin, avec cette énergie qui lui eft propre, dans fes *Réflexions morales, liv. 6, n. 23. Trad. de M. & de*

en s'honorant par l'obfervation d'une morale auffi fublime, y apprendroit auffi infailliblement à fe refpecter elle-même davantage (1).

Mad. DACIER, *tome 2, p. 16. Amft. 1707,* in-8°. « Ce
» ne font pas, dit PLUTARQUE, ceux qui ufent des
» bêtes, qui commettent injuftice ; mais ceux qui en
» abufent outrageufement, fans refpect quelconque,
» & cruellement ». *Quels animaux font les plus avifés, &c.*
chap. 10, *p. 542* du *tome II* de fes œuvres mêlées. *Lyon,*
1588, in-8°. Ce judicieux Hiftorien fe montre bien
fupérieur à CATON *le Cenfeur* du côté du fentiment,
lorfqu'après avoir cenfuré vivement la dureté & l'ingratitude de ce fier Romain envers un vieux cheval,
il ajoute que, pour lui, il faifoit confcience de vendre
& d'envoyer à la boucherie, pour un léger profit, un
bœuf qui l'avoit long-temps fervi. *Vie de* CATON *le*
Cenf. chap. 3. En général, il étoit paffé en maxime
chez les anciens Philofophes, que c'eft le propre de
l'homme de bien, de témoigner de la bienveillance,
non-feulement envers tous les hommes, mais auffi
envers les animaux. Voyez SIMPLICIUS *in* ÉPICTET.
Enchirid. cap. 34. C'étoit de même la maxime de SALOMON, *Prov. XI.* 10 ; & c'étoit auffi celle de MOYSE,
Exod. XX. 10. *XXIII.* 5. *Deuteron. XXII.* 4. *XXV.* 4. *&c.*
  (1) Les *Pythagoriciens* recommandoient en particulier
la douceur & la modération envers les bêtes, comme
un exercice par où l'on apprenoit à en avoir envers
les hommes. PORPHYRIUS *de abftinent. lib. 3, cap.* 20,
p. 125, edit. Cantabrig. 1655. Et PLUTARQUE dit trèsbien que cet exercice devroit être cher à tout le monde,
ne fût-ce que pour y faire un fi utile & fi faint apprentiffage. *In Cat. Cenf. cap.* 3. PHILON *le Juif* nous obferve que c'étoit auffi là le but *des loix de* MOYSE en
faveur des animaux. *De charitate, p. 548. feq.* « Après
» qu'on fe fut apprivoifé à Rome aux fpectacles des
» meurtres des animaux, dit MONTAIGNE, on vint
» aux hommes & aux gladiateurs ». *Effais, liv.* 2,
» *ch.* 11. Conf. MICHAELIS *Mofaifches Recht,* Th. 3, §. 164.

Au reſte, ce que j'ai dit de l'âge que les chevaux peuvent atteindre, n'eſt ni une ſimple opinion, ni le réſultat d'un raiſonnement qui ne ſeroit fondé que ſur l'analogie; c'eſt un fait ſuffiſamment conſtaté. Pour s'en convaincre, il n'y a qu'à parcourir les Auteurs que je cite en note (1).

A la vérité, un cheval de bonne race ne ſe forme pas, d'ordinaire, plus lentement qu'un cheval de mauvaiſe race; mais il ſe forme d'une manière plus parfaite, & ſans intermiſ-ſion. Si au contraire un cheval ceſſe déjà de croître à l'âge de 4 ou de 5 ans, cela vient communément de ce que quelque accident l'em-pêche de ſe former entiérement & de prendre toute ſa taille par un développement complet. Cela ſert auſſi à expliquer pourquoi un cheval qui continue à croître juſqu'à la ſixième ou la

---

(1) Que des chevaux aient atteint en effet non-ſeulement l'âge de quarante, mais même de ſoixante ans, c'eſt ce que FUGGER a fait voir dans ſon Ou-vrage qui a pour titre : *Von der Geſtütterei*, *fol. 1611, cap. 11. Vom langen leben der Roſſe.* Selon les Nouvelles publiques, il y avoit en 1778, à Jawaſthus, ville de la Finlande, un cheval de Dragon du Régiment de Nyland, qui étoit âgé de 37 ans & demi; & comme il étoit encore ſain & vigoureux, il eſt vraiſemblable qu'il auroit vécu quelques années de plus, ſi le poſſeſſeur ne l'avoit fait tuer pour en avoir un jeune en ſa place. — ARISTOTE, *Hiſt. animal. lib. 6, cap. 22, f. 757, edit. Toloſ. 1619. in-fol.* & PLINE, *Hiſt. Nat. lib. 8, ſect. 65, f. 465, edit. cit.* diſent qu'il y avoit des chevaux qui vivoient 50 ans. Ils font même mention d'un qui doit en avoir vécu 75. ARISTOTE, *ibid.* PLINE, *T. cit. ſect. 66, f. 466.*

septième année, peut devenir plus vieux qu'un autre qui cesse déjà de croître à l'âge de 4 ou de 5 ans. C'est que le premier a crû de suite, sans être arrêté par aucune traverse & par aucun empêchement contre nature, & qu'ainsi il étoit tout-à-fait sain ; au lieu que le dernier a souffert d'une maladie, peut-être imperceptible, pendant le temps de sa croissance. Il en est tout autrement des chevaux qui, achevant de croître long-temps avant la sixième année, arrivent néanmoins à ce degré de grandeur que les autres n'atteignent d'ailleurs qu'à 6 ou 7 ans. On observera toujours dans ceux-ci une constitution plus tendre & plus flexible, qui facilite & accélère leur développement ; & c'est cela même qui fait qu'ils ne deviennent pas vieux. On trouve que parmi les chevaux, comme parmi les hommes, cette sorte de constitution est communément le partage de ceux qui naissent avant terme.

Ce qui contribue encore particuliérement à faire parvenir les chevaux à un grand âge, c'est lorsque dans leur jeunesse ils sont mis en pâture, sur-tout sur les montagnes, & qu'ils y trouvent des eaux fraîches ; qu'on ne les fait pas travailler trop tôt, & qu'on ne leur permet pas non plus l'accouplement avant l'âge convenable.

C'est aux dents que l'on peut, jusqu'à la dixième année, connoître le plus sûrement *l'âge* d'un cheval. Il en a quarante ; vingt-quatre *dents mâchelières*, quatre *crocs* ou *crochets*, & douze *dents incisives* ou *de devant*. Les jumens n'ont point de crochets, ou n'en ont que de très-courts. Ce n'eſt pas par les dents mâchelières, mais ſeulement par les dents de devant, & enſuite par les crochets, que l'on peut juger de l'âge. Les douze dents de devant pouſſent au poulain une quinzaine de jours après ſa naiſſance. Mais il ne les garde pas, comme quelques autres animaux, par exemple, les cochons, qui ne perdent aucune de leurs premières dents.

A l'âge de *deux ans & demi* ou de *trois ans*, les quatre du milieu tombent, ſavoir, deux de la mâchoire ſupérieure & deux de la mâchoire inférieure, que l'on appelle les *pinces*, & au bout de quinze jours elles ſont remplacées par quatre autres qui ſont plus hautes & moins blanches que les précédentes, & qui, communément, ont en deſſus une cavité noirâtre. On dit alors que le cheval commence à *marquer*. Un an après, c'eſt-à-dire, entre *trois ans & demi & quatre ans*, il en tombe quatre autres à chaque côté des pinces, deux en haut & deux en bas, qui ſe nomment les *mitoyennes*, & quinze jours après il en vient d'autres à leurs places.

A *quatre ans accomplis*, ou à *quatre ans & demi*, les quatre dernières dents de lait, à côté de celles qui étoient tombées & revenues l'année précédente, tombent à leur tour, & elles ſont remplacées par quatre autres ; mais le cheval ne les met pas à beaucoup près ſi vîte que celles qui ont pris les places des huit premières qu'il avoit jettées. On appelle ces dents les *coins*, ou les *dents des coins*.

Au reſte, celles de la mâchoire ſupérieure

viennent plutôt que celles de l'inférieure,
& celles qui remplacent les quatre dernières
dents de lait, font connoître l'âge des chevaux,
jufqu'à la huitième année. Elles font creufes, &
ont, dans leur cavité, une tache noire, que
l'on nomme le *germe de feve.* A l'âge de *quatre
ans & demi* jufqu'à *cinq ans*, elles ne fortent
pas encore, pour l'ordinaire, de la gencive,
& le creux eft très-remarquable.

Vers la *fixième année*, ce creux commence
à fe remplir, & cela toujours davantage jufqu'à l'âge de *fept ans & demi* ou *huit ans*,
auquel il eft entiérement comblé, la dent toute
unie, & la tache noire effacée.

Comme après *huit ans* les chevaux ne
marquent plus, c'eft-à-dire, qu'on ne peut plus
obferver leur âge par les dents de devant, on
tâche d'en juger par les *crochets*. Ces quatre
dents font placées à côté des coins, &, ainfi
que les dents mâchelières, elles ne tombent
point. Les deux crochets de la mâchoire inférieure viennent vers la quatrième année, mais
ce n'eft qu'après quatre ans que ceux de la
mâchoire fupérieure fe montrent; & ces dents
font très-pointues jufqu'à l'âge de fix ans. Quand
le cheval a paffé *dix ans*, les crochets d'en
haut, & bientôt après ceux d'en bas, font
émouffés, ufés & longs, parce que la gencive
s'en détache & fe retire à mefure que l'âge
avance; & plus ils le font, plus auffi le cheval
eft vieux.

Il faut cependant obferver ici que les chevaux de haras fauvages confervent leurs marques aux dents bien plus long-temps que les

autres, parce que leur nourriture ne confiſtant qu'en herbe & en foin, leurs dents ne s'uſent pas ſi-tôt que ſi elles avoient eu à mâcher de l'avoine ou des fourrages durs. Cela fait que des jumens d'un bel haras ont ſouvent *douze ans* & même davantage, quoiqu'elles en marquent à peine huit.

Après dix ans, les indices de l'âge ſont fort incertains. On regarde communément les ſalières creuſes & enfoncées, & le poil blanc à l'endroit du ſourcil, comme des ſignes d'une extrême *vieilleſſe*. Mais ils trompent ſouvent, parce que des chevaux engendrés de vieux étalons & de vieilles jumens ont ces marques beaucoup plutôt que d'autres, & ſouvent même dès la neuvième & dixième année. Quelques-uns, dont les pères & mères étoient encore des chevaux jeunes & ſains, & avoient les ſalières belles & remplies, ont néanmoins dès leur naiſſance les ſalières enfoncées, & les gardent telles. Cet accident peut venir de leurs ancêtres.

Il y a des ſignes plus infaillibles d'une grande vieilleſſe. Les voici : plus les dents de devant ſont longues, décharnées, rouillées & jaunes, plus le cheval eſt vieux ; & dans l'extrême vieilleſſe elles vont preſque tout droit en avant, & elles redeviennent blanches. A meſure que les chevaux vieilliſſent, les ſillons de leur palais s'abaiſſent & s'effacent enfin entiérement. Comme il n'arrive jamais, ou du moins que fort rarement, qu'un poulain naiſſe tout blanc, mais que les chevaux gris blanchiſſent peu-à-peu & fort lentement ; un cheval n'eſt d'ordinaire tout - à - fait blanc, que parce qu'il eſt vieux (1).

Au reſte, les différens uſages auxquels on veut faire ſervir les chevaux, ſuppoſent auſſi des qualités, des grandeurs & des races différentes. Le plus gros cheval & le plus petit peuvent être également beaux & ſains, mais ils ne ſauroient être également utiles & propres à toute ſorte de deſtination.

Des chevaux gros, peſans & nerveux, qui ont aſſez de force pour tirer à la montée & pour ſoutenir à la deſcente le poids d'un coche public ou d'un chariot de roulier, figureroient mal, & ne rendroient pas de bons ſervices comme chevaux de ſelle.

Les chevaux de ſelle doivent avoir d'autres qualités que les chevaux de harnois, ils doivent être plus vifs & plus fins ; ceux de harnois, plus ſages & plus forts. Parmi les premiers, il y a encore de la différence entre la trempe d'un cheval de Houſſard , celle

---

(1) C'eſt particuliérement dans les contrées ſeptentrionales que l'on trouve des animaux blancs. Dans les pays plus chauds, il n'y a que le haras d'Hanovre & l'Eſpagne où je ſache qu'il naiſſe des chevaux blancs. Les premiers, & peut-être auſſi les autres, deſcendent de chevaux Danois. Les poulains qui naiſſent blancs dans des climats tempérés, ainſi que les chevaux qui ont le poil gris de perle & couleur de lait, & qui, comme ceux-là, ont auſſi ordinairement l'œil *verron*, ſemblent être parmi les chevaux ce que ſont parmi les hommes les *kakerlaques*, dont le caractère conſtant eſt d'avoir les yeux rouges, comme les lapins blancs & les chiens de même couleur.

d'un cheval de Dragon, & ainſi de ſuite.

La crue d'un cheval, la fineſſe ou la groſ-
ſiéreté de ſes parties, & ſon humeur, déterminent l'uſage auquel il eſt propre.

Dans un grand haras, comme dans ceux
du pays, il faut porter ſes vues ſur toutes les
ſortes de ſervices que l'on attend des chevaux.

Mais, pour chaque deſtination, il faut toujours choiſir des jumens & des étalons auſſi
beaux, auſſi ſains & auſſi parfaits que l'on
ſouhaite de les avoir dans les deſcendans.

CHAPITRE IV.

*Règles & Expériences concernant en par-
ticulier les Chevaux deſtinés à la propagation de l'eſpèce.*

L'EXPÉRIENCE fait voir que parmi les animaux,
comme parmi les hommes, des pères & mères
foibles, malades & infirmes, engendrent leurs
ſemblables, & que, comme chez ceux-ci, le
tempérament & la laideur de l'ame & du corps
peuvent s'hériter, de même les traits & la
figure du corps, les difformités & les défauts
qui proviennent de ſucs viciés, l'humeur même
& les diſpoſitions de l'ame ſe tranſmettent chez
ceux-là par la génération. Un cheval ombrageux & rétif, un cheval vicieux, un cheval
malade ou mal conformé, produit des poulains
qui ont toutes ces mauvaiſes qualités, & une
crue auſſi imparfaite.

Au reste, il faut faire de la différence entre des défauts innés & enracinés, & d'autres qui ne font venus que par accident ou par quelque acte de violence. Par rapport à la propagation, les derniers font de moindre conféquence que les premiers.

C'eft un point encore controverfé parmi les Phyficiens, fi le père ou la mère contribue plus à la formation du jeune animal ; & il étoit naturel que chacun décidât la queftion d'après l'opinion qu'il avoit adoptée fur la génération des animaux.

Ceux qui prétendent, avec HARVEY, que chaque animal eft déjà renfermé avant l'accouplement dans l'œuf de la mère, comme en un raccourci infiniment petit, & que le mâle ne fait que féconder cet œuf, ou le germe qu'il contient, penchent fort à croire que la progéniture tient plus de la mère que du père ; & les partifans de la théorie de LEUWENHOEK, ou fi l'on veut, de HARTSOEKER, felon laquelle les animaux doivent fe trouver, comme de petits vers, dans la femence du mâle, foutiennent, au contraire, que prefque tout dépend du père dans la formation du fruit.

Comme il eft bien plus aifé de procurer un bon cheval entier que vingt jumens poulinières également bonnes, & que l'on choifit toujours, parmi un grand nombre de chevaux, les plus beaux & les meilleurs pour étalons ; qu'on les tire auffi, pour l'ordinaire, de pays étrangers & de contrées plus chaudes, qu'on en a bien plus de foin que des jumens qui font nées dans le pays, & qui font par conféquent moins bonnes; ces caufes réunies (1) ont fait que, dans le réfultat des obfervations, il s'eft trouvé plus de poulains qui reffembloient à l'étalon qu'à la jument. C'eft peut-être la raifon pourquoi, s'attachant à la dernière opinion, l'on s'imagine que c'eft affez d'avoir un bel étalon, bien que les Naturaliftes modernes aient conftaté l'ovaire des animaux femelles.

Mais quelque multipliés que foient les fyftêmes fur la génération, quelque curieufes que foient les hypothèfes fur cet objet, il fuffit que l'expérience démontre que les deux fexes coopèrent également à l'œuvre, & que pour la formation des caractères, c'eft tantôt le mâle, & tantôt la femelle qui y contribue le plus.

On voit tous les jours, parmi les hommes comme parmi les animaux, que les defcendans ont plus de reffemblance tantôt avec le père & tantôt avec la mère, & que fouvent ils ont auffi tout à la fois des caractères diftinctifs de l'un & de l'autre. Les chiens nés de l'accouplement de deux efpèces différentes en offrent la preuve la plus frappante. Je rapporterai l'exemple d'une grande chienne terrière, qui, ayant été couverte par un levrier, mit bas deux levriers & deux terriers (baffets). Souvent nous trouvons dans le fils le caractère corporel, le tempérament & les autres qualités de la mère, & ceux du père dans la fille ; & il y a prefque autant de jeunes chevaux qui héritent de la

____

(1) Cet article reviendra encore dans la fuite avec plus de détail.

figure,

figure, de l'air, de la taille & du tempérament de leurs mères, que de ceux en qui l'on retrouve diſtinctement l'empreinte de leurs pères. On reconnoît très-ſouvent dans la progéniture, & non-ſeulement dans quelque deſcendant de la jument, mais dans toute ſa poſtérité, la crue & le caractère particulier de la mère, quand même ils n'en ont pas la robe, & qu'ils ont eu différens pères. Je pourrois nommer nombre de pareilles jumens des haras du Wirtemberg.

On voit ſur-tout bien clairement par la robe des chevaux, que les poulains reſſemblent tantôt à la jument & tantôt à l'étalon. Les poulains provenus de l'accouplement de deux chevaux de différens poils, ont preſque auſſi ſouvent le poil de la mère que celui du père, & il n'eſt pas rare qu'ils héritent du père une partie de leur robe, & l'autre partie de la mère.

C'eſt auſſi ſans doute de la converſion des chevaux ſauvages en chevaux domeſtiques, & du mêlange des races de différens poils primitifs & de différentes contrées, qu'eſt venue peu-à-peu cette infinité de variétés que l'on voit, non-ſeulement dans les poils ſecondaires, depuis le noir juſqu'au blanc, ſelon toutes les nuances de l'alezan & du bai, mais auſſi dans les poils compoſés & les poils bizarres (1).

----

(1) La converſion des chevaux ſauvages en domeſtiques ſuffiſoit déjà ſeule, pour produire des changemens infinis dans la couleur des poils; car, on obſerve, tant dans le règne animal que dans le règne végétal, que la culture produit conſtamment des variétés, non-

D

Mais ce qui montre encore plus particuliérement, & de la manière la plus merveilleuse, que les qualités des deux sexes servant à la génération sont héréditaires, c'est lorsque le jeune animal ne ressemble à aucune des deux parties ; alors il faut chercher la ressemblance dans les ascendans paternels ou maternels.

Il est vrai que des père & mère de même poil le reproduisent communément dans le poulain. Mais quand il arrive, & les exemples en sont très-fréquens, que celui-ci est d'un autre poil ; par exemple, que de deux moreaux il naît un alezan, de deux chevaux bais un cheval gris, & ainsi de suite, cela prouve, pour l'ordinaire, que dans une des générations antérieures il s'étoit fait un mélange de différens

---

seulement dans la figure, mais aussi dans la couleur. On peut supposer avec assez de vraisemblance, que tous les chevaux étoient, dans leur état sauvage & dans leur première patrie, de même poil, & peut-être d'un poil qui ne se retrouve à présent que dans très-peu de chevaux privés. Sans doute que leur multiplication les aura forcés, dans leur état sauvage, à des émigrations, & il est certain, qu'après s'être transplantés en des contrées différentes, ils auront changé de poil sous chaque autre climat. Ce peut être là l'origine des poils principaux. Les dégénérations & les mélanges des poils ont sans doute leur fondement dans la domesticité & dans le mélange des différentes races. Pour connoître combien ces deux choses contribuent à l'altération des couleurs, il n'y a qu'à observer leur uniformité chez toutes les espèces d'animaux sauvages, & leur variété chez les animaux domestiques. Les faisans sauvages, par exemple, sont tous de même couleur, au lieu que les bigarrures ne sont point rares dans les faisanderies privées.

poils, & que le père ou la mère defcend d'une race qui avoit le poil du poulain.

Ces *rétrogradations*, fi j'ofe me fervir ici de ce terme, ont leurs caufes, tantôt dans le mâle, & tantôt dans la femelle; communément dans la feconde dés générations antécédentes, quelquefois feulement dans la troifieme, & rarement dans une autre plus reculée. Et comme il arrive fouvent que, par exemple, d'un étalon moreau il ne provienne guère que des poulains de même poil que le grand-père ou la grand-mère, qui en avoient un tout autre ; il n'eft pas moins fréquent de voir des chevaux revendiquer auffi d'autres qualités de leurs races; de voir fortir, par exemple, d'un étalon de bonne race, mais petit & de peu de mine, des poulains, dans lefquels reparoiffent les beautés & les caractères décififs qui fembloient éteints dans le père, & qui avoient diftingué le grand-père ou la grand-mère.

Quelque ignorans que nous foyons d'ailleurs fur l'œuvre de la génération, & quelque obf-cures que foient les loix felon lefquelles l'embryon fe forme dans le ventre de la mère, on peut néanmoins regarder, fur la foi de plufieurs obfervations exactes, comme une règle prefque infaillible, que celui des père & mère qui eft né fous un climat plus chaud, ou qui furpaffe notablement l'autre en feu & en vivacité, a le plus d'influence fur la forme & le tempérament des defcendans ; que, par exemple, les poulains d'un étalon barbe ou efpagnol & d'une jumnt allemande tiennent plus du père que de la mère ; & qu'au contraire, les poulains d'un étalon danois & d'une jument napolitaine, ou d'un vieux étalon phlegmatique & d'une jument jeune & ardente, auront plus de reſſemblance avec les dernières.

Ce qui vient d'être dit, montre donc clairement que le père ne contribue pas moins que la mère, non-ſeulement à la formation & à la ſtructure, mais auſſi au tempérament & aux autres qualités de la progéniture. Et ce qui y ajoute encore un nouveau degré d'évidence, c'eſt que, de l'accouplement de deux animaux de races diſproportionnées, il en naît une race mitoyenne, qui ne reſſemble ni au père ni à la mère ; ce qui ne pourroit ſe faire, ſi c'étoit ſeulement l'un des deux ſexes qui donnât à l'animal procréé le fond de ſa conformation (1).

____

(1) Les Arabes en particulier ſemblent en être convaincus ; car ils vendent les chevaux entiers provenus de leurs *Kœchlani*, c'eſt-à-dire, de leur plus noble & plus ancienne race, comme leurs chevaux communs, ſous toutes ſortes de conditions. Pour leurs jumens, ils n'aiment pas à les vendre argent comptant ; mais lorſque le propriétaire n'eſt pas en état de les bien entretenir, il les cède à un autre, en ſe réſervant une part aux poulains qu'elles mettront bas, ou le droit de les reprendre après un certain temps. Voyez la *Deſcription de l'Arabie par* NIEBUHR, *p. 161 & ſuiv. édit. de Copenhague, 1772, in-4°.*

M. JONAS ALSTRŒM, Suédois, ſoutient, à la vérité, que les races des beſtiaux ſe perfectionnent par l'accouplement de bons mâles avec de mauvaiſes femelles ; mais que la choſe ne réuſſit pas de même, lorſque les femelles ſont de meilleure race que les mâles. Il ſe fonde ſur différentes expériences qu'il a faites lui-même ſur des chevaux, des ânes, des bêtes à cornes, des co-

Ainsi, l'étalon & la jument, que l'on veut faire servir à la propagation de l'espèce, doivent être de la meilleure qualité qu'on puisse

---

chons, & sur-tout sur une expérience de dix-huit ans faite sur des brebis, à l'égard desquelles il prétend avoir observé que les plus mauvaises races Suédoises, saillies par des béliers étrangers, ont pu, dès la seconde ou la troisième génération, s'élever au degré de bonté du premier bélier ; au lieu que les brebis provenues de l'accouplement d'une brebis étrangère de bonne race avec un mauvais bélier du pays, ont été, dès la seconde & la troisième génération, entiérement dégradées, & ont eu enfin toutes les imperfections du premier père. Mais ces expériences semblent avoir été faites bien plus sur des brebis que sur des chevaux & d'autres bestiaux, & plus sur des béliers étrangers, que sur des brebis nées aussi dans d'autres contrées. Peut-être aussi qu'elles n'ont pas été répétées assez souvent. De plus, M. ALSTRŒM avoue lui-même qu'il n'y a employé que des béliers fort chétifs du pays. Et comme, dans les brebis, on regarde plus à la finesse de la laine qu'à la conformation, à la crue & à d'autres qualités, qui frappent bien plus dans les chevaux & les autres bestiaux ; il est très-possible que ce soit principalement sur cela que portent les observations de M. ALSTRŒM, combattues, par rapport aux autres animaux & à l'égard d'autres qualités, par d'autres expériences journalières : elles prouvent du moins la grande influence que le mêlange des sexes de climats opposés a sur le perfectionnement des races, puisqu'il a tiré ses brebis d'Angleterre, d'Espagne, d'Afrique, de Turquie, de Sardaigne, d'Hollande & du Holstein, c'est-à-dire, de pays qui sont tous sous un climat plus chaud que la Suède. Voyez son Traité allemand, qui a pour titre : *Untersuchung von verbesserung der viehzucht durch Einfürung guten Viehes mannlichan Geschlechts, von auswærtigen Oertern, Zu dem einheimischen vieh, weiblichen Geschlechts. In den Abhandlungen der Schwedischen Akademie der Wissenschaften, 5. Band, seite 221.*

D 3

les avoir. Ils doivent non-seulement être sans défaut à l'égard de la santé, de la beauté & de l'aptitude au service ; mais aussi avoir toutes les qualités & les perfections d'un bon cheval ; être bien faits dans leur taille, vifs, courageux & dociles, & descendre eux-mêmes de familles où toutes ces bonnes qualités soient notoirement héréditaires ; en un mot, ils doivent être de bonne race.

C'est de plus une *règle* essentielle, & qu'il est absolument nécessaire d'observer dans un haras, *qu'il faut avoir soin de croiser les races, & pour cet effet les renouveller par des races étrangères ;* parce qu'il est avéré par une expérience universelle, que les descendans d'une seule & même race ne se maintiennent pas, mais qu'au contraire, après la seconde génération, les poulains deviennent toujours plus petits & plus foibles ; qu'ils dégénèrent dès la troisième, souvent même déjà dès la seconde, & que communément dès la quatrième ils n'ont plus la moindre ressemblance avec leurs ancêtres ; au lieu que par ce renouvellement des races, on obtient derechef des chevaux plus parfaits.

Vraisemblablement le créateur a placé le premier couple de tous les animaux, & conséquemment aussi des chevaux, sous le climat le plus propre & le plus favorable au plus parfait développement de leurs espèces. Toutes les autres places, sur la terre, sont ou entièrement ineptes à ce but, ou elles n'y ont pas tant d'aptitude, quoique d'ailleurs les unes y en aient plus, & les autres moins.

L'opinion de M. DE BUFFON, que le modèle du beau & du bon eſt répandu ſur toute la terre, & qu'il ne s'en trouve qu'une partie ſous chaque climat, paroît donc plus ingénieuſe que vraie. Car, combien d'animaux ne connoît-on pas qui ne vivent que dans leur pays natal ? Combien qui ne peuvent ſe conſerver long-temps ailleurs ? Et combien encore qui ne peuvent ſe propager par-tout ? Le modèle de la beauté de l'Autruche n'eſt certainement nulle part qu'en Afrique, & celui de la beauté du Condor, que dans l'Amérique méridionale.

Il eſt vrai qu'il y a des animaux qui ont, pour ainſi dire, une ſorte d'univerſalité ; & les chevaux ſont de ce nombre, puiſqu'ils réuſſiſſent & ſe multiplient dans preſque toutes les terres connues ; mais ils acquièrent tou-jours plus ou moins de perfection ſous un climat que ſous un autre, & le modèle de la beauté & de la bonté la plus parfaite de ces animaux a auſſi, ſans doute, une patrie limitée. Si les chevaux, qui anciennement étoient bien moins communs que de nos temps, y étoient de-meurés libres & indépendans, avec la jouiſ-ſance de la nourriture qui leur y avoit été aſſignée, il eſt indubitable qu'ils y auroient gardé toute leur originalité. Mais comme les grands avantages que le genre humain retire de leurs ſervices en ont fait depuis ſi long-temps des animaux domeſtiques (1), au point

____

(*) Quoiqu'il y ait lieu de croire que les chevaux ne ſont pas les premiers animaux que les hommes aient rendus privés, il eſt pourtant très-certain que

qu'en Europe il ne s'en trouve plus nulle part

leur domesticité est très-connue. Selon VIRGILE, *Georg. lib. 3*, vers 115-117, & SERVIUS, son Commentateur, sur cet endroit des *Géorgiques*, ce furent des *Lapithes* de *Pelethronium*, ville de Thessalie (ceux auxquels on donna le nom de *Centaures*), qui inventèrent l'art de monter à cheval ; & si l'on compare ce que dit PALÉPHATE, *de incred. historia, ab init.* avec ce qu'on lit dans EUSÈBE, *Chronic. f. 18. Amst. 1658*, on trouve que cet événement date au moins d'une cinquantaine d'années avant la guerre de Troyes, & ainsi d'environ 1230 ans avant l'Ere chrétienne. PLINE, *lib. 7, sect. 57, édit. cit.* tome *I, f. 416*, fait honneur de cette invention à *Bellerophon*, fils de *Glaucus*, Roi d'Epire ou de Corinthe, qui vivoit vers le même temps ; & il semble n'en rapporter aux Thessaliens que le perfectionnement & l'usage à la guerre, que VIRGILE leur attribue aussi clairement. Ces deux Auteurs observent de même qu'*Erichthon*, qui régnoit à Athènes 1489 ans avant J. C. avoit introduit les attelages de quatre chevaux ; d'où il résulte que l'emploi de ces animaux pour le tirage étoit, dans la Grèce, antérieur de quelques siècles à l'art de l'équitation. GOGUET, de *l'origine des Loix, des Arts & des Sciences*, tome 2, *p. 262 & suiv. Paris, 1759, in-12.*

Mais ni *Bellerophon*, ni les *Péléthroniens*, ni *Erichthon*, n'ont mérité proprement le nom de premiers inventeurs ; ils ne firent qu'adopter des usages étrangers. Les voyages de *Bellerophon* donnent lieu de le présumer par rapport à lui ; PALÉPHATE, *ibid.* le dit formellement des Thessaliens ; & EUSÈBE, *ib. f. 19*, le dit pareillement d'*Erichthon*. DIODORE de Sicile, *liv. 5, n° 42, tome 2, p. 307, édit. cit.* VALERIUS PROBUS, *in Georg. I*, & SOPHOCLE, long-temps avant eux, parlent d'un *Neptune* qui avoit appris aux Grecs à dompter & à manier les chevaux ; & c'est peut-être celui que M. l'*Abbé* BANIER prend pour un Prince Egyptien, & qu'il fait contemporain d'*Erichthon : Mythologie & Fables

expliquées par *l'Histoire*, *liv.* 2, *ch.* 4, *tome* 4, *p. 310*: *Paris*, *1739*, *in-*12 : ou encore *le Neptune de Libye*, dont parle HÉRODOTE, *liv.* 2, *fol.* 121, *édit. cit.* & qui est encore bien plus ancien. « L'Histoire nous apprend, dit
» M. BANIER (*ibid. p. 304*), que les peuples d'Afrique
» avoient connu la Grèce, & y avoient amené de
» leurs chevaux dès les temps les plus reculés, &
» peut-être même avant que les premières Colonies
» d'Egypte & de Phénicie y fussent arrivées ».

L'usage, & ainsi la domesticité des chevaux remonte encore à une bien plus haute antiquité dans la grande Asie & en Egypte. Du temps de *Josué*, près de 1450 ans avant l'Ere chrétienne, les Rois du pays de *Chanaan* avoient de la Cavalerie dans leurs armées. *Livre de* JOSUÉ, *ch. XI*, 4. 6. 9. JOSEPHE l'y fait monter à 10000 chevaux. On en trouve aussi déjà en *Arabie* du temps de *Job*, 1690 ans avant J. C. JOB, *ch. XXXIX*, 24-28; & en *Assyrie*, dans les armées de Ninus & de Sémiramis, environ 2000 ans avant J. C. CTÉSIAS, dans DIODORE *de Sicile*, *liv.* 2, *n°s 6 & 13*, *p. 222 & 248 du tome I*, *édit. cit.* Le Roi d'*Egypte*, qui poursuivit les Israélites à leur sortie de son royaume sous la conduite de *Moïse* (1495 ans avant J. C.), avoit, dans l'armée qu'il rassembla à la hâte, un grand nombre de chevaux, de charriots & de gens à cheval. *Exod. XIV*, 6. 7. 9. 23. *XV*, 1. 19. *Deuteron. XI.* 4. JOSEPHE dit que la Cavalerie y étoit au nombre de 50000 chevaux. *Ant. Jud. L. 11, ch. 15.* Il paroît par *le Deuteron*, *XVII*, *ibid.* que ces animaux étoient alors dans la plus grande abondance en ce pays; & l'on voit de même par *la Genes. XLVII.* 17. *XLIX.* 17. *L.* 9, non-seulement qu'ils y étoient déjà fort communs dans le siècle de Joseph, mais qu'on les y employoit aussi pour le tirage & la monture. Selon DICÉARQUE *& le Scholiaste* d'APOLLONIUS *de Rhodes*, qui le cite, *in Argonaut. lib.* 4, *vers.* 275, c'est *Orus*, fils d'*Osiris*, qui y inventa l'équitation, & ce doit avoir été près de 2200 ans avant J. C. puisque, selon le jugement des Savans, *Osiris* est le même que *Mizraïm*, fils de *Cham*, & petit-fils de *Noé*. On trouve

de fauvages (1), & qu'ils ont été tranfplantés
de leur patrie primitive dans toutes les contrées
du monde ; c'eft fans doute dans ce changement de condition & de circonftances qu'il faut
chercher la raifon pourquoi ils dégénèrent ;

---

même dans PLUTARQUE une ancienne tradition, felon
laquelle *Orus* auroit auffi déjà connu le grand ufage
du cheval à la guerre ; *de Iris & d'Ofiris, dans les Œuvres
morales*, tome 2, p. *1063*, *édit. cit.* Enfin, fi le *Neptune*,
qui, felon les Anciens (V I R G I L E, *ibid. liv. 1,
vers 13-15*), a fait préfent du cheval au genre humain,
eft la même perfonne que *Japhet*, fils de *Noé* ; & c'eft
le fentiment de BOCHARD, *Phaleg, lib. 2, cap. 2* ; de
VOSSIUS, *de Theol. gentil. lib. 1, cap. 15*, & de plufieurs
autres critiques ; la domefticité des chevaux touche à
l'époque du déluge, ou même lui eft peut-être antérieure.

(1) A juger de ceux que M. le Docteur GMELIN
prétend avoir rencontrés dans fon voyage de Sibérie,
par la defcription qu'il en fait, il femble que c'étoient
plutôt des ânes fauvages que des chevaux ; & cette
conjecture eft d'autant plus vraifemblable, que cet Auteur eft en général porté à regarder les ânes comme
des chevaux dégénérés. Voyez GMELINS *Reife durch
Ruffland, &c. in den Jahren 1768 und 1769 ; &* BECK-
MANNS, *phyf. œkon. Bibliothek*, 2. *Band, feite 589.*
Les haras fauvages ne font rien à l'affaire dont il
eft ici queftion. Je n'en connois aucun qui ne defcende
de chevaux privés. Les chevaux fauvages que l'on trouve
dans l'île de *Saint-Domingue* & ailleurs en Amérique,
proviennent pareillement de chevaux domeftiques, que
les Efpagnols y avoient laiffés, & qui s'y font multipliés ; car auparavant les chevaux étoient abfolument
inconnus dans tout le nouveau monde. Il en eft auffi
fans doute de même de ces chevaux fauvages, qui doivent fe trouver dans la *Chine* & dans une partie de la
Pologne méridionale.

pourquoi, sous chaque autre climat, ils diffèrent plus ou moins entre eux dans la taille, la forme, le courage & les autres qualités ; pourquoi les chevaux Arabes, Barbes, Espagnols, Anglois, Frisons, Danois, Napolitains, Allemands, François, Polonois, Hongrois, Russes, Irlandois, & autres chevaux nationaux, forment tous autant de variétés particulières ; de la même façon que la figure de l'homme varie à l'infini selon la différence des climats, & qu'il y a non-seulement des physionomies individuelles, mais aussi des physionomies de famille, des physionomies nationales, des physionomies européennes, asiatiques, africaines, chinoises, grecques, &c.

Les caractères & les constitutions particulières des hommes & des animaux semblent être propres à un certain climat ou à une certaine contrée. Quelques Philosophes subtils, frappés de cette multitude de disparités corporelles, en ont pris occasion de mettre en question, si toutes les espèces ou races d'hommes & d'animaux descendent d'une même souche, tellement que la différence qu'il y a entre eux, n'ait d'autre cause que la diversité des climats, ou quelque autre circonstance accidentelle ; ou bien, si ce ne seroit pas plutôt que les hommes & certains animaux sortissent primitivement de différentes souches ? Mais nous voyons tous les jours que les variétés des figures & des couleurs ne sont que des suites de la diversité locale des pays que les peuples & les animaux habitent, & de la différence de leur manière de vivre & de leur nourriture. Souvent on

reconnoît aifément dans les hommes d'un même
pays le coin ou la marque particulière de leurs
provinces. Les Béotiens, par exemple, qui habitoient un terrein humide, ne reffembloient
point aux Athéniens leurs voifins, qui occu-
poient un terrein fec ; & il n'arrive pas moins
fréquemment que l'on obferve, même dans un
pays de peu d'étendue, des diffemblances notables entre les gens de la plaine & ceux des
montagnes. Il eft donc bien naturel que, dans
le cas d'une plus grande diverfité des régions,
les modifications locales foient auffi plus fortes.
Si, par exemple, deux perfonnes nées en Angleterre s'époufent dans leur patrie, & paffent
enfuite dans les Colonies des Indes occidentales,
on trouve, dans les enfans qu'ils y engendrent
& qui y naiffent, la couleur caractériftique &
la phyfionomie des créoles ; & fi les père &
mère retournent en Angleterre, les enfans qu'ils
ont dans ce pays-ci n'ont plus ni la couleur,
ni le vifage des créoles (1).

Le Capitaine SMITH nous apprend qu'un Anglois, qui n'avoit vécu que trois ans parmi les
Indiens de la Virginie, leur reffembloit fi bien
par la figure & par la couleur, qu'il ne le re-
connut qu'au langage (2).

---

(1) Voyez *Relation des Voyages entrepris par ordre
de S. M. Brit. pour faire des découvertes dans l'hémifphère
méridional, & fucceffivement exécutés par le Commodore*
BYRON, *le Capitaine* CARTERET, *le Cap.* WALLIS *& le
Cap.* COOK, *rédigée, &c. par le* D. HAWKESWORTH,
4ᵉ *vol. page* 793 *& fuiv. de l'édit. allemande.* Berlin, 1775.

(2) *Hiftoria Virginiæ, page* 116.

Les Espagnols qui habitent dans les contrées chaudes de l'Amérique, y prennent, après quelque temps, un teint aussi tanné que celui des Indiens de la Virginie; & l'on a des exemples de peuples entiers, qui, après être passés, par des émigrations ou forcées ou volontaires, sous un autre ciel, sont devenus noirs, de blancs qu'ils étoient, & réciproquement (1).

Il en est de même des chevaux. Ceux d'Arabie & d'Afrique dégénèrent dans la Grande-Bretagne; & pour y maintenir les races, il faut les renouveller souvent par des individus tirés de leur patrie primitive. Les chevaux européens deviennent toujours plus petits dans les contrées Orientales, en Sibérie & dans les Indes. Ceux d'Espagne s'abâtardissent au Mexique & dans presque toute l'Amérique, même lorsqu'on les abandonne de nouveau à la simple nature. Ils se perfectionnent au contraire au Chili; ils y prennent un nouveau pas, qui est beaucoup meilleur, & ils surpassent en force & en vîtesse, non-seulement les autres chevaux de cette partie de l'Amérique, mais ceux d'Andalousie même, dont ils descendent. De tous les animaux que l'on a transportés de l'ancien monde au nouveau, il n'y en a aucun qui n'ait

____

(1) Voyez *Auszug aus den philosophischen.* Transact. n. 474. *vierter Artikel; in dem Hamburgischen magasin*, 1. *B. seite. 396. ff.* Si l'on desire là-dessus un plus grand nombre d'exemples & d'observations tirés du règne animal, on n'a qu'à lire le beau Traité de M. le Docteur BLUMEN-BACH, Professeur à Gottingue, qui a pour titre : *de generis humani varietate nativas. Gotting. 1776*, in-8°.

fubi une altération confidérable, & du côté de la figure, & du côté de l'inftinct (1).

Les chevaux Efpagnols & Barbes deviennent en France, fouvent dès la feconde génération, & au plus tard dès la troifième, des chevaux François. En général, prefque tous les chevaux d'un autre climat prennent, dès la feconde ou la troifième génération, l'empreinte des chevaux du pays où ils font élevés, à moins que l'on n'ait foin de prévenir la dégénération de la race, en la renouvellant par des étalons ou des jumens étrangères, qui n'ont pas encore été employés à la propagation dans le pays.

Toutes les plantes qui ne font point dans leur climat naturel, dégénèrent peu - à - peu, même dans le meilleur terroir, & portent d'année en année une femence moins bonne.

Pour obvier à cet inconvénient, l'agriculteur change de temps à autre fa femence, & la fait venir d'autres pays. C'eft ainfi, par exemple, que pour empêcher la dégénération du lin, on ne manque pas, dans plufieurs pays, de fe procurer tous les ans des femences étrangères. Plufieurs plantes fauvages n'ont befoin, fous le même climat, que d'être tranfplantées fréquemment, pour s'élever à une plus grande perfection & pour s'y maintenir.

De même, dans les viviers, on aime à employer, pour le frai, des poiffons étrangers,

____

(1) Voyez l'*Hiftoire générale des Voyages*, &c. (tome 9, page 533 de l'édit. allem.), & les *Recherches philofophiques fur les Américains*, &c. par M. **Paw**. *Londres*, 1770, in-12.

parce qu'on prétend qu'ils fraient mieux dans d'autres eaux & dans d'autres terres, que dans celles où ils ont été élevés.

La nature semble demander ce renouvellement, tant dans le règne animal que dans le règne végétal, pour conserver les créatures dans leur perfection. On sait, en effet, que nombre d'animaux changent de canton vers le temps de l'accouplement, & même que plusieurs quittent alors leur patrie ; & il n'est pas moins connu que les bêtes des parcs, qui ne peuvent faire ces excursions, ni se mêler avec des races étrangères, diminuent à chaque génération en grandeur & en force, malgré l'abondante nourriture qu'elles y ont.

L'analogie, dit M. DE BUFFON, peut faire présumer que dans la plupart des climats les hommes même dégénéreroient comme les animaux, s'ils vouloient conserver leur race sans mélange dans les mêmes familles. La défense des mariages entre proches parens, qui est pour nous de droit divin, ne se trouveroit pas si généralement chez les autres peuples, & même chez les nations les moins policées, qui ne permettent que rarement au frère d'épouser sa sœur, si cet usage n'étoit plutôt une loi de la nature que le simple ouvrage de certaines vues & dispositions politiques, ou si les mauvaises suites des alliances du même sang, le mal qui en résulteroit par rapport à la conservation de l'espèce humaine, n'étoient fondés sur l'expérience & sur l'observation. La politique ne s'étend pas d'une manière si générale & si

abſolue, à moins qu'elle ne tienne au phy-
ſique (1).

Dans de petits endroits, où l'on ne reçoit
point d'étrangers, & où les habitans ſe marient
toujours entre eux, & ne forment par conſéquent enſemble qu'une ſeule parenté, il n'eſt
pas rare de trouver les gens petits & de mauvaiſe mine. Au moins eſt-il bien aiſé que des
défauts de famille y deviennent peu-à-peu des
défauts du peuple. Je connois, par exemple,
dans ma patrie, un village d'environ cent âmes,
où il n'y a pourtant que fort peu de familles,
& où deux d'entre elles font plus de la moitié
des habitans. Il eſt bien vrai que les gens y ont
pour la plupart une taille & une phyſionomie
aſſez avantageuſe ; mais une ſorte d'affection

---

(1) *Hiſtoire Naturelle*, tome 1, part. 2. (*Paris*, 1753 ;
in-12), *page 319 & ſuiv.*
Il revient encore à la même idée dans un autre
endroit de ſon Hiſtoire. « J'ai, dit-il, ſouvent tâché
» de deviner pourquoi, dans aucun gouvernement,
» le mariage du frère & de la ſœur n'a jamais été
» autoriſé. Les hommes auroient-ils reconnu, par une
» très ancienne expérience, que cette union du frère
» & de la ſœur étoit moins féconde que les autres, ou
» produiſoit - elle moins de mâles & des enfans plus
» foibles & plus mal faits ? Ce qu'il y a de ſûr, c'eſt
» que l'inverſe eſt vrai ; car on ſait, par des expériences
» mille fois répétées, qu'en croiſant les races, au lieu
» de les réunir, ſoit dans les animaux, ſoit dans
» l'homme, on ennoblit l'eſpèce ; & que ce moyen
» ſeul peut la maintenir belle, & même la perfec-
» tionner ». *Suppl. à l'Hiſt. des animaux quadrupèdes*,
(*Paris*, 1777, *in-12*), *tome 5, page 23 & ſuiv.*
yſtérique

hyſtérique, à laquelle les femmes ſont ſujettes, & certains accidens ſpaſmodiques, qui attaquent les hommes, y ſont devenus inſenſiblement ſi communs, quoique à des degrés différens, que le village ne ſauroit manquer d'en être bientôt entiérement infecté, parce qu'on ne s'y fait aucun ſcrupule de marier des jeunes gens avec des perſonnes chez qui l'on ſait que l'une ou l'autre de ces maladies eſt héréditaire.

Mais enfin, ſuppoſez (& ce n'eſt pas non plus préciſément ce que je prétends conteſter ici) qu'en quittant, vers le temps de leur accouplement, leurs cantons ordinaires, les animaux cherchent par-là, non à ſatisfaire le beſoin qu'ils ſentiroient de ſe mêler avec des races étrangères, pour conſerver leur beauté & leur bonté ſpécifique, mais à ſe procurer des commodités, qui ſont particuliérement requiſes pour cet ouvrage ; ſuppoſé que l'on aime mieux attribuer le dépériſſement des animaux qui ſont enfermés dans des parcs, à la privation de la liberté, au manque d'une nourriture proportionnée à tous leurs beſoins, & à quelque dommage corporel qu'on leur a cauſé en les attrapant, qu'à l'obſtacle qui les empêche de ſe joindre avec d'autres races ; ſuppoſé encore que l'on regarde comme précaire & haſardé ce que M. DE BUFFON infère de l'analogie des animaux par rapport aux hommes, & que ne faiſant, avec la plupart des Moraliſtes de nos jours, aucun compte de ce qu'on nomme dans les Ecoles *horror ſanguinis*, on aime mieux dire, pour expliquer la rareté des mariages entre frères & ſœurs, que les jeunes hommes ont préféré, dès les temps les plus reculés, de se marier dans des familles étrangères, tant parce que les défauts de leurs sœurs ne pouvoient leur demeurer inconnus, & qu'au contraire ils ne voyoient le plus souvent chez les étrangères que leurs bonnes qualités, que parce que dans le premier cas, ils n'auroient guère pu éviter de rester plus longtemps sous l'autorité paternelle; supposé enfin que la dégénération des hommes, des animaux & des plantes ne dût rien prouver, sinon que le lieu qu'ils occupent ne leur est pas favorable, il n'en demeurera pas moins certain que l'emploi de semences & de races étrangères & meilleures remédie à la dégradation & à la dégénération de ces êtres, & que c'est le seul moyen de les amener à une plus grande perfection, & de les maintenir dans cet état.

Après cette digression, revenons aux chevaux. Ce qui a été dit ne doit laisser aucun doute sur la nécessité de renouveller & de rafraîchir les races pour les préserver de la dégradation. Dès qu'on refuse ce secours à la nature, elle ne manque guère de s'en venger par la production de chevaux petits & imparfaits. Et en effet, ni l'expérience, ni l'histoire de ces animaux ne connoissent d'autre exception à cette règle, que les chevaux Arabes & les Barbes, qui, au rapport des Voyageurs, conservent toujours dans leur pays leur perfection, sans qu'ils aient besoin pour cela d'aucun mélange avec des races étrangères; ce qui vient sans doute ou des précautions extrêmes que l'on apporte au choix de ceux dont on veut

avoir de la race, en quoi les Arabes en particulier furpaffent de beaucoup tous les autres
peuples, comme on le verra ci-après plus en
détail; ou, ce qui eft encore bien plus vraifemblable, de ce que c'eft ou l'Afrique, ou
l'Afie, que l'on doit regarder comme le premier domicile, le propre climat & la véritable
patrie des chevaux.

Quiconque veut donc obtenir une bonne
race de chevaux, ne doit rien épargner pour
fe procurer *des étalons & des jumens étrangers*
de la plus rare beauté & de la plus grande
perfection. Quelle que puiffe être la dépenfe,
on en fera amplement dédommagé par l'excellence de la progéniture.

Mais puifque, comme on l'a déjà obfervé
ci-devant, il eft moins coûteux & plus aifé de
faire venir de régions éloignées un feul cheval
entier, beau & bon, que plufieurs pareilles
jumens; on commence fur-tout l'établiffement
ou l'amélioration d'un haras par des étalons
étrangers bien choifis, afin d'obtenir peu-à-peu,
par leur moyen, des jumens de pareille perfection. De cette manière on fe crée foi-même,
avec le temps, des jumens de bonne race.

Il paroît clairement, par tout ce qui a été
dit, que les chevaux Arabes & les Barbes
font les meilleurs que l'on puiffe employer
dans un haras. Après ceux-ci, les Efpagnols
qui en defcendent, & fur-tout, parmi ces derniers, les Andaloufiens, qui occupent le premier rang parmi les chevaux d'Europe, font
inconteftablement ceux qui méritent la préférence pour cette deftination. Il eft hors de

douté que ce font eux qui produifent, fous chaque climat, les meilleurs chevaux, pourvu qu'on leur donne de belles & de bonnes cavales. C'eft feulement dommage qu'en Allemagne on ne puiffe fe procurer de ces races fans beaucoup de peine & de très-grands frais.

Au refte, des étalons Turcs, Napolitains, Danois, Holfteiniens, Frifons, & autres étrangers de bonne race, même des étalons Allemands fortis de bons haras d'une contrée éloignée, donnent auffi de beaux & de bons chevaux, pourvu qu'ils foient bien choifis. Car effectivement, prefque tous les chevaux de bons haras ne font, dans le fond, que des defcendans plus ou moins éloignés d'étalons Arabes ou Barbes.

De plus, le fuccès d'un haras dépend encore très-particuliérement de l'obfervation des *règles* fuivantes, qui font toutes fondées fur les remarques que nous venons de faire, & fur une expérience univerfelle.

Plus les climats, d'où l'on tire l'étalon & la jument, font oppofés l'un à l'autre, plus auffi les chevaux qu'ils produiront feront parfaits.

Ainfi, dans un climat tempéré, fi l'on veut ennoblir la race de fes chevaux, il faut avoir foin de choifir, autant qu'il eft poffible, des étalons & des jumens de climats plus chauds ou plus froids ; leur donner des jumens & des étalons du pays ; en un mot, accoupler les étalons de climats chauds avec des jumens de contrées plus froides, & réciproquement. Du mêlange d'un étalon & d'une jument du même climat, il ne naît pas fous un autre ciel des chevaux auſſi parfaits que ceux que l'on auroit eu à en attendre dans leur patrie. Par exemple, des chevaux Anglois avec des jumens de leur patrie n'engendrent pas, en Allemagne, d'auſſi beaux chevaux, que ſi on les accouple avec des jumens Allemandes. On a auſſi fait la même obſervation ſur les chevaux Eſpagnols en France, & ſur les chevaux Barbes dans d'autres climats. Au moins eſt-il certain, que ſi l'on néglige de mêler les races étrangères avec d'autres, les deſcendans dégénèrent bien plutôt en chevaux ordinaires du pays.

Par rapport aux étalons Anglois, il faut encore obſerver en particulier, que bien qu'ils ſortent, comme les Eſpagnols, de chevaux Arabes & Barbes, il n'en provient pourtant communément, en Allemagne, que des poulains qui ne valent guère mieux que les chevaux du pays, ou du moins qu'ils y perdent plutôt dans leurs deſcendans leur mérite, que d'autres chevaux étrangers. Cela peut venir de la parité des climats, mais auſſi ſur-tout de l'uſage où ſont les Anglois, lorſqu'ils vendent à l'étranger des chevaux propres à la généra-tion, de n'en donner jamais de ceux qui deſ-cendent de chevaux Arabes ou Barbes au pre-mier ou au ſecond degré, mais ſeulement de ceux qui en viennent en des degrés plus éloignés, & qui conſéquemment approchent déjà de la dégénération.

On ne ſauroit aſſez recommander, comme on en a déjà averti ci-deſſus, de croiſer, autant qu'il eſt poſſible, les races des chevaux ; & il eſt de la plus grande importance de les renouveller dès

la troisième , ou , au plus tard , dès la quatrième gé-
nération , par des étalons ou des jumens qui n'aient
encore servi , ni dans le même haras , ni dans le
même climat , à la propagation.

Jamais il ne faut donner à un étalon des jumens de même race , ni permettre l'accouplement de deux chevaux du même haras (1).

Aussi-tôt que la race commence à se dégrader, & que les poulains d'un étalon commencent à se trouver plus petits que lui & à avoir des défauts, ce qui souvent arrive dès la seconde génération ; il faut la rafraîchir par un mélange convenable ; & on y parvient, ou en ne donnant à l'étalon que des jumens étrangères, ou en faisant venir un étalon étranger pour les jumens du pays.

Lorsque des jumens , malgré l'attention que l'on a à les faire couvrir par différens étalons , continuent à ne donner que des poulains petits & foibles , ou sujets à d'autres imperfections, il faut s'en défaire, quelque belles qu'elles puissent être d'ailleurs. Comme plusieurs poulains du même âge, issus d'un étalon, peuvent être comparés, il est aisé de reconnoître si la dégénération est générale, & si la faute vient de l'étalon ou seulement de telle & telle jument. Il est d'autant plus nécessaire d'apporter à cette recherche la plus sérieuse attention , qu'il est très-difficile de se délivrer des laideurs & des défauts que l'indulgence de la nature a

---

(1) VIRGILE a déjà donné cette règle dans ses *Géorgiques , Liv. III. 65.*
— *Aliam ex alia generando suffice prolem.*

une fois foufferts dans fes ouvrages, dès qu'on les a laiffés gagner dans un haras.

Le moyen le plus fûr de parvenir à fon but, c'eft de ne faire fervir, dans un même haras, que les étalons de la première, & tout au plus, de la feconde génération, & de n'y en employer aucun des générations fuivantes ; car la première eft toujours la plus pure ; c'eft dans les premiers defcendans que l'influence du climat & de la nourriture fur les parties organiques & fur la forme eft toujours le moins fenfible. L'effet de cette double influence fe déclare déjà plus fortement dans les poulains à la feconde génération ; & à la troifième, ou les mêmes caufes ajoutent encore de nouvelles défectuofités à celles de la précédente, les caractères de la fouche fe perdent pour l'ordinaire entiérement.

Cette précaution n'eft pas d'auffi grande néceffité par rapport à l'autre fexe. Les jumens iffues au troifième ou au quatrième degré d'étalons étrangers, peuvent être employées plus utilement à la propagation, que les étalons qui en defcendent aux mêmes degrés, pourvu feulement que l'on choififfe toujours les meilleures, les plus belles & les plus grandes. Il eft aifé d'expliquer cette différence d'aptitude : elle vient principalement de ce que, comme j'ai déjà eu ci-deffus occafion de l'obferver, il n'eft pas fi difficile, pour rafraîchir une race, de procurer à plufieurs jumens un étalon étranger, qu'un nombre fuffifant de jumens étrangères à un étalon d'une race dégénérée ou à demi éteinte.

Quand on a foin de conferver les races tou-jours pures, & qu'ainfi la nature peut, pendant une longue fuite de générations, opérer librement, fans aucun mauvais mêlange, elle leur fait prendre, avec le temps, une trempe durable, qui ne fe dément point; alors on n'a plus fi-tôt befoin d'étalons étrangers, & à la fin on peut même s'en paffer tout-à-fait. C'eft de quoi on a une preuve convaincante dans les haras de Danemarck, & particuliérement dans ceux de Holftein, où l'on ne fe fert guère que d'étalons du pays, parce que l'expérience doit avoir appris que des étrangers, de quelque contrée qu'ils puffent être, ne produifoient pas d'auffi bons chevaux, & où l'on ne donne que rarement aux étalons des cavales étrangères pour croifer & renouveller les races. Il eft pourtant vrai que quelquefois on y fait auffi venir pour cet effet des étalons Efpagnols, & que ce font les poulains provenus de pareils étalons & de jumens Danoifes, que l'on regarde comme les plus excellens.

Au refte, comme il y a peu de chevaux qui réuniffent toutes les perfections, que du moins il n'y en a aucun qui reffemble de point en point à un autre; & en particulier, que dans un grand haras, l'on ne peut pas toujours avoir les deux fexes, dont on veut tirer une nouvelle race, d'une beauté & d'une bonté accomplie, *il faut chercher à réparer les imperfections de l'un par les perfections oppofées de l'autre.* Lorfque, par exemple, on remarque que les poulains de telle ou telle jument fe diftinguent ou par une belle tête, ou par un beau poitrail,

ou par un dos bien formé, ou par d'autres
beautés particulières & d'autres traits de famille
de la mère ; l'ufage qu'un Obfervateur attentif
fera de cette remarque, fera de choifir à cette
jument un étalon qui ne manque d'autre perfection que de celle qu'elle a coutume de com-
muniquer à fes poulains comme une empreinte
caractériftique de fa race. De même il s'appli-
quera, en général, par des mêlanges ou des
accouplemens bien réfléchis, à corriger certaines
parties imparfaites de la conformation extérieure d'un fexe par celles de l'autre qui s'y
trouveront plus parfaites, & qu'il faura y être
des qualités héréditaires, & à compenfer ainfi
dans l'un ce que la nature y a fait avec trop
d'épargne, par ce qu'elle a mis plus libérale-
ment dans l'autre.

Que la nature aime à fe prêter à ce fecours humain, & que par un choix & un accouplement prudent des races de formes &
de contrées différentes, les chevaux puiffent,
pour ainfi dire, fe refondre & s'élever à
un degré de perfection que le climat fembloit
d'ailleurs leur refufer ; c'eft un fait què l'expérience confirme de la manière la plus claire
dans tous les haras bien arrangés. Les chevaux fauvages font d'ordinaire petits & laids.
La beauté de ces animaux eft un effet de la
culture.

Les taches blanches des chevaux qu'on fait
fervir à la propagation deviennent, pour l'ordinaire, de génération en génération, toujours
plus grandes dans les defcendans, & à la fin
il en naît des chevaux pies. Ainfi ceux qui

ne veulent point cette forte de poil, n'ont qu'à éviter ces taches.

Les amateurs des chevaux tigres doivent fe réfoudre à leur voir des queues de rat : je n'en ai vu que fort peu avec des queues complettes, & elles fe détériorent toujours davantage à mefure qu'ils avancent en âge.

On peut corriger en grande partie ce défaut, fur-tout dans la jeuneffe. Il ne faut pour cela que bien nettoyer la queue jufqu'à la peau avec du favon, & enfuite la laver fouvent avec de l'eau dans laquelle on aura fait bouillir des racines de bardane & diffous du miel. Cependant, quelque épaiffes que foient les queues des chevaux tigres, elles ne croiffent jamais à la même longueur que celles des autres chevaux.

Les chevaux rubicans, bais, alezans, ont de commun avec plufieurs perfonnes rouffes & blondes, que leur tranfpiration a une odeur extrêmement forte & défagréable.

Ceux qui fe font mêlés de gouverner des chevaux, favent tous qu'il y en a qui font fages & dociles, & d'autres qui font vicieux, rétifs & indomptables. On a déjà vu plus haut que les bonnes qualités, comme les mauvaifes, peuvent s'hériter; & nombre d'exemples, que l'on a parmi les animaux domeftiques, ne prouvent pas moins évidemment que les inclinations & les habitudes y deviennent quelquefois héréditaires, felon la direction & le pli que l'Art leur a fait prendre pour l'utilité & le plaifir des hommes, & que telle & telle capacité particulière, qui vient originairement de l'éducation, ou du moins une difposition & une aptitude diftinguée à l'acquérir, fe tranf- met auffi fouvent aux defcendans. C'eft ainfi, par exemple, que pour perpétuer l'allure des fameux chevaux & mulets d'Amérique, qui vont l'amble, & qui viennent la plupart du Chili, mais qui defcendent cependant originaire- ment de chevaux Efpagnols, on n'emploie d'autre moyen que d'empêcher foigneufement dans les haras de ces contrées, qu'ils ne fe mêlent avec d'autres qui ne vont que le trot (1). Et qui ne fait qu'il y a des chiens & des chevaux que l'on peut appeller chiens couchans nés, & chevaux d'arquebufe nés, uniquement parce qu'ils defcendent de parens qui y avoient été dreffés, & dans lefquels les impreffions de l'art & de l'éducation s'étoient converties en une feconde nature, & étoient devenues hé- réditaires par la longueur du temps & de l'ha- bitude. Il eft donc utile *que les étalons foient dreffés au manège, ou tenus de quelque autre forte en haleine*, ne fût-ce que pour empêcher que le haras ne foit gâté par des étalons obftinés & vicieux.

La grandeur des poulains dépend plus de celle de la jument que de celle de l'étalon. Les mulets en fourniffent une preuve convaincante. Il faut donc particuliérement avoir attention que chaque jument poulinière foit de la taille la plus complette, mais fur-tout qu'elle ait le

---

(1) *Allgemeine Hiftorie der Reifen zu Waffer und zu Lande, &c. IX. Band, feite 533.*

coffre long & ample, de bonnes épaules & un
large poitrail. Quand il y a un espace suffisant
dans le ventre de la mère, le développement
du poulain peut se faire plus librement, & l'accroissement en aller mieux; & c'est, avec la
bonne nourriture de la jument, ce qui contribue le plus à la grandeur du poulain. De
cette façon, on obtient souvent les plus grands
chevaux de petits étalons, & il est particuliérement remarquable que ceux que des étalons de pays chauds produisent avec des jumens de climats plus froids, sont communément de bien plus grande taille que leurs pères.

Il est de plus nécessaire que les jumens de
haras aient l'encolure longue, pour qu'elles
puissent paître commodément.

Il faut aussi qu'elles aient tous leurs crins;
car ayant la queue coupée, elles souffriroient
beaucoup des mouches, dont elles ne pourroient se défendre.

Les jumens qui ont des crochets, sont communément sujettes à la stérilité. J'en ai fait
couvrir quelques-unes avec une attention toute
particulière, & en observant exactement le
temps de leur chaleur; mais ç'a toujours été
sans succès, si j'en excepte une seule, qui
cependant n'a pouliné que deux fois, quoiqu'elle
ait été saillie huit années consécutives.

Pour un haras du pays, & pour de petites
& de foibles cavales, il faut choisir les plus
grands & les plus forts étalons; les deux sexes
doivent être de grande taille & vigoureux,
pour produire des chevaux de carrosse.

Quand un étalon tient toujours les bourses

bien retrouſſées, on regarde cela comme une bonne marque ; & c'en eſt du moins une de ſanté.

C'eſt une choſe palpable, que d'une ſemence qui n'eſt pas mûre il ne ſauroit provenir un fruit parfait, & que l'on attendroit en vain une bonne progéniture d'un animal qui n'a pas encore lui-même ſon développement entier. Ainſi, comme un étalon a beſoin de cinq ans pour mettre ſes dents, & qu'il emploie encore une ou deux années à croître en largeur & en épaiſſeur ; comme en un mot, ce n'eſt qu'à ſept ans, ou à-peu-près, que les plus nobles ont pris toute leur croiſſance, il ne faudroit en mettre aucun en œuvre avant cet âge. Du moins ce ne devroit jamais être plutôt qu'entre cinq & ſix ans.

Les cavales, comme toutes les femelles en général, ſont à la vérité plutôt propres à la génération, & elles ont auſſi moins à ſouffrir du travail des dents, puiſqu'elles ont la plupart les quatre crochets de moins. Cependant on fera bien de ne les point employer comme jumens poulinières avant l'âge de cinq ans. Si l'on permet plutôt l'accouplement à l'étalon & à la jument, cela fera obſtacle à leur propre croiſſance ; leurs poulains ſeront preſque tous petits, foibles & ſans courage, & ils s'uſeront d'autant plutôt tous deux. Ajoutez à cela que les défauts d'un cheval, que l'on doit éviter dans les haras, ne ſe manifeſtent ſouvent que lorſqu'il a achevé entiérement de ſe former.

C'eſt apparemment dans l'obſervation de

cette règle qu'il faut chercher la principale cause de la grandeur de nos chevaux domestiques. Car, quoique l'instinct amoureux suive d'ailleurs bien plus réguliérement la nature dans l'état de liberté, que dans celui de contrainte, où il est souvent irrité avant le temps par la qualité & l'abondance de la nourriture, les chevaux des haras sauvages sont pourtant la plupart plus petits que ceux de nos haras privés.

Les chevaux, pris généralement, sont dans leur plus grande perfection & leur plus grande vigueur depuis six ou sept ans jusqu'à quatorze, après quoi leurs forces commencent pour l'ordinaire à décliner. C'est donc pendant cet espace de temps qu'ils sont le plus propres à la propagation, & qu'il est le plus convenable de les y faire servir. Il faut pourtant observer que des chevaux d'un bon tempérament, & qui ont été bien entretenus, & principalement les chevaux de bonne race, qui ont été élevés dans de bons pâturages & dans la jouissance de la liberté, doivent naturellement se maintenir plus long-temps. On a aussi effectivement, dans les haras sauvages & demi-fauvages, des exemples de jumens qui ont encore mis bas dans la trentième année de leur âge (1).

---

(1) ARISTOTE & PLINE disent que les cavales poulinent jusqu'à l'âge de quarante ans, & que les mâles conservent la vertu prolifique jusqu'à trente-trois. ARISTOT. *Hist. Animal. lib. 6, cap. 13, fol. 562. Tolof. 1619.* PLIN. *Hist. Nat. lib. 8, sect. 66, Tome I, fol. 467, seq. edit. cit.* Mais il y a lieu de croire qu'ils avoient

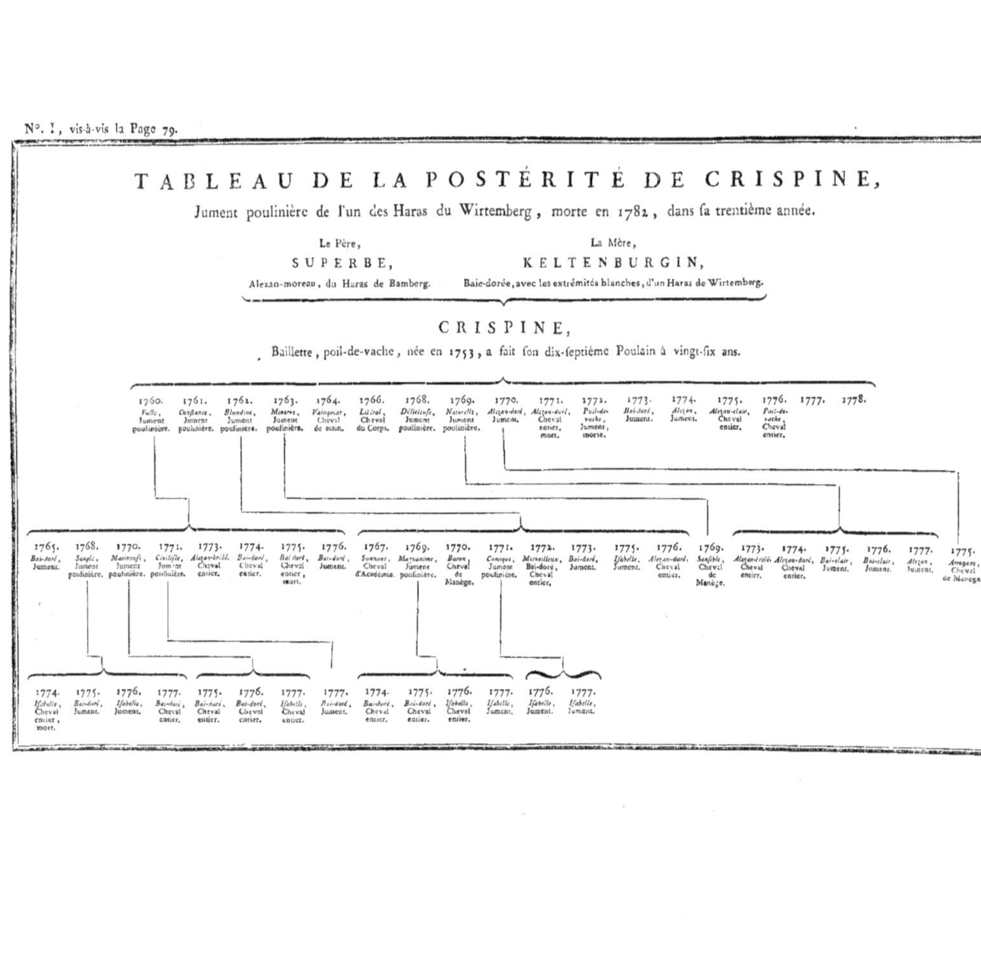

TABLEAU DE LA POSTÉRITÉ DE CRISPINE,
Jument poulinière de l'un des Haras du Wirtemberg, morte en 1782, dans sa trentième année.

Le Père,
SUPERBE,
Alezan-moreau, du Haras de Bamberg.

La Mère,
KELTENBURGIN,
Baie-dorée, avec les extrémités blanches, d'un Haras de Wirtemberg.

CRISPINE,
Baillette, poil-de-vache, née en 1753, a fait son dix-septième Poulain à vingt-six ans.

1760. Fulle, Jument poulinière.
1761. Constance, Jument poulinière.
1762. Blondine, Jument poulinière.
1763. Minerve, Jument poulinière.
1764. Vainqueur, Cheval de main.
1766. Libéral, Cheval du Corps.
1768. Délicieuse, Jument poulinière.
1769. Naturelle, Jument poulinière.
1770. Alezan-doré, Jument.
1771. Alezan-doré, Cheval entier, mort.
1772. Poil-de-vache, Jument, morte.
1773. Bai-doré, Jument.
1774. Alezan, Jument.
1775. Alezan-clair, Cheval entier.
1776. Poil-de-vache, Cheval entier.
1777.
1778.

1765. Bai-doré, Jument.
1768. Souple, Jument poulinière.
1770. Maîtresse, Jument poulinière.
1771. Civiliste, Jument poulinière.
1773. Alezan-brillé, Cheval entier.
1774. Bai-doré, Cheval entier.
1775. Bai-doré, Cheval entier, mort.
1776. Bai-doré, Jument.
1767. Sonnant, Cheval d'Académie.
1769. Magnanime, Jument poulinière.
1770. Baron, Cheval de Manège.
1771. Comique, Jument poulinière.
1772. Merveilleux, Bai-doré, Cheval entier.
1773. Bai-doré, Jument.
1775. Isabelle, Jument.
1776. Alezan-doré, Cheval entier.
1769. Sensible, Cheval de Manège.
1773. Alezan-brillé, Cheval entier.
1774. Alezan-doré, Cheval entier.
1775. Bai-clair, Jument.
1776. Bai-clair, Jument.
1777. Alezan, Jument.
1775. Arrogant, Cheval de Manège.

1774. Isabelle, Cheval entier, mort.
1775. Bai-doré, Jument.
1776. Isabelle, Jument.
1777. Bai-doré, Cheval entier.
1775. Bai-doré, Cheval entier.
1776. Bai-doré, Cheval entier.
1777. Isabelle, Cheval entier.
1777. Bai-doré, Jument.
1774. Bai-doré, Cheval entier.
1775. Bai-doré, Cheval entier.
1776. Isabelle, Cheval entier.
1777. Isabelle, Jument.
1777. Isabelle, Jument.
1776. Isabelle, Jument.
1777. Isabelle, Jument.

Dans un des haras du Wirtemberg, il mourut en 1782, à l'âge de trente ans, une cavale baillette, nommée *Crispine*, qui, dans sa vingt-sixième année, a pouliné pour la dix-septième fois. On a, dans les écuries & les haras du Duc, plus de dix de ses descendans, sans parler de ceux qui ont passé en des mains étrangères, & qui ont peut-être aussi servi à la propagation. Exempte de toutes sortes d'infirmités, elle a surpassé, jusqu'à la dernière année de sa vie, en vivacité & en bonne mine plusieurs jumens poulinières incomparablement plus jeunes; & c'est en vue de sa singulière beauté & de sa bonne taille, qu'elle a transmise à presque tous ses poulains, dont les derniers même étoient encore beaux, qu'on a jugé à propos de la garder si long-temps au haras. Mais une bonté & une fécondité si extraordinaire sont des exemples rares dans les haras privés; & c'est cela même qui m'a engagé à joindre ici la généalogie d'une jument poulinière si bonne & si féconde (n°. I.). Car entre plusieurs centaines de jumens privées, on n'en trouvera

---

tiré leurs exemples des climats les plus favorables aux chevaux; ou, ce qui me paroît encore plus vraisemblable, qu'ils ont eu plutôt en vue de fixer, d'après un certain nombre de cas rares & extraordinaires, la plus longue durée de la fécondité de ces animaux, que d'en marquer la durée ordinaire. L'exemple que ces deux Auteurs rapportent aussi du fameux cheval de *Phorbius*, qui, à l'âge de quarante ans, fit encore la monte à *Opûs*, ville de la *Locride*. (ARISTOT. *ibid. cap.* 22, *fol.* 754. PLIN. *ibid.*) étoit sans doute alors, & est peut-être demeuré jusqu'à ce jour un exemple unique.

que fort peu qui ne deviennent pas tout-à-fait ftériles à vingt, & fouvent même déjà à dix-huit ans, ou qu'il ne faille du moins ceffer d'employer à la propagation, dès qu'elles font au-delà de leur quinzième ou feizième année. Cette même cavale fert en même temps à prouver que, dans la génération, les mères ont, de fois à autre, plus d'influence que les pères fur la conftitution des defcendans, puif-que tous fes poulains fe diftinguent, non-feule-ment par la figure caractériftique, mais auffi par la robe de la mère, ou du moins par des poils qui en approchent le plus, quoiqu'elle ait été couverte par divers étalons, qui avoient en partie une toute autre conformation, & qui étoient de tout autres poils.

Enfin, pour que l'on puiffe toujours être affuré de la bonté & de la pureté des races, & avoir continuellement fous les yeux toutes les circonftances qui doivent être prifes en con-fidération dans l'éducation des chevaux; il eft, dans tout haras bien réglé, d'une néceffité ab-folue de tenir regiftre de la généalogie com-plette des chevaux, & d'y fpécifier avec foin la conftitution & les mœurs, tant des étalons que des jumens; la reffemblance des poulains, foit avec leurs pères ou avec leurs mères, & en général leur conformation, leur taille, leur humeur & toutes leurs autres qualités. On verra par le formulaire ci-joint (n°. II.), la manière dont un pareil regiftre peut être difpofé (1).

____

(1) Les peuples *Orientaux*, & particuliérement les *Arabes* & les *Tartares*, font fi ponctuels fur cet article,
qu'ils

FORMULAIRE POUR UN LIVRE DE HARAS.

N°.	Nom de la jument.	Poil & marques.	RACE.		Couverte par l'Etalon.	Poulains qu'elle a eus.		Ce qu'elle tient		QUALITÉ		Age	TAILLE.			Toutes sortes d'autres Observations.
			du côté du père.	du côté de la mère.		Poulains.	Pouliches.	du père.	de la mère.	du père.	de la mère.		Paumes.	Pouces.	Lignes.	

qu'ils favent beaucoup mieux faire la généalogie de leurs chevaux, que la leur propre.

Voici comment en parle HALLEN, dans fon Hifloire des Animaux, *pag.* 230 & 231.

Il n'y a point, dit-il, d'Arabe fi pauvre, qui n'ait fes chevaux; & cette Nation emploie de préférence les jumens pour monture, parce qu'elles fupportent mieux la faim & la foif, &c. On tient en Arabie un regiftre très-exaât de la généalogie de fes chevaux.

Ils divifent les races en trois claffes. La première eft celle des chevaux nobles, de race pure & ancienne des deux côtés, & qui tranfmettent à leurs defcendans toute la gloire de leurs ancêtres. Les moindres jumens de cette claffe coûtent cinq cens écus & davantage. La feconde claffe renferme les chevaux qui fe font méfalliés, & dont on fait par conféquent moins de cas. La troifième comprend les chevaux communs. Chacun fait parfaite-ment le poil, les aïeux, le furnom, le ncm de fon cheval & de celui de fon voifin. Quand on emprunte un étalon pour faire couvrir fa jument, l'accouplement ne fe fait qu'en préfence du Secrétaire de l'Emir & de quelques témoins, qui en donnent une atteftation fcellée, dans laquelle ils expofent toute la génération du cheval & de la jument. On répète le même procédé auffi-tôt que celle-ci a pouliné. On en marque le jour, & on fait la defcription du poulain, dont la nobleffe eft mife par ces diplômes à couvert de toute conteftation. Ces atteftations donnent le prix aux chevaux Arabes, & on les remet à ceux qui achètent ceux-ci.

Selon M. NIEBUHR, dans fa *nouvelle defcription de l'Arabie*, imprimée à *Copenhague*, 1772. *in-4°.* p. *161 & fuiv:* les Arabes divifent leurs chevaux en deux claffes. Ils donnent aux premiers le nom de *Kadifchi*, c'eft-à-dire, chevaux d'origine inconnue. On n'en fait pas plus de cas, en Arabie, que les Européens des leurs, & on s'en fert pour porter des charges, & pour tous les autres travaux communs. On appelle ceux de l'autre claffe *Kœchlani* ou *Kohejle*, c'eft-à-dire, chevaux dont on a l'arbre généalogique depuis deux mille ans. Ils doi-vent defcendre du haras du Roi Salomon, & ils font

d'ordinaire extrêmement chers. On regarde particuliérement les *Kœchlani* comme propres à foutenir de grandes
fatigues. On affure qu'ils peuvent paffer des journées
entières fans prendre aucune nourriture, & vivre,
comme on dit, de l'air. On ajoute qu'ils fondent cou-
rageufement fur l'ennemi, & que quelques familles de
cette noble race ont tant d'intelligence, que lorfque
dans une bataille ils font bleffés & mis par-là hors
d'état de porter plus long-temps leur cavalier, ils fe
retirent auffi-tôt & le mettent en fûreté. Si le cavalier
fait une chûte, ils s'arrêtent & fe tiennent auprès de
lui, henniffant jufqu'à ce qu'il vienne du fecours. Dort-il
auprès d'eux à la campagne, ils henniffent auffi, dès
qu'ils s'apperçoivent qu'il y a des voleurs dans la contrée. Ils ne font ni beaux, ni grands, mais extrêmement vifs à la courfe, & ainfi ce n'eft fimplement qu'à
caufe de leurs vertus & de la nobleffe de leur race
qu'on les eftime tant, & qu'on ne s'en fert jamais pour
des travaux communs, mais feulement pour monture.
La race des *Kœchlani* fe fubdivife en différentes familles, &c.

A l'égard de l'eftime que les Arabes ont pour un
noble cheval, CASIRI raconte, dans fa *Defcription de
la Collection de Livres Arabes que l'on garde à l'Éfcurial*,
cette particularité remarquable, que cette Nation a coutume de faire, dans trois occafions, de grandes réjouif-
fances, & que les diverfes Tribus y célèbrent la prof-
périté arrivée à l'une d'entre elles par un appareil pom-
peux, par l'exécution d'une mufique, par des poëmes
de congratulation & par des feftins. Ces occafions font,
dit-il, quand la jument poulinière donne un poulain de
belle efpérance; quand il eft né un fils, & quand il
paroît un Poëte dans une Tribu. Voyez GATTERER'S,
Hiftor. Biblioth. 3. Band, feite 207, *feq.* En Efpagne,
c'eft auffi l'ufage de conftater l'état d'un cheval de quatre
à cinq ans par un acte que l'on fait dreffer par un No-
taire en préfence de quelques connoiffeurs & témoins,
& que l'on délivre à l'acheteur lors de la vente du
cheval. Voyez *Practifch. gefchichte Europ. natur-producte,
1. heft. feite* 55. In-4°.

CHAPITRE V.

De la Monte.

DE tous les quadrupèdes, il n'y a peut-être que le caſtor & en quelque façon le chevreuil, qui vivent dans une ſorte d'état conjugal, & qui s'en tiennent à une ſeule femelle. Pour les autres, & particuliérement pour les animaux ſociables qui vont en troupes, tels que les chevaux dans l'état de liberté, la polygamie a lieu parmi eux; & pour cette cauſe, la nature a donné aux mâles des appétits plus véhémens & plus durables, avec une complexion plus robuſtes, &, en échange, aux femelles une paſſion moins vive & plus paſſagère.

On a fort bien obſervé qu'il y a une juſte proportion du temps où les animaux entrent en chaleur, avec celui qui eſt le plus favorable tant à l'accouchement des mères, qu'à la conſervation & à la réuſſite de leurs petits. Chez les chevaux, le temps de la monte eſt au printemps, dès la mi-mars juſqu'au commencement de juin; & conſéquemment la naiſſance des poulains tombe dans un temps où la nature donne la nourriture & la température de l'air qui leur conviennent le mieux; je veux dire qu'ils trouvent d'abord les herbes nouvelles du printemps, & que l'on n'eſt réduit ni à la néceſſité de les garder trop de temps après leur naiſſance dans l'écurie, ou de les expoſer à souffrir de l'intempérie de l'air, ni à celle de les renfermer trop tôt après qu'ils ont été sevrés; mais au contraire, ils peuvent pâturer dès la première jusqu'à l'arrière-saison, & ainsi se fortifier assez avant l'entrée de l'hiver.

Il arrive rarement, que la chaleur des jumens de haras commence avant ou après ce terme si sagement prescrit par la nature; & elle cesse ordinairement, dans celles qui n'ont point retenu, comme dans celles qui sont pleines, dès que cette saison convenable est passée.

Quant aux jumens qui vivent dans un plus grand esclavage que celles des haras ordinaires, qui sont assujetties à un travail pénible, ou qui sont entretenues trop bien, ou trop mal, la période de leur chaleur n'est pas si régulière; mais aussi l'infécondité est bien plus commune parmi elles.

A la vérité, il n'est pas inoui que des jumens de haras, qui avoient été couvertes au printemps, paroissent être de nouveau en chaleur aux mois d'août & de septembre, & quelquefois encore plus tard. Mais, si elles sont en santé, ce n'est le plus souvent qu'une marque qu'elles sont pleines. Si au contraire on leur trouve alors quelque maladie, on peut presque toujours les regarder comme perdues, & leur chaleur hors de saison comme un dernier effort de la nature. Elles meurent ordinairement bientôt après, quelque air de santé qu'elles aient d'ailleurs. Presque toutes celles que j'ai fait ouvrir, n'avoient point retenu & avoient les poumons & le foie pourris.

Lorsque les jumens sont en amour, elles

deviennent fort inquiètes ; elles aiment à s'approcher des chevaux ; elles henniſſent dès qu'elles en voient ; elles lèvent la queue ; le bas de leur nature ſe gonfle, & d'ordinaire elles jettent par cette partie une liqueur gluante & jaunâtre, que l'on appelle *les chaleurs.* Ces ſignes, auxquels on reconnoît qu'une cavale eſt chaude, s'obſervent pendant deux, ou tout au plus, trois ſemaines dans leur plus haut degré ; c'eſt-là le temps précis où la nature demande l'accouplement avec le plus d'ardeur, & où elle eſt le plus propre à la conception : il ne faut donc pas manquer d'en profiter pour donner l'étalon à la jument.

Le plutôt que les jumens appellent l'étalon, c'eſt auſſi le mieux ; & on fera très-bien de ne pas négliger les premières chaleurs. Car comme, ſelon les obſervations du grand BOER-HAAVE, les enfans qui naiſſent aux mois de janvier, février & mars, ſont communément les plus ſains ; de même on a trouvé que les poulains nés en mars ou aſſez tôt en avril, ſont d'ordinaire plus vigoureux & plus robuſtes que ceux qui viennent plus tard, & qu'ils conſervent toujours, du côté de la croiſſance, une ſupériorité décidée ſur ces derniers, pourvu qu'ils aient été ſoignés convenablement au printemps, tant que l'intempérie de l'air les a retenus dans l'écurie.

On appelle *étalon,* un cheval entier que l'on deſtine à l'œuvre de la génération ; & quand il remplit cette deſtination, on dit qu'il *couvre* ou qu'il *faillit* les jumens, ou encore qu'il *fait la monte.*

On distingue deux sortes de *monte* ; une qui se fait *en liberté*, & une autre qui s'accomplit avec *l'aide des hommes*.

Elle *se fait en liberté*,

1°. Lorsqu'on met un cheval entier avec une jument dans un pâturage bien clos, & qu'on les y abandonne entiérement à eux-mêmes ;

2°. Lorsqu'au temps de la chaleur on lâche un ou plusieurs chevaux entiers parmi un grand nombre de jumens, comme cela se pratique dans les haras demi-sauvages ;

3°. Lorsque les chevaux, sans distinction d'âge ni de sexe, sont ensemble pendant toute l'année, comme dans les haras tout-à-fait sauvages.

L'autre espèce de *monte*, *où la main des hommes intervient*, s'accomplit de la manière suivante. Pour empêcher la jument de ruer à l'approche de l'étalon, on lui met un collier, qui ne consiste qu'en une sorte de corde garnie de crin, & que l'on munit d'un grand anneau de fer ; puis on l'entrave avec deux longues cordes, qui, formant l'une & l'autre à une de leurs extrémités un nœud coulant, lui entourent les paturons de derrière ; on lui passe ensuite ces deux cordes sous le ventre, & après les avoir croisées entre les jambes de devant, on les attache à l'anneau du collier ; toutefois sans arrêter le nœud, pour qu'en cas d'accident, on puisse le défaire promptement. Si on ne fait point usage du collier, on entortille les cordes autour des jambes de devant, au-dessus des genoux. Mais cette dernière méthode a ce double inconvénient, que non-feulement l'étalon, en tournant autour de la jument, ou en defcendant après la monte, peut aifément s'embarraffer dans ces cordes, mais auffi que la jument eft elle-même en danger de tomber, ou du moins de fe bleffer les jambes, fi elle ne veut pas demeurer tranquille, ou s'il lui prend envie de ruer; & ainfi il vaut bien mieux s'en tenir à la première, où il y a inconteftablement moins de rifque. On a pareillement foin de bien retrouffer la queue de la jument, & l'homme qui tient celle-ci, la détourne par le moyen d'une petite corde qu'on y a attachée, car un feul crin qui s'oppoferoit à l'intromiffion, pourroit bleffer l'étalon. Ces mefures ainfi prifes, deux palefreniers conduifent ce dernier par des longes attachées au caveffon, & le font paffer plufieurs fois devant la jument. Enfin, quand on trouve qu'ils font tous deux affez en chaleur, on permet à l'étalon de faire la monte, & en cas de befoin, un des palefreniers dirige l'intromiffion.

On croit qu'il eft utile, par rapport à la conformation du poulain, de bien expofer l'étalon à la vue de la jument & de le lui laiffer flairer avant & après la monte, pour qu'elle s'en imprime vivement la figure.

Mais avant que de mettre en œuvre l'étalon dont on a fait choix, on eft communément pourvu aux haras d'un autre cheval entier, que l'on nomme *bout-en-train*, & qui fert à faire connoître les jumens qui font en chaleur, & à y faire entrer les autres par fes attaques & fes henniffemens. On emploie d'ordinaire à cet ufage celui qui eft de moindre valeur, & qui eſt le plus ardent en amour. On fait paſſer devant lui toutes les jumens l'une après l'autre. Il les attaquera toutes. Mais on le retire de celles qui le laiſſent approcher, & on le remplace par l'étalon qui eſt proprement deſtiné pour chaque jument. On ſentira aiſément qu'il faut auſſi en donner à ce *bout-en-train* quelques-unes à couvrir, & ne pas irriter & interrompre trop long-temps & trop ſouvent ſa laſciveté, de peur de lui cauſer une gonorrhée, des tumeurs à la verge, & d'autres maladies qui le rendroient, pour un certain temps, inepte à toute ſorte de ſervice.

Chaque eſpèce de monte a ſon bon & ſon mauvais côté. Les deux premières manières, dont elle ſe fait *en liberté*, ſont périlleuſes pour les chevaux entiers, parce que, ſi on ne ren-contre pas le temps précis où il convient de les lâcher, ils ſont ſouvent fort maltraités par les ruades des jumens. La deuxième a en particu-lier ce déſavantage, que quelquefois un cheval entier s'attache à une ſeule jument, & néglige toutes les autres. D'ordinaire il couvre beau-coup plus qu'il ne lui eſt bon; on en a obſervé un, qui, dans l'eſpace de ſeize heures, ſaillit vingt fois une jument (1). Quelle dépenſe ! quel épuiſement ! non-ſeulement il ſe ruine, mais il ne produit auſſi que des poulains foibles & défectueux. Enfin ajoutons encore les débats ſanglans que la jalouſie ne manque jamais

---

(1) Zehentners *unterricht von der Pferde-Zucht,* ſeite 54. — Hallens *Natur-Geſchichte der thiere, in ſyſtem. ordnung,* ſeite 259.

de fufciter entre plufieurs chevaux entiers &
jumens qui ne font pas accoutumés à vivre
enfemble, jufqu'à ce que chacun des premiers
ait formé fa troupe ; & il fera aifé de fe figurer
ce qui en eft effectivement l'effet ordinaire, que
la plupart des étalons ne reviennent que fort
maltraités, eftropiés & énervés.

La troifième forte eft à la vérité la plus naturelle; mais elle a, entre autres, ces deux inconvéniens & défauts particuliers, que l'on connoît
rarement avec certitude le père de chaque
poulain, & que fouvent des chevaux entiers
de deux ans & demi, couvrent déjà des jumens
auffi jeunes, qui conféquemment ne peuvent
donner que de petits & de chétifs poulains.

La *monte qui fe fait avec l'aide des hommes,*
eft exempte de tous ces inconvéniens, & elle a
encore cet avantage, qui n'eft certainement
pas de peu d'importance dans un haras, que
l'on peut accoupler avec chaque jument le
cheval que l'on y juge le plus propre felon
la fin qu'on fe propofe, & que l'on fait avec
affurance de quel étalon chaque poulain defcend.

Mais la multiplication n'eft jamais fi grande
dans l'état de contrainte que dans celui de
liberté ; & ainfi quiconque regarde plus au
nombre qu'à la taille & à la bonté des poulains & à la confervation des étalons, trouvera
mieux fon compte dans la *monte qui fe fait en
liberté,* que dans celle *qui fe fait fous la direction
des hommes.* Dans les haras fauvages & demi-
fauvages, il y a peu de jumens qui ne retiennent
point, au lieu que, dans les haras privés, il

eſt rare qu'il y en ait beaucoup au - delà de
deux tiers qui ſe trouvent pleines, lors même
que les étalons & les jumens ſont dans le
meilleur état & qu'on les entretient avec le
plus grand ſoin.

La manière d'accoupler qui approche le plus
de celle qui a lieu parmi les animaux dans
l'état de liberté, eſt toujours la plus efficace;
&, dans la ſervitude à laquelle nous avons
réduit les chevaux, les jumens qui ſe dérobent
pour aller ſe donner à l'étalon, ſont celles
dont on peut attendre le plus ſûrement des
poulains.

Ainſi, dans la monte qui s'accomplit avec
l'aide des hommes, il faut éviter, autant qu'il
eſt poſſible, les voies de contrainte & le grand
bruit.

Il faut ne faire ſentir au cheval & à la jument
la bride que le moins qu'on peut; leur laiſſer
aſſez de temps & de liberté, & ne jamais permettre que celle-ci ſoit couverte malgré elle.
Il faut attendre au contraire, qu'elle deſire
& qu'elle invite en quelque ſorte elle-même
l'étalon.

Quand la jument que l'on veut faire ſaillir,
eſt chatouilleuſe, on évite de l'entraver, pour
ne la pas jetter dans une appréhenſion qui pourroit affoiblir ou éteindre même en elle le deſir
de l'accouplement, & on ſe contente de la
déferrer des pieds de derrière. Alors l'étalon
doit lui être amené avec d'autant plus de précaution. Si elle eſt aſſez en chaleur, elle ne
donnera jamais des ruades dangereuſes.

L'endroit où ſe fait la monte, doit être

frais & à couvert du concours de personnes étrangères, qui inquiéteroient & effraieroient les chevaux, & en général de tout ce qui pourroit les troubler. J'ai déjà observé dans le Chap. II, que le terrein doit aussi y aller un peu en pente, afin que l'on puisse faciliter à l'étalon les moyens de se mettre en situation, en plaçant la jument au haut ou au bas de cette pente, selon qu'elle sera plus petite ou plus grande que lui.

On peut démontrer par plus d'une raison physique, qu'il ne faut jamais permettre au cheval entier & à la jument de se mêler ensemble immédiatement après avoir mangé & bu, mais qu'il est bien plus à propos, & pour leur santé, & pour le but de l'accouplement même, de les faire attendre que la première digeston soit finie.

Les jumens ne retiennent pas toutes dès la première fois qu'elles sont couvertes ; communément il faut leur donner l'étalon à plusieurs reprises ; sans doute parce que nous n'observons pas toujours assez exactement le vrai moment de la nature.

Il est bien avéré, & c'est une remarque que nous avons déjà eu occasion de faire ci-dessus, qu'après la conception les femelles de la plupart des animaux gardent, pour l'ordinaire, la plus rigide continence. Néanmoins il n'est pas rare de trouver des exceptions à cette règle parmi nos animaux domestiques, & en particulier parmi nos chevaux. La contrainte dans laquelle nous les tenons, ne peut manquer de dérégler souvent leurs appétits naturels.

On a des exemples de jumens, qui, en quelques femaines, ont été faillies plufieurs fois, quoiqu'elles euffent déjà retenu dès la premiére; & au contraire on en a vu d'autres, qui, après avoir été couvertes une première fois, avoient refufé enfuite l'étalon trois ou quatre fois, & même davantage, & qui, pour cette raifon, auroient pu être regardées comme pleines, mais qui ne l'ont pourtant été en effet que d'une nouvelle monte, à laquelle elles avoient à la fin confenti. Ainfi, pour empêcher que l'étalon ne dépenfe inutilement, & que le fruit ne périclite par la prolongation de la chaleur de la mère, il eft d'ufage qu'on laiffe écouler neuf jours depuis la première monte, avant que de faire revoir le *bout-en-train* à la jument; & fi alors elle ne fe défend pas de lui, on la fait recouvrir par l'étalon qui lui eft deftiné. Il faut répéter ce procédé chaque neuvième jour durant tout le temps de la monte. Si ce jour-là la jument ne veut point fouffrir l'approche de l'étalon, on ne fait pas mal de réitérer l'épreuve tous les deux ou trois jours; & ce n'eft que dans les cas où elle s'eft fait couvrir, qu'on attend de nouveau les neuf jours.

Lorfque les jumens admettent fouvent l'étalon, il eft à propos de leur en donner un autre; ou de prendre le foir pour faire faire la monte, fi auparavant elle s'étoit faite le matin; ou bien, fi le temps de la chaleur n'eft pas encore paffé, de faire couvrir fur-tout les vieilles deux fois par jour, dans l'intervalle de quelques heures.

Il faut donner aux vieilles jumens de jeunes étalons, parce qu'elles en deviennent plus fûrement pleines; & en échange on en donne communément de vieux aux jeunes qu'on fait couvrir pour la première fois, parce que les premiers poulains font ordinairement petits. Quelques-uns néanmoins aiment à leur choifir les plus beaux chevaux, parce qu'il arrive affez fouvent que tous les poulains qu'elles mettent bas dans la fuite ont la beauté du premier.

Les jumens qui ont pouliné entrent communément neuf jours après en chaleur, & alors on les mène à l'étalon. Selon une expérience bien avérée, ce jour-là eft un jour de crife, & celui qui eft, pour l'ordinaire, le plus favorable à la conception.

La coutume de jetter de l'eau froide fur les jumens, ou de les y faire entrer, ou de les effrayer par un coup de houffine, ou encore de les faire courir à toutes jambes immédiatement après la copulation, pour empêcher qu'elles ne laiffent écouler la liqueur féminale, eft, finon nuifible, du moins infructueufe, & contraire aux principes de la phyfique. Dans les haras d'Angleterre, on les fait toutes faigner d'abord après la monte; & c'eft à cet ufage que l'on prétend être redevable de ce que de trente il s'en trouve à peine une qui ne retienne pas.

Suivant une obfervation exacte & fouvent répétée, c'eft une marque infaillible, à laquelle on peut reconnoître que la jument a conçu, & que la nature eft fatisfaite, lorfque immédiatement après l'accouplement, & pendant un certain temps, elle montre plus de vivacité & de feu qu'auparavant, & plus de difpofition que de coutume à se laisser monter & employer au travail ; ce qui dément ce fameux aphorisme : *Omne animal post coitum triste.*

J'ai déjà observé dans un autre endroit de ce Chapitre , que les cavales qui paroissent redevenir en chaleur aux mois d'août & de septembre , & qui sautent sur les autres , sont ordinairement pleines.

D'ailleurs il n'y a point de signe certain que je sache, par où l'on puisse s'assurer qu'une jument est pleine, que dès le cinquième ou le sixième mois , où le poulain commence à se remuer dans le ventre ; & c'est pendant le temps que la jument boit, & particuliérement le matin, qu'on peut le sentir mieux.

On prétend avoir fait dans les haras sauvages & demi-sauvages cette observation singulière, qu'une jeune jument qui a été couverte pour la première fois, est pleine, lorsqu'elle quitte sa troupe, & va s'associer avec les vieilles qui sont pleines , & que celles-ci ne font point difficulté de la recevoir ; au lieu qu'il est d'ailleurs extrêmement dangereux d'augmenter leur nombre par des jumens étrangères.

Un bon étalon peut suffire à couvrir trente jumens ; & on peut, sans inconvénient, lui faire faire la monte deux fois par jour , une le matin , & l'autre le soir, & ne lui laisser, outre le dimanche, qu'un seul jour de repos dans la semaine. Ainsi, pendant le temps de la monte, qui est d'environ trois mois, chaque jument peut être saillie quatre fois, & plusieurs peuvent même l'être cinq fois ; car il y en a beaucoup qui se trouvent pleines de la première, de la seconde ou de la troisième, & qui, dès-lors, ne reçoivent plus l'étalon. D'où il paroît clairement que ce seroit ménager celui-ci en pure perte, que de réduire à un moindre nombre les jumens qu'on veut lui donner, sur-tout puisque, dans un bon haras, il est supposé être non-seulement bien soigné, mais aussi d'un tempérament robuste & d'un âge mûr (1).

On juge aisément que c'est une nécessité de tenir, dans un haras, un registre exact de la monte, & d'y marquer soigneusement les jours où chaque jument est couverte, ainsi que ceux où elle refuse l'étalon. On en trouvera une formule à la fin de cet ouvrage.

Lorsque les deux sexes sont en bon état, & que l'on a saisi le moment favorable pour l'accouplement, on peut compter, avec assez d'assurance, que les trois quarts des jumens seront pleines, ou que de soixante jumens qui auront été couvertes, on obtiendra quarante-cinq poulains. C'est un bonheur, quand de dix jumens couvertes il s'en trouve huit qui poulinent, & qu'il n'y en a que deux qui manquent,

---

(1) Qu'un cheval de six à quinze ans ait pu servir annuellement, pendant le temps ordinaire de la monte, cinquante jumens, & même davantage, & qu'il s'en soit même trouvé dans un haras qui ont été employés douze ans de suite comme étalons, & ont couvert tous les ans, l'un portant l'autre, quatre-vingts jumens, & qui néanmoins avoient encore, à l'âge de vingt ans, du feu, de la santé & de la vigueur; c'est de quoi l'on peut s'assurer en lisant l'Ouvrage allemand, qui a pour titre: *Zellische Nachrichten, 2. Band, seite 216.*

foit par ſtérilité, ou par avortement, ou par quelque autre accident.

De ſoixante-ſix jumens qui ſe trouvoient en 1783 à Marbach, premier haras du Wirtemberg, il y en eut cinquante-ſept qui avoient retenu, & qui, au printemps ſuivant, mirent bas le même nombre de poulains, dont on ne perdit que trois morts-nés. Dans un grand haras on aura, pour l'ordinaire, autant de poulains mâles que de femelles.

Quelques-uns penſent qu'il ne faut pas faire couvrir les jumens tous les ans, mais qu'il faut toujours les laiſſer repoſer chaque deuxième année, & ils prétendent que c'eſt un moyen non-ſeulement de ménager les jumens, mais auſſi d'en obtenir de meilleurs & de plus forts poulains. Mais comme la nature rallume tous les ans, & avec la même véhémence, les feux de l'amour, qui ne peuvent avoir d'autre fin que l'accompliſſement de cet ordre du Créateur : *croiſſez & multipliez ;* & comme il eſt auſſi conſtaté par l'expérience qu'une bonne jument, dont l'unique deſtination eſt de ſervir à la propagation, a la puiſſance de ſe multiplier tous les ans, & ſi elle eſt bien entretenue, de donner depuis ſix juſqu'à dix-huit ans, douze bons poulains, ſans qu'elle en ſouffre ; & qu'au contraire une privation trop fréquente pourroit cauſer la ſtérilité même à la meilleure jument, & lui faire éprouver encore d'autres ſuites fâcheuſes d'un amour non ſatisfait. Le conſeil dont il eſt queſtion, n'eſt tout au plus applicable qu'aux jumens qui ſont proprement deſtinées au travail, & qui y doivent employer

toutes

routes leurs forces, fur-tout parce qu'il fe trouve d'ailleurs, quoiqu'en petit nombre, des races qui admettent bien tous les ans l'étalon, mais qui néanmoins ne produifent que chaque deuxième année un poulain.

CHAPITRE VI.

De la nourriture des Étalons, & du foin qu'on doit en prendre.

PENDANT le temps de la monte, un étalon doit être nourri plus largement que d'ordinaire. Toutes les drogues & autres raffinemens, que l'on fuppofe propres à donner de l'amour, font communément plus nuifibles qu'utiles. C'eft en particulier un ufage manifeftement dommageable, que de faigner les chevaux un peu avant que de les employer comme étalons, puifque c'eft juftement un tems où ils ont befoin d'une grande abondance de fang.

La portion ordinaire d'un étalon par vingt-quatre heures, eft, dans le Wirtemberg, de deux *vierling* d'avoine & de dix à douze livres de bon foin (1).

On partage cette portion de manière que

---

(1) Le *Vierling* de Wirtemberg a quatre cens quatorze pouces cubes. Voyez la *Table* que l'on a placée à la tête de cet Ouvrage pour la réduction des mefures & des poids de Wirtemberg, aux mefures & aux poids de Paris, &c.

l'étalon ait, la plupart du temps, quelque chofe à manger. A quatre heures du matin on lui donne un cinquième de fon avoine & environ un tiers de fon foin; puis on le fait boire, & enfuite on lui donne encore un cinquième d'avoine. A onze heures ou à midi, on lui donne un troifième cinquième avec une poignée de foin. A deux heures on le mène de nouveau à l'abreuvoir, après quoi on lui donne le quatrième cinquième de l'avoine; & enfin il reçoit à fix heures le refte de l'avoine & du foin. Outre cela, on lui donne encore un peu de foin chaque fois qu'il a couvert, & une fois dans la femaine on mêle dans fon fourrage une poignée de fel (1).

Quoiqu'avec cette nourriture la plupart des étalons foient en état de bien remplir leur deftination, il eft pourtant plus à propos de ne leur pas donner de pure avoine, mais d'y ajouter encore, un peu avant le temps de la monte & pendant tout ce temps-là, d'autres grains plus nourriffans, pour lui procurer une plus grande abondance de liqueur féminale, & principalement du feigle, de l'orge, des vefces, des fèves, ou des pois égrugés (1).

---

(1) On peut confulter fur ce dernier article ce qui en fera dit plus bas.

(2) Déjà COLUMELLE a confeillé de donner aux étalons de l'orge & des pois. Voici fes propres paroles: *Equus eo tempore, quo vocatur a fœminis, roborandus eft largo cibo, & appropinquante vere hordeo ervoque faginendus, ut veneri fuperfit, quantoque fortior inierit, firmiora femina præbeat futuræ ftirpi. Lib. VI, cap. XXVII, §. 8.*

Comme les étalons sont quelquefois trop chauds, & quelquefois trop froids ; que l'un est grand, & l'autre petit ; que l'un aime mieux les grains, & que l'autre préfère le foin ; il faut régler là-dessus leur nourriture, & ne se pas astreindre à la mesure ordinaire, mais retrancher à l'un, & ajouter à l'autre. Un étalon lent à s'enflammer d'amour, est ordinairement plus fécond qu'un qui s'enflamme trop promptement.

Un des moyens les plus innocens & les plus efficaces que l'on puisse employer au temps de la monte, pour mettre en chaleur un étalon ou une jument d'un tempérament trop froid, est, suivant l'expérience que j'en ai faite, le mélange suivant :

> Quatre livres de seigle,
> Deux livres d'orge,
> Demi-livre de chenevis.

On attendrit ces grains en les faisant tremper dans de l'eau, & on les tient en un lieu frais pour empêcher qu'ils ne s'aigrissent. On leur en donne le matin & le soir une poignée après leurs repas ordinaires, & on le réitère aussi souvent que de besoin.

Un travail ou un exercice modéré, est le remède universel de tous les corps animaux. Ainsi, durant le temps de la monte, il faut ou assujettir les étalons à quelque travail, ou les monter, sinon tous les jours, du moins de deux jours l'un ; & il est bon de le faire même jusqu'à une petite sueur, afin d'obvier par-là aux obstructions & à la corruption des sucs.

Souvent, après un travail pénible, les gens de la campagne mènent des chevaux fatigués à des jumens qui le font aussi; & comme elles ne manquent presque jamais de devenir pleines d'une seule fois, on sait de même, par expérience, que ces sortes d'accouplemens produisent, pour l'ordinaire, les meilleurs poulains (1).

On juge aisément, sans qu'on ait besoin d'en être averti, que les étalons doivent être tenus propres. Il y en a plusieurs qui deviennent plus ardens, lorsqu'on les étrille & qu'on les panse avant que de les mener à la jument.

Il arrive souvent que des chevaux entiers bien entretenus & oisifs, auxquels on ne permet pas l'accouplement, ou des étalons retirés fraîchement du haras, répandent abondamment de la liqueur séminale, avec ces mouvemens des reins & du tronçon de la queue, qui en indiquent l'émission dans les derniers momens de la copulation, & qu'ils agitent leur membre génital, s'en frappant au ventre, jusqu'à ce qu'ils aient procuré cette émission (2). Si cet

____

(1) PLINE & COLUMELLE étoient déjà convaincus de la vérité de ce fait. *Observatum est, mares fatigatos melius implere.* PLIN. *Nat. Hist. lib. VIII, sect. 69. Tom. I, p. 470, edit. cit. — Mas paulisper ad molam vinctus amoris sævitiam labore temperat, & sic veneri modestior admittitur.* COLUMELL. *de re rustica, lib. VI, cap. 37, §. 1. ab init. p. 602. Scriptores rei rusticæ, edit.* GESNERI, *Lips. 1735.*

(2) Cet exemple, & d'autres pareils, que l'on trouve chez les mulets, les chiens, les coqs d'Inde, &c. réfutent l'opinion de plusieurs Physiologistes, qui prétendent que les pollutions n'ont lieu que chez les

accident n'est pas répété trop fréquemment, il n'en résulte aucun inconvénient, & il se passe de lui-même avec le temps de la chaleur; il ne faut aussi, pour le faire cesser, que les nourrir de fourrage plus maigre & les faire travailler un peu plus. Mais quand on fait faire trop souvent la monte aux chevaux, & particuliérement à ceux qui sont d'un tempérament ardent, ou que l'on irrite trop fréquemment & trop long-temps les appétits amoureux de ceux qui sont destinés à faire connoître si les jumens sont en chaleur, sans leur laisser la faculté de se satisfaire; comme en effet des valets de haras abandonnés à eux-mêmes, s'y laissent aisément entraîner, pourvu qu'on leur donne pour boire; cela leur cause assez souvent, comme on l'a déjà dit ci-dessus *Chap. V, page* 83, en parlant du *bout-en-train*, une sorte de *gonorrhée* (1), des *chancres* à la tête de la verge (2), des *carnosités*, des *enflures*

---

hommes, dans lesquels elles sont l'ouvrage d'une imagination échauffée & des fantômes des songes; & jamais chez les bêtes, parce que celles-ci ne dorment pas, comme les hommes, sur le dos, & sous de chaudes & pesantes couvertures, ce qui provoque l'écoulement de la semence pendant le sommeil. Cette raison explique seulement pourquoi ces cas sont plus rares parmi les bêtes que parmi les hommes; comme c'est leur fréquence qui fait qu'ils sont, chez ceux-ci, plus dangereux & plus nuisibles à la santé.

(1) Voyez dans le *Journal de Médecine* de Paris, une *Observation & des remarques sur l'écoulement spermatique des chevaux*; par M. *Huzard*, Tome LXXI, page 105 *& suiv.*

(2) Voyez Ibid. — *Sur des chancres à la verge*; par le même, Tome LXI, page 611 *& suiv.*

& des *inflammations aux bourses* & *du fourreau*, des *squirres*, & autres maux pareils. Toutes ces fortes de maladies font inconnues parmi les animaux qui vivent en liberté. Les *remèdes Saturnins de Goulard*, font les plus efficaces que l'on ait à y appliquer.

Quand le cheval a la *gonorrhée*, ou qu'on remarque aux mouvemens douloureux qu'il fait en urinant, qu'il a une *carnofité*, on fait plufieurs fois par jour, dans la partie malade, des injections de *vinaigre de Saturne* (*acetum Saturninum*), dans lequel on met la moitié d'eau légère de rivière, fi le mal n'a pas encore fait de grands progrès; mais lorfqu'il eft opiniâtre, on emploie ce vinaigre pur, ou bien on ufe, pour les injections, *d'eau végéto-minérale de Goulard* (*aqua Saturni*). Pour les *chancres*, les *fquirres* & autres maladies pareilles, il fuffit de les laver diligemment avec du vinaigre de faturne, ou avec de l'eau végéto-minérale; cela les guérit en peu de temps. Il eft rare que des remèdes intérieurs foient ici auffi néceffaires que chez les hommes en de pareils cas, parce que, pour l'ordinaire, ceux-ci cachent long-temps le mal, au lieu qu'il eft d'abord vifible chez les chevaux, & qu'ainfi on eft à même d'y obvier avant que les fucs fe foient confidérablement corrompus. Néanmoins, fi dès le commencement il fe manifefte de l'inflammation, ou que la fuppuration dure trop long-temps, & qu'on juge à propos de la faire paffer par le canal des inteftins, on peut, dans ces deux cas, employer des évacuans, & ce ne fera pas fans fuccès.

A cette occafion je ne puis me difpenfer de

recommander, en général, à tous ceux qui ont à foigner des chevaux, l'ufage extérieur des *remèdes faturnins de Goulard*, comme les plus falutaires & les plus efficaces, pour toutes fortes d'inflammations, d'ulcères chancreux (1), de plaies, d'abcès, de contufions, de luxations, d'enflures, de gales & d'autres puftules; & je vais auffi en donner ici la recette, afin que chacun puiffe les préparer lui-même :

Acetum Saturninum, ou *Extractus Saturni*; Vinaigre de Saturne.

Prenez autant de livres de marcaffite d'or (*Lithargyrus auri*) que de pots du meilleur vinaigre, ou une livre de marcaffite d'or & quatre livres de vinaigre; mettez-les enfemble dans un pot de terre bien verniffé, & faites-les bouillir une heure ou une heure & demie à un petit feu, en remuant continuellement; retirez enfuite le pot d'auprès du feu, laiffez raffeoir le vinaigre, & achevez de le clarifier en le paffant dans du papier gris ou dans un feutre; après quoi vous le garderez pour en ufer dans le befoin.

C'eft-là la recette de *Goulard*. En voici une autre qui fera le même effet :

____

(1) Selon les remarques du célèbre Camper, les bêtes ne font pas fujettes au chancre proprement dit. Jamais on ne l'a obfervé chez nos chevaux ni chez nos bêtes à cornes, ni chez nos autres animaux domeftiques. Cette maladie ne fe manifefte d'ordinaire, chez les hommes, qu'après l'âge de quarante ans, & rarement à celui de vingt; ce qui donne lieu de préfumer que c'eft à la briéveté de leur vie que les bêtes font redevables de ce privilège qu'elles ont.

Prenez une pinte de bon vinaigre & une demi-livre de plomb de vitrier ou d'autre plomb mince, & laiſſez-les enſemble pendant dix à quinze jours près du poële en hiver, & au ſoleil en été.

Aqua Saturni. Eau végéto-minérale.

Mettez du vinaigre de Saturne plein une cuiller à café, & deux pareilles cuillerées d'eau-de-vie commune dans une boutelle d'eau ordinaire ; & augmentez ou diminuez la quantité de vinaigre de Saturne & d'eau-de-vie, ſelon que la ſenſibilité de la partie malade ſe trouvera plus forte ou plus foible.

Ceratum Saturni. Baume de Saturne.

Prenez quatre onces de cire & une livre d'huile d'olive, & tenez-les à un petit feu pour qu'elles s'incorporent enſemble, ayant ſoin de remuer doucement. Lorſque la ma-tière ſera refroidie, vous la mettrez dans un grand plat ; puis vous prendrez ſix livres d'eau & quatre onces de vinaigre de Saturne, vous les verſerez ſucceſſivement, & toujours peu à la fois, dans le plat, vous remuerez & battrez la matière en un endroit frais avec un petit ais de bois, juſqu'à ce que l'eau ſe ſoit entiérement mêlée avec la cire & l'huile. Ce travail peut durer trois à quatre heures.

On fait rarement uſage du vinaigre de ſaturne, ſans y mêler au moins la moitié ou même trois quarts autant d'eau de pluie ou de rivière ; mais on aime mieux ſe ſervir d'eau végéto-minérale ; & c'eſt avec plus de ſuccès encore, ſi après avoir étuvé la partie malade avec de cette eau, on y met, s'il est possible, un appareil de baume de Saturne. C'est, par exemple, ce qu'il y a de mieux pour les foulures des chevaux.

Si l'on desire plus de détails sur ces remèdes saturnins & plusieurs autres pareils, sur leur efficacité surprenante, & sur les précautions qu'il faut apporter dans leur emploi, on n'a qu'à lire les *Œuvres Chirurgiques de* GOULARD & les *Observations Chirurgiques de* SALCHOW (1).

Dans les contusions livides & autres, on se servira aussi, avec un merveilleux succès, d'eau mêlée avec une forte dose de sel.

Lorsque le temps de la monte est passé, il est d'usage, dans plusieurs écuries de grands seigneurs, de frotter quelques jours les étalons, depuis le sabot jusqu'au-dessus du milieu du corps, avec un onguent composé de bol d'Arménie, de farine, de blancs d'œufs, de vinaigre & d'eau-de-vie. Chaque lendemain on les bouchonne, pour enlever l'onguent de la veille, puis on les lave, ou on les baigne dans une eau courante; & quand la peau est sèche, on les frotte de nouveau. Le quatrième jour on leur fait boire de l'eau où l'on a délayé du levain. Ces deux choses doivent servir à leur tempérer le sang, & à empêcher que l'échauffement où ils ont été jusqu'alors, n'ait de fâcheuses suites. Mais, autant que je puis en juger, ces moyens sont également, sinon dangereux

---

(1) *D.* SALCHOW'S, *Chirurgische Beobachtungen ; dritte Auflage. Altona,* 1784. In-8°.

& nuiſibles, du moins tout-à-fait ſuperflus. Il eſt bien plus naturel, plus ſûr & plus ſalutaire, de faire entrer fréquemment les étalons dans l'eau juſqu'au ventre, & de leur donner le vert durant une huitaine ou une quinzaine de jours.

C'eſt auſſi un uſage preſque général, de faire ſaigner les étalons une ou deux ſemaines après le temps de la monte. On regarde cela comme néceſſaire, parce que pendant ce temps la nature s'étoit accoutumée à une grande diſſipation d'eſprits, qui ceſſe alors tout à coup; & on croit que cette forte déperdition de ſucs rend le ſang épais, mais qu'une ſaignée lui fait reprendre plus de fluidité. Je ne voudrois pourtant pas faire, de la ſaignée après le temps de la monte, une règle ſans exception; car une ſeule ſaignée ne ſauroit faire ceſſer une pente habituelle à une diſſipation exceſſive de ſucs; & ſuppoſé qu'elle y ſuffiſe, ce ſera de nouveau faire ceſſer ſubitement cette diſſipation. D'ailleurs il n'eſt pas non plus ſi aiſé de prouver qu'une effuſion de ſemence trop fréquente contribue effectivement à rendre le ſang épais. C'eſt par d'autres circonſtances que la néceſſité de la ſaignée doit être déterminée. Cette matière ſera traitée ci-après plus au long dans un chapitre particulier.

CHAPITRE VII.

De l'Accouchement des Jumens.

Les opérations de la nature font, pour la plupart, compaffées. Depuis l'infecte jufqu'à l'homme, la durée de la groffeffe de chaque animal a fon temps fixe. Ce n'eft que quand la nature eft troublée dans fon ordre, que ce temps ordinaire peut fubir quelque altération.

Les jumens portent pour l'ordinaire onze mois & dix jours. Il y en a plufieurs dont l'accouchement eft reculé de huit jours & même davantage ; mais il y en a peu, dans l'état de fanté, qui anticipent ce terme. Quelques-unes ne mettent bas qu'au bout d'une année complette (1).

____

(1) En 1769, une jument de Marbach, principal haras du Wirtemberg, nommée *Blondine*, qui n'avoit été couverte qu'une fois, porta un an & quatorze jours un poulain qui fe trouva fain. Les cas où les jumens, ainfi que les vaches, ne mettent bas que quelques femaines & même qu'un mois après terme, ne font pas extrêmement rares. Ces obfervations & plufieurs autres pareilles, que l'on a faites fur les bêtes, & qui font d'autant plus fûres, que l'on peut favoir exactement, & avec certitude, le temps de leur accouplement & de leur fécondation, ne pourroient-elles pas fervir à éclaircir cette queftion, fur laquelle les Médecins & les Jurifconfultes ne font pas encore entièrement d'accord, & qui a déjà été la matière de tant de procès : fi l'enfant d'une mère irréprochable, né dans

Des efforts exceſſifs, un mouvement rapidé & véhément, des accidens extérieurs & violens, des vices dans les organes intérieurs de la mère, une grande frayeur, &c. cauſent ſouvent des *accouchemens précoccs*, ou des *avortemens*. De même une ſanté délicate, le manque de forces naturelles ou de nourriture, & d'autres cauſes, quelquefois entiérement inexplicables, peuvent retarder le terme ordinaire de l'accouchement. Parmi les réſultats des cauſes inexplicables, il faut rapporter une obſervation qui paroîtra ſuperſtitieuſe à pluſieurs, & que je regarderois moi-même comme très-ſujette à caution, ſi je ne l'avois pas faite fréquemment, & avec toute l'exactitude poſſible; c'eſt que les jumens, ainſi que les vaches, qui deviennent pleines avant midi, mettent bas communément au temps & à l'heure ordinaire; au lieu que preſque toutes celles qui le deviennent l'après-midi, n'accouchent que huit jours après ce terme, & même encore plus tard (1).

---

le dixième mois, ou au commencement du onzième, après la mort ou en l'abſence du mari, doit être regardé comme légitime & habile à ſuccéder; & y ſervir d'autant mieux, que l'accouchement des femmes tombe le plus ſouvent ſur la période de leurs règles, & que, par exemple, ſi la conception ne s'eſt faite que peu de temps avant ou après celles-ci, & que l'accouchement n'ait pas eu lieu au terme ordinaire, ſouvent il eſt encore reculé d'un mois?

(1) Je n'ai pas eu occaſion d'obſerver ſi c'eſt avec fondement que pluſieurs prétendent que les truies, dont les ſoies ſont toutes d'une couleur, portent quinze ſemaines, & que celles qui ſont tachetées portent dix-

HARAS DE MARBACH (dans le Duché de Wirtemberg).

REGISTRE de la Monte, pour le Printemps de 1785.

ETALON.	JUMENS qui lui ont été amenées.	JOURS où il a été admis.				JOURS où il a été refusé.			
		Mars.	Avril.	Mai.	Juin.	Mars.	Avril.	Mai.	Juin.
		le	le	le	le	le	le	le	le
BRILLANT. Alezan, Anglois, cheval de main.	1. Accomplie.			4.12.20.				28.	5.
	2. Louise.		10.				18.26.	4.12.20.28.	1.
	3. Espadille.	20.28.	5.	10.18.			13.22.	2.26.	1.
	4. Guerrière.			2.28.				10.18.26.	3.
	5. Reine.	23.				31.	8.16.24.	2.10.18.26.	2.
	6. Complaisante.	20.		6.		28.	5.13.21.29.	7.10.15.	
	7. Sylvie.		4.				13.21.29.	7.15.23.30.	
	8. Engageante.	25.					2.10.18.26.	4.	

On sait que le temps de l'accouchement n'est plus éloigné, lorsque le lait commence à couler à la jument ; & c'est une marque certaine qu'elle poulinera dans l'intervalle de vingt-quatre heures, lorsqu'il suinte vers le bout des tettines certaines gouttes blanchâtres, gluantes & onctueuses, qui reviennent toujours à mesure qu'on les détache. Il arrive aussi bien souvent que les pieds & les flancs enflent aux jumens un peu avant l'accouchement ; mais l'enflure se perd bientôt d'elle-même, dès qu'elles ont mis bas. Au reste, les préludes manquent quelquefois tous, principalement chez les jeunes poulinières. C'est une singularité remarquable, que les jumens, dans lesquelles les signes de l'accouchement sont extraordinairement précoces, poulinent presque toujours extraordinairement tard.

Lorsque l'on s'apperçoit qu'elles approchent de leur terme, il faut bien se garder de les attacher court ; il faut, au contraire, s'il est possible, les laisser détachées, pour qu'elles aient la faculté de se mettre dans la situation la plus commode pour leur accouchement, & pendant tout ce temps-là veiller soigneusement sur elles, toutefois autant qu'on le peut, sans en être observé, de peur que cela ne les inquiète. Il est aussi nécessaire de leur faire bonne litière, sur-tout parderrière, pour que le poulain ne se froisse pas en tombant sur le pavé.

---

huit semaines ; mais la question mérite bien qu'on la décide, comme on y est invité dans le Recueil qui a pour titre : *Berlinifchen fammlungin*, **VI.** *B. feite 505.*

De même, pour que les palefreniers puiſſent ſavoir quelles ſont les jumens qu'ils doivent particuliérement garder jour & nuit, il eſt bon d'attacher à un endroit clair de l'écurie un journal qui indique le terme de chacune. On pourra le faire ſelon la formule ci-jointe (n° III).

Les jumens accouchent quelquefois debout, mais le plus ſouvent couchées & de la même façon que preſque toutes les autres femelles des quadrupèdes (1). Souvent l'accouchement eſt très-prompt. Au moment même que la jument mange & qu'elle paroît tout-à-fait à ſon aiſe, elle annonce, en ſe débattant des pieds de derrière, que les douleurs lui prennent, & elle peut avoir mis bas au bout de quelques minutes.

Comme les autres animaux, le poulain préſente ordinairement la tête la première; elle eſt appuyée ſur les deux pieds de devant.

Il ſe ſert de ceux-ci pour rompre ſes enveloppes (*l'Amnios*) en ſortant de la matrice, & les eaux abondantes qu'elles contiennent s'écoulent.

L'écoulement de ces eaux facilite l'accouchement, en amolliſſant & en dilatant les parties génitales, & en rendant le paſſage gliſſant. Mais il n'eſt pas bon qu'elles percent trop tôt; car,

---

(1) L'opinion de M. DE BUFFON eſt qu'elles poulinent toujours debout ; c'etoit déjà celle d'ARISTOTE, *Hiſt. Animal. lib. VI, cap.* 22, & celle de PLINE, *Natur. Hiſt. lib. 8, ſect. 66, edit. cit. Tom. I, p.* 468 ; mais l'expérience conſtate qu'elles le font incomparablement plus ſouvent étant couchées.

cet écoulement prématuré feroit reculer, le poulain, rendroit l'accouchement plus difficile, & le travail de la jument plus long & plus pénible.

Quelquefois le poulain se présente dans ses enveloppes. Dans ce cas, il faut bien se garder de les rompre avant que la mère travaille sérieusement à sa délivrance, & que le poulain soit déjà assez avant, pour qu'on puisse aisément achever de le dégager.

Mais dès qu'il se trouve dans une situation convenable pour sa sortie, & qu'il n'y a plus lieu de douter que tout ne veuille aller bien, il ne faut plus tarder à déchirer ou à couper, avec précaution, les enveloppes pour lui donner de l'air; sans quoi il pourroit étouffer dans les eaux où il nage.

Aussi-tôt que le poulain présente la tête, il faut tâcher de se saisir de *l'hippomanès du poulain*, qui est un morceau solide, d'un brun clair, d'une substance spongieuse & d'une figure qui approche de celle d'une rate, & que plusieurs poulains ont sur l'extrémité de la langue. Mais pour cela il n'y a point de temps à perdre, parce que le poulain l'avale, aussi-tôt qu'il sent & qu'il gobe le premier air. J'ai attrapé plusieurs de ces morceaux. Souvent cet *hippomanès* se trouve aussi parmi l'arrière-faix; & quelquefois il tombe à terre, au moment que les enveloppes crèvent.

On a long-tems disputé parmi les physiologistes, pour savoir si le fœtus ne tire sa nourriture que du sang & des sucs qui lui sont transmis par le cordon ombilical; ou s'il reçoit aussi par la bouche une partie de la liqueur de *l'amnios*, c'est-à-dire du fluide contenu dans les membranes qui l'enveloppent. Mais à présent que cette question est comme décidée en faveur de la dernière opinion (1), il n'y a aucun lieu de douter que le fœtus de la jument ne reçoive une partie de la nourriture par le moyen de *l'hippomanès*. On n'est pas content, lorsqu'on ne trouve pas cet *hippomanès*; & on regarde les poulains, dont on le reçoit, comme meilleurs & plus sains que les autres. Ce qu'il y a de certain, c'est que ceux qui l'avalent ne sauroient bien se trouver d'un morceau de chair spongieuse, coriace & indigeste, sur-tout puisque d'ailleurs la chair n'est pas un aliment propre aux chevaux (2).

____

(1) On a trouvé, tant dans la *liqueur de l'amnios* que dans le *méconium* des veaux & d'autres animaux, des poils de leurs peaux. Moi-même j'ai aussi trouvé plusieurs fois, non-seulement dans le *méconium*, mais encore dans l'estomac de fœtus de jumens, de leurs poils, qui certainement n'avoient pu y entrer qu'avec le fluide de l'amnios. Enfin, il est constaté par d'autres observations, que les enfans & les animaux avalent dans le ventre de leurs mères. Voyez *Philos. transact. vol. XLIX. Part. I, art. XLII*, p. 254-264. — *Neves Hamburg. magazin*, IIe. Band, seite 65, seq.

Ceux qui ont beaucoup de vaches & de jumens peuvent aisément se convaincre eux-mêmes de ce qui vient d'être dit. Il ne faut que laisser bien sécher le *méconium* ou les matières qui se trouvent dans l'estomac des fœtus, puis les piler dans un mortier & en jetter la poudre dans un vase avec de l'eau; on y verra communément nager, à la surface, des poils de la peau de l'animal.

(2) Il y a encore deux autres choses, que l'on appelle aussi *hippomanès* (ἱππομανες).

Quoique

Quoique les accouchemens les plus difficiles
fe terminent d'ordinaire par les feules forces de

Premiérement on donne auffi ce nom à la liqueur
gluante & blanchâtre que la jument jette par la vulve
auffi long-temps qu'elle eft chaude, & que nous ap-
pellons *des chaleurs.* Les Anciens prétendoient favoir en
compofer des philtres.

En fecond lieu, on applique également ce nom à
quelques morceaux d'une matière grenue, qui, pendant l'accouchement, tombent avec les eaux de l'amnios, & qui paroiffent être formés par le fédiment de
la liqueur épaiffie de l'allantoïde, dans laquelle ils fe
trouvent.

Quant à la troifième efpèce d'*hippomanès*, qui eft celle
dont il eft ici queftion, Winter, dans un Traité allemand, qui a pour titre : *Stuterei Merkurius, feite 71*,
confeille d'en donner à une jument trois jours (un
gros, ou une drachme), lorfqu'elle ne veut point entrer
en chaleur. Un Apothicaire du Wirtemberg, d'ailleurs
habile & expérimenté, & qui entend auffi fort bien la
Médecine, a voulu m'affurer qu'en Suède & en Angleterre, où il a féjourné nombre d'années, on fait
tirer bon parti de cet *hippomanès*; qu'après l'avoir féché,
on le réduit en poudre menue, que l'on paffe enfuite
par un tamis fin ; qu'on le met dans un vafe de verre
que l'on bouche bien, & que l'on tient dans les apo-
thicaireries en un endroit fec, où il fe conferve cinq
ans & davantage, fans fe gâter ; que dans les accouchemens difficiles, on en fait prendre aux femmes une
dofe de dix jufqu'à vingt grains ; qu'on en fait auffi
ufage, & en pareille dofe, dans les maladies articu-
laires ; & que, dans l'un & l'autre de ces cas, il a
été lui-même convaincu, par de fréquentes expériences,
de l'efficacité merveilleufe de ce remède. Il ajoute que
les Anglois s'en fervent encore, comme d'un fecret,
pour les chevaux qui font deftinés pour leurs courfes ;
que quelques jours auparavant, & deux ou trois fois
par jour, ils leur donnent chaque fois, fur un morceau

la nature, il y a pourtant des cas où les femelles des animaux domeſtiques, & ſur-tout les jumens, ont auſſi beſoin du ſecours humain.

Lorſque des jumens ont de la peine à mettre bas, & ſont long-tems en travail, on facilite beaucoup leur délivrance, en leur donnant à pluſieurs repriſes des lavemens, afin d'amollir & d'évacuer les excrémens qui ſe ſont durcis & qui ſouvent peuvent rendre l'accouchement difficile, en échauffant, en dilatant le gros boyau & en gênant les parties génitales.

Pour ces lavemens, il ne faut ſe ſervir que d'un bouillon à la viande, gras & ſalé, ou de lait chaud & d'huile d'olive avec deux ou trois dragmes de ſel, ou encore d'une décoction de

---

de pain, ou bien dans leur avoine, environ une demi-once de cette poudre détrempée avec de l'eau, & qu'enſuite ils les montent. Cela doit nettoyer les poumons, procurer une bonne haleine, donner plus de fluidité au ſang, & ainſi être très-ſalutaire aux chevaux pour la courſe. Mais quiconque ſait quelles ſont les parties conſtitutives de la chair, reconnoîtra aiſément que l'Apothicaire, ainſi que les Anglois & les Suédois, ſont trop d'honneur à l'*hippomanès*.

Ceux qui ſeront curieux de ſavoir les diverſes opinions, preſque toutes ſuperſtitieuſes & abſurdes, des Anciens ſur ce ſujet, n'ont qu'à lire ARISTOTE, *Hiſt. Anim. lib. VI, cap.* 22. VIRGILE, *Georg. lib. III*, v. 281. *Æneid. lib. IV*, v. 415. COLUMELLE, *de re ruſtica, lib. VI.* PLINE, *Nat. Hiſtor. lib. 8, ſect.* 66, *tom. I*, p. 468; & *lib.* 28, *ſect.* 49, *tom. II*, p. 474, *edit. cit.* ÉLIEN, *Hiſt. Anim. lib.* 13, *cap.* 17, *lib.* 14, *cap.* 18. SOLIN. *cap.* 57, *fol.* 120, *edit. cit.* BAYLE, *Diſſert. ſur l'hyppomanès, tom. IV de ſon Dictionnaire, édit. Amſt. & Leide*, 1730, *fol.* 593 & *ſuiv.*

mauve (*malva vulg.*) & de quelques onces de beurre frais. La dose est d'environ une pinte.

On aide aussi à la jument, en lui serrant les naseaux dans le temps des efforts.

Au reste, ces moyens ne servent dans les accouchemens difficiles, que quand les poulains se trouvent d'ailleurs dans leur situation naturelle. Mais lorsque la jument est effectivement à terme, & que, malgré tous les efforts qu'elle fait pour pouliner, il ne vient rien, ou qu'il ne se présente qu'un pied, ou la tête sans les pieds, & qu'ainsi le poulain est mal situé & se ferme le passage; il faut alors recourir à un accoucheur, qui ait assez de courage, de force & d'adresse, pour le ranger avec la main & le mettre en une situation convenable. Il aura soin de se frotter le bras d'huile de lin, ou de beurre frais qui n'ait pas été dans l'eau; & s'il ne paroît encore rien du poulain, il saura mettre particuliérement à profit les momens où la jument redoublera d'efforts pour se délivrer, parce que d'ailleurs le bras humain ne suffit pas toujours, sur-tout quand la cavale est grande, à manier le poulain & à le mettre dans une situation plus avantageuse.

Quand les pieds se présentent croisés l'un sur l'autre, il faut les séparer, pour que la tête puisse se placer entre eux deux, comme d'ordinaire; car autrement elle seroit posée trop haut, & comme le passage ne seroit pas aussi spacieux qu'il le lui faudroit alors, l'accouchement en deviendroit naturellement plus difficile.

Si ce sont les oreilles qui se montrent les

premières, & que la bouche foit conféquemment appuyée contre la poitrine, il faut faire
rebrouffer le poulain & procurer à la tête, qui
auparavant fe barroit le chemin, une pofition
horizontale.

Quelquefois les poulains viennent à rebours
& préfentent d'abord un des pieds de derrière,
ou tous les deux à la fois. Il ne faut pas s'en
mettre en peine; mais s'il ne fe montre qu'un
pied, il faut auffi chercher l'autre & le faire
fortir; & dès qu'ils font tous deux dehors, l'accouchement va prefque auffi bien que de la
manière ordinaire. Il arrive auffi, quoique fort
rarement, que le poulain fe trouve couché à
la renverfe & a les pieds tournés vers le dos
de la mère; alors c'eft une néceffité abfolue de
le retourner avec circonfpection.

Dans tous ces cas, on aide la jument à accou-
cher, en tirant avec précaution le poulain; &
cela réuffit d'autant mieux, que l'on eft plus
attentif à faifir les momens où elle travaille
elle-même à fa délivrance, comme on en a déjà
averti ci-deffus.

Quand les chofes en font aux dernières extrémités, & qu'on ne peut rien effectuer avec la
main; ou encore quand le poulain eft mort,
ce qu'il eft aifé de reconnoître, lorfque les eaux
de l'amnios fe font écoulées long-temps auparavant, & qu'elles ont fenti mauvais; que l'on
ne s'apperçoit plus d'aucun mouvement du fruit
dans le ventre de la mère; que celle-ci a des
friffons & l'haleine puante, & qu'en retirant la
main de fon corps, on lui trouve une odeur
de pourriture; alors il faut attacher une corde

à ce qui paroît le premier du poulain, mais sur-tout, s'il est possible, à un des pieds de devant, ou encore mieux, aux deux ensemble, pour qu'un palefrenier le tire plus près de l'orifice de la matrice, & qu'en même temps l'accoucheur puisse d'autant plus aisément lui faire prendre la bonne route & le faire sortir ou tout entier, s'il est possible, ou par pièces, s'il ne se peut pas autrement.

Dans cette opération, il faut tâcher principalement de saisir avec la main la tête du poulain, & laisser à la jument, autant que les circonstances le permettent, le temps de coopérer à sa délivrance.

Pendant ces sortes d'accouchemens difficiles, on lui donne, pour la fortifier, un breuvage dont voici la recette :

> Un gros de canelle réduite en poudre fine,
> Deux gros de borax,
> Un gros & demi de safran, dans
> Une pinte de bon vin ;

on le réitère quelquefois jusqu'à ce qu'on ait le poulain. Tous les remèdes violens que l'on voudroit employer alors pour accélérer l'accouchement, seroient plutôt nuisibles qu'utiles.

Lorsque la jument est délivrée, on lui oint la vulve à plusieurs reprises avec de l'huile de bouillon blanc ; puis on insinue dans le vagin un quarteron de beurre frais qui n'a pas été mis dans l'eau, & pour obvier à la chaleur intérieure, empêcher qu'il ne se forme de l'inflammation aux parties offensées, & faciliter en même temps la fortie de l'arrière-faix, on lui donne encore le breuvage fuivant :

> Deux onces d'huile d'olive,
> Deux onces d'huile de lin,
> Un demi-gros de fafran, dans
> Un demi-feptier d'eau de cerifes noires.

Pour obtenir le même effet, on peut auffi, en place de ce dernier remède, fe contenter de faire prendre deux fois par jour à la jument, une once de crême de tartre.

J'en fais plus d'une qui ont été traitées de cette manière, & qui, dans la fuite, font de nouveau accouchées heureufement. Les feules qui furvivent rarement à une opération fi violente & fi douloureufe, font celles defquelles le fruit doit être tiré par pièces, & qui, portant des poulains morts, font ordinairement malades elles-mêmes.

Il n'eft pas rare de voir des jumens mettre bas des jumeaux; mais c'eft un grand hafard, s'il y en a un qui réuffiffe. Communément ni l'un ni l'autre ne devient vieux.

Auffi-tôt que le poulain eft hors du ventre de fa mère, il faut, en lui preffant avec la main ou avec les doigts la bouche & les nafeaux, les débarraffer d'une humeur vifqueufe qui s'y trouve, afin qu'il puiffe refpirer librement. S'il eft foible, il faut lui fouffler fortement dans la bouche & les nafeaux.

En naiffant, les poulains ont tous à la fole des balles fongueufes & fibreufes, qui n'appartiennent pas au fabot. On peut aifément les détacher avec la main, ou avec un couteau

de bois. On y fait ordinairement peu d'attention, parce qu'en marchant les poulains les
foulent & qu'elles se détachent & se perdent
le plus souvent d'elles - mêmes. Mais si elles
demeurent, cette matière se durcit; d'abord
elle empêche les poulains de marcher à leur
aise; il se forme enfin du pus à la fourchette
& sous la sole; & j'en ai vu plusieurs qui étoient
en danger de perdre les sabots. C'est donc une
précaution nécessaire de les délivrer de ces balles
aussi-tôt après leur naissance.

Le cordon ombilical, qui naturellement se
rompt, lorsque la jument pouline debout, ou
qu'après avoir mis bas elle se relève brusque-
ment, se guérit aussi facilement; la rupture
se fait tout près du corps, & ce sont vraisemblablement les fibres, qui, en se racornissant
après cette rupture, empêchent que le poulain
ne perde tout son sang. Ce n'est donc pas une
nécessité de recevoir le poulain dans une van-
nette ou une corbeille, comme il est d'usage
de le faire en différens endroits, de peur,
dit-on, qu'il ne se fasse du mal en tombant. C'est
une précaution aussi inutile qu'outrée. On peut
hardiment le laisser tomber sur la litière, pourvu
qu'on ait eu attention de la faire bonne & de
ne pas attacher la mère trop court, comme on
en a déjà averti au commencement de ce chapitre. Il est presque sans exemple, qu'il en soit
péri quelqu'un de ceux qui avoient été mis
bas aux pâturages sans aucun secours humain.
D'ailleurs des jumens vives & fougueuses ne
permettent pas non plus qu'on s'approche trop
d'elles ni de leurs poulains.

H 4

Mais lorſque la jument met bas à l'écurie, & couchée, c'eſt la coutume de lier le cordon à environ un pouce ou deux doigts de diſtance du ventre du poulain, avec une ficelle qui, du reſte, ne doit pas être trop menue, parce qu'elle bleſſeroit; & on le coupe enſuite un bon pouce loin de la ligature, du côté de la mère. On ſe garde bien alors de preſſer le ſang contre le poulain; on a ſoin au contraire de l'en détourner & de le renvoyer vers la mère, parce que s'il étoit déjà caillé & refroidi, il pourroit nuire au nouveau né. Dès que le cordon eſt coupé, il ſe retire vers la jument & ſort avec l'arrière-faix.

J'ai été moi-même long-temps d'opinion que la ligature, dans le cas dont il vient d'être queſtion, étoit auſſi indiſpenſablement néceſ-ſaire pour le cheval que pour l'homme. Mais comme le nombril ne guérit ni auſſi vîte, ni auſſi bien, lorſque le cordon a été lié, que lorſqu'il s'eſt rompu naturellement; & qu'il peut aiſément arriver que la ligature ſoit trop lâche ou trop ſerrée, trop près ou trop loin du ventre du poulain, ce qui cauſe ſouvent des tumeurs qui viennent enfin à ſuppuration, des enflures & des inflammations au nombril, ou même des hernies; j'ai ſouvent penſé s'il n'y auroit pas moyen d'apprendre de la nature la manière dont elle rompt ce cordon. Enfin j'en ai fait une fois l'épreuve ſur un poulain qu'une jument avoit fait étant couchée. Je me fis une règle de chercher à y ſuivre, autant qu'il ſeroit poſ-ſible, le chemin que prend la nature, lorſque la jument pouline debout. Je commençai donc par mouvoir lentement le poulain vers les jarrets de la mère, c'eſt-à-dire que je lui fis décrire une courbe; puis, lorſque j'apperçus un commencement de tenſion au cordon, je le détachai tout d'un coup par un mouvement aſſez rapide, en obſervant de ne pas tirer à moi le poulain ſuivant la ligne droite du corps de la mère, ni d'une manière trop violente. Le ſuccès répondit parfaitement à mon attente; & un grand nombre d'autres épreuves, que j'ai continué à faire depuis quelques années ſur le plan de la première, & dont aucune n'a échoué, ont achevé de me convaincre que l'on peut fort bien ſe paſſer de la ligature, & même d'autant plus, que lorſque les jumens, qui ont pouliné étant couchées, ne ſe lèvent pas d'elles-mêmes d'abord après l'accouchement, il eſt, pour l'ordinaire, aiſé de les y engager, & qu'en ce cas-là le cordon ſe rompt communément de lui-même, tout auſſi bien que quand les jumens mettent bas debout; enfin qu'il n'y a proprement aucune néceſſité de recourir à la voie de la ligature, ni même à celle de la rupture artificielle dont il vient d'être queſtion, que quand la mère, affoiblie & épuiſée par un accouchement difficile, refuſeroit abſolument de ſe lever.

Quand la jument a eu beaucoup de peine à pouliner, & que le poulain eſt foible, il ne faut pas ſe trop dépêcher de lier ou de rompre le cordon. Car le poulain ſe refait plutôt, & plus ſûrement, ſi l'on entretient encore un peu de temps la circulation du ſang & des ſucs entre lui & l'arrière-faix.

Celui - ci fort ordinairement de lui - même quelques minutes après l'accouchement. Si la jument fe couche avant que d'en être délivrée, il faudra une demi-heure après obtenir qu'elle fe lève doucement. Alors elle portera fa tête au foin du ratelier, & en le flairant elle jettera l'arrière-faix, qui d'ordinaire fort plutôt quand la jument eft debout, que quand elle eft couchée. Mais fuppofé qu'il ne forte pas encore au bout de quelques heures, il faut faire cuire quelques groffes racines de poirée jufqu'à ce qu'elles fe foient attendries, & en donner l'eau à la jument quelquefois de fuite, une pinte chaque fois. C'eft, en pareil cas, un remède très-efficace pour toutes les efpèces de beftiaux.

Au défaut de poirée, on peut lui faire avaler un quarteron d'huile de lin, avec quelques pincées de fafran ; ou bien une demi - once de racine de gentiane pulvérifée, dans une pinte de vin.

Si ce remède n'aide pas, & que l'on ait attendu en vain jufqu'au lendemain de l'accouchement, on a toutes les raifons de préfumer que l'arrière - faix s'eft attaché à la matrice. Alors il faut bien fe garder de fe fervir plus long - temps de médicamens pour le chaffer ; car, dans ce cas-là, ils feroient plus nuifibles que falutaires ; mais ce que la nature n'a pas la force d'opérer elle-même, il faut l'exécuter fans perte de temps par la main de l'homme. Après l'avoir bien frottée d'huile ou de beurre, on l'introduira dans la matrice, on en tirera l'arrière-faix tout doucement, & avec toute la précaution poffible, parce que s'il y reftoit,

il y cauſeroit infailliblement la putréfaction,
la gangrène & la mort.

La deſcente de matrice (*prolapſus uteri*)
eſt quelquefois dans les jumens la ſuite d'un
accouchement difficile. Ce cas ne m'eſt arrivé
qu'une ſeule fois, & avec une jument qui avoit
mis bas heureuſement & ſans beaucoup de peine,
mais qui, douze heures après, n'avoit pas encore
rendu l'arrière-faix. Tout-à-coup elle entra en
travail, comme ſi elle eût voulu pouliner encore
une fois. Enfin l'arrière-faix ſortit; mais on
remarquoit aux mouvemens qu'elle continuoit
à faire, que les violentes douleurs n'avoient
pas encore ceſſé. Quelques heures après la matrice ſortit, avec un bon ſeau de ſang brûlé;
elle lui pendoit juſques ſur les jarrets, chacun
croyoit la jument perdue. Cependant comme
je n'obſervai à la matrice ni inflammation,
ni aucun autre dommage, je la fis remettre
doucement en ſa place, après l'avoir fait bien
laver & réchauffer avec du vin & du beurre
chaud, & j'eſſayai de l'y contenir par le moyen
d'un bandage. Mais l'accident ſe renouvella
encore deux fois, parce que le bandage, qu'il
n'étoit pas poſſible d'affermir ſuffiſamment à
cette partie du corps, ſe défaiſoit toujours
chaque fois que la jument fientoit ou urinoit.
À la fin je fis tenir tour-à-tour par des valets
des linges chauds devant l'orifice, juſqu'à ce
qu'il ſe fût refermé. Quant aux remèdes intérieurs, non-ſeulement je fis donner à la jument
quelques lavemens d'huile de lin & de lait
chaud, mais auſſi un breuvage compoſé de thé-
riaque d'Angleterre, de ſafran, d'écorce d'orange

pulvérifée & d'une pinte de bon vin. Je ne lui aufli boire, durant quelques jours, que de l'eau tiède, avec laquelle on mêloit chaque fois une poignée de farine de feigle. Elle en réchappa heureufement. L'année fuivante elle refta vuide; mais la troifième elle poulina fans le moindre accident.

Le premier témoignage de tendreffe qu'un inftinct naturel porte tous les quadrupèdes à donner à leurs petits, c'eft de les lécher par tout le corps; & on prétend avoir remarqué que ceux qu'on ne laiffe pas participer à ce bienfait maternel, ne profpèrent point, & en deviennent même malades. Ainfi pour le leur procurer, on fera bien de les amener aufli-tôt devant leurs mères, &, en cas de befoin, de jetter fur eux un peu de fel.

Il en eft à-peu-près de même du *coloftre*, c'eft-à-dire du premier lait qui fe trouve dans les tettines des jumens après leur délivrance. Plufieurs s'imaginent que c'eft rendre un grand fervice au poulain, que de tirer ce lait vif-queux & réfineux de la mère avant qu'il fe mette fur les pieds. Ils penfent que c'eft ce même lait qui produit cet excrément dur & tenace, que les poulains ne peuvent pouffer dehors fans beaucoup d'efforts & de douleurs, qui les tourmente même au point de les faire quelquefois crier, & qu'on eft fouvent obligé de leur tirer de l'anus avec les doigts. Mais ceux-ci apportent cet excrément du ventre de leurs mères; c'eft le *méconium* des enfans nou-veaux-nés; & il eft bien évident que c'eft à en procurer l'évacuation que la fage nature a deftiné le *coloftre* des jumens, puifque, felon le témoignage irréfragable de l'expérience, elle a donné à celui-ci la vertu de produire cet effet ; d'où il paroît que c'eft mettre en danger la fanté des poulains, que de les fruftrer de ce remède falutaire.

Si néanmoins ce *méconium* ne peut point fortir, on peut y aider par le moyen du lavement fuivant.

On verfe fur deux poignées de fon de froment ou d'épeautre une chopine d'eau bouillante, puis on coule ; on y met enfuite une petite poignée de fel, une demi-once d'électuaire *hierapicra*, & un verre d'huile de lin ; on pouffe légérement ce lavement avec une feringue dans le gros boyau du poulain, lorfqu'il eft tiède.

Auffi-tôt que le poulain eft fur fes pieds, il cherche de lui-même la tettine de fa mère. Si toutefois il étoit trop mal-adroit pour la trouver, ou que la jument perfiftât long-temps à ne le vouloir point admettre, ce que font quelquefois de jeunes mères, il faudroit dans ce cas, qu'un palefrenier prît le foin d'inf-truire l'un, & de vaincre le caprice de l'autre.

Si l'abondance du lait, ou quelque autre caufe produit de l'inflammation aux tettines, il faut les laver diligemment avec du vinaigre de faturne ; & on fe fervira de miel & de vin pour guérir les tettes, lorfqu'elles feront endommagées.

Les jumens qui allaitent doivent naturellement être mieux nourries que les autres. C'eft principalement la bonne ou la mauvaife nourriturè qu'on leur donne, qui fait la quantité & la qualité du lait, & c'eſt de celui-ci que dépend la réuſſite des poulains. Outre le fourrage ſec, dont on parlera ci-deſſous dans le Chapitre IX, il faut, dès les huit premiers jours après l'accouchement, mettre ces jumens dans les meilleurs pâturages, à moins que la faiſon & la température de l'air n'obligent de les garder encore dans l'écurie. Mais ſi, malgré l'abondance & la bonté de la nourriture, elles ne donnoient pas aſſez de lait, comme en effet il arrive ſouvent que de jeunes jumens tardent long-temps à en avoir, on prendroit,

> Quatre onces de ſel commun,
> Une once de graine d'anis,
> Une once de graine de fenouil,
> Une once de racine de pimprenelle,
> Deux onces de grenouillet ou ſceau de Salomon,
> Quatre onces de farine de veſce ;

on pulvériſeroit & mêleroit le tout, & on leur en donneroit deux cuillerées chaque fois qu'elles auroient repu. Ce remède manque rarement de produire un bon effet. Néanmoins c'eſt toujours ſur la bonté du fourrage, & ſur celle des pâturages, qu'il faut compter le plus.

Au reſte, cela ne s'entend que des jumens qui ſe portent bien. Si elles ont quelque maladie, & c'eſt à quoi on doit bien faire attention, il faut, avant toute autre choſe, commencer par les en guérir.

C'eſt communément une chaleur intérieure qui conſume ou fait perdre le lait ; & en ce cas, on fera quelques jours de suite usage du sel de nitre, en en donnant par jour à la jument trois onces dans une pinte de lait.

Quand il se trouve des jumens pour lesquelles les remèdes indiqués demeurent infructeux; qui naturellement ne donnent que peu de lait; qui ne se soucient point de leurs poulains, & qui sortent de l'écurie sans regarder après eux, il faut en défaire le haras. On peut cependant leur passer ce défaut pour le premier poulain, parce qu'elles s'amendent souvent dès le second.

A la vérité, le Créateur a placé dans les femelles des animaux, & en particulier dans les jumens, une propension si forte à la conservation de leurs petits, que souvent elles surpassent maintes femmes en tendresse, en fidélité & en soins maternels. Aussi-tôt que le poulain est né, la jument le lèche, & lui rend par-là, suivant ce qui a été observé ci-devant, un premier service essentiel. Elle lui facilite les moyens de tetter, en se mettant, pour cet effet, dans la situation la plus convenable. Dans l'espace étroit où elle est enfermée à l'écurie, elle n'oublie ni de jour ni de nuit qu'elle l'a autour d'elle ou sous elle; & soit qu'elle fasse quelque mouvement du pied, ou qu'elle se couche, ou qu'elle se lève, elle use chaque fois de la plus grande précaution, pour éviter de lui faire aucun mal. S'agit-il à la campagne de franchir un fossé, elle cherche d'un œil géométrique l'endroit où il peut le faire plus sûrement & plus commodément, saute la première, & regarde ensuite s'il la suit heureusement.

S'il dort au pâturage, pendant que le troupeau va toujours en avant, & que fa mère, toute occupée à prendre fa nourriture, l'ait perdu de vue quelque temps, elle ne s'apperçoit pas plutôt de fon abfence, qu'elle le cherche avec inquiétude ; elle l'appelle de loin par fes henniffemens, & quand elle l'a trouvé, elle lui paffe légérement fur le corps un des pieds de devant, jufqu'à ce qu'il s'éveille & qu'il fe lève ; elle attend encore que le fommeil foit entiérement paffé ; & dès qu'elle le voit difpos & fringant, elle galope joyeufement avec lui pour rejoindre le troupeau.

Cependant il y a auffi des jumens, & particuliérement de celles qui poulinent pour la première fois, qui, bien loin de fuivre l'inftinct de la nature, conçoivent au contraire une haine mortelle pour leurs poulains. J'en connois une qui prit entre les dents fon premier fruit, le jetta en l'air, le foula aux pieds & le tua, nonobftant toutes les peines qu'on fe donna pour le fauver ; & une autre qui en auroit fait autant, fi on n'avoit employé la rufe & la force pour lui enlever le poulain, & à laquelle il falloit lier les pieds, toutes les fois qu'on vouloit le faire tetter. Mais elles ont eu toutes deux pour leurs feconds poulains la même affection que les autres mères, & même que les meilleures. Préfentement il fe trouve à Marbach, haras du Wirtemberg, une jument de poil bai, âgée de huit ans, qui a pareillement tenté toutes fortes de moyens pour écrafer fous fes pieds fes deux premiers poulains. Les palefreniers même n'étoient pas

en

sûrs de leur vie auprès d'elle, quand ils se trouvoient à côté du poulain. A la vérité elle se laiſſoit traire par eux ſans réſiſtance, auſſi ſouvent qu'ils le vouloient ; mais au commencement il falloit la lier comme la précédente, pour que le poulain pût aller à la tettine ſans péril de la vie. Ce n'eſt que peu-à-peu & par appréhenſion de la contrainte & des châtimens qu'elle s'eſt accoutumée à le laiſſer tetter dans l'écurie, ſans qu'elle ait eu les pieds liés ; mais on n'a jamais pu obtenir d'elle, qu'étant au pâturage & en liberté, elle accordât cette faveur à aucun. Néanmoins on l'a retenue au haras à cauſe de ſa beauté ; & depuis plus de ſix ſemaines qu'elle a mis bas le troiſième poulain, elle n'a point ceſſé de lui marquer une affection maternelle.

Au reſte, pendant une longue ſuite d'années, je n'ai rencontré, parmi pluſieurs centaines de jumens pouliniéres, que ces trois exemples d'une dureté ſi long-temps inflexible & d'une cruauté ſi dénaturée de ces animaux envers leur fruit, avec quelques cas pareils que j'ai obſervés de même parmi les vaches.

C'eſt auſſi une choſe connue, que la douleur pouſſe quelquefois les brebis qui agnelent pour la première fois, à tuer leurs agneaux. Cela n'arrive aux vieilles que quand elles ſont mal nourries ; c'eſt de quoi on n'a eu que trop d'exemples au printemps de 1785, où la longueur & la rigueur de l'hiver avoient cauſé une grande diſette de fourrages. Il eſt auſſi péri pluſieurs agneaux, parce que les mères toutes épuiſées n'ont pas voulu les laiſſer tetter.

I

S'il y a des animaux carnaffiers qui dévorent leurs petits, c'eft, d'ordinaire, immédiatement après leur naiffance ; & c'eft, le plus fouvent, de la part du père que la vie de ceux-ci eft le plus en danger. Ils n'ont plus rien à craindre de la mère, dès qu'elle les a épargnés quelques heures, ou, fi elle eft de celles qui font plufieurs petits en une portée, dès qu'elle les a tous mis bas ; au contraire elle les foigne & les défend avec autant de tendreffe, que les autres bêtes foignent les leurs.

Pour des exemples de fimple indifférence des mères pour leurs petits, ils font affez fréquens parmi les jumens & d'autres femelles d'animaux ; mais ce n'eft qu'une indifférence paffagère, qui ceffe communément, dès qu'elles fe font tout-à-fait remifes des douleurs de l'accouchement (1).

---

(1) Il n'eft même pas rare que des femmes d'un bon naturel, de mœurs douces & honnêtes, & particuliérement de celles qui font mères pour la première fois, confeffent ingénument que durant les premiers jours ou les premières femaines après leurs couches, elles avoient eu à lutter contre une indifférence & une averfion volontaires pour leurs enfans, & que ce n'eft que peu-à-peu que cette antipathie avoit fait place à la tendreffe & à l'affection maternelle.

Ces exceptions de la règle générale de la Nature, & plufieurs autres pareilles, ne mériteroient-elles pas que de fages Magiftrats les miffent en confidération dans les procès que l'on fait à des filles foibles, qui, éloignées, par la crainte de la honte & d'une mifère prochaine, par l'horreur, par la détreffe & par le défefpoir, de tout confeil & de tout fecours humain, au

Quand une jument périt en accouchant &
laisse un poulain, ou qu'elle est attaquée de
quelque violente maladie pendant les mois de
lait & avant que le poulain soit en état de se
nourrir de fourrage, on met celui-ci sous une
autre jument qui ait beaucoup de lait. Mais
ceci exige beaucoup de précaution. On retire
d'auprès de la mère son propre poulain, & on
le loge avec l'étranger dans une autre place
tout proche d'elle, tellement qu'elle puisse les
avoir continuellement tous deux sous les yeux.
Au contraire, quand elle allaite, elle ne doit
voir ni l'un ni l'autre; & il faut, pour l'empêcher, qu'un valet d'écurie se tienne chaque
fois devant sa tête. Une bonne jument a incontestablement assez de lait pour faire subsister
deux poulains, pourvu qu'on les fasse tetter trois
ou quatre fois pendant le jour, & point pendant
la nuit. Il ne faut pas l'envoyer en pâture, parce
que non-seulement les deux poulains iroient
trop souvent à la tettine & l'épuiseroient, mais
aussi parce que le poulain étranger courroit
risque d'en être maltraité, ou même d'en être
tué. Mais en revanche il faut lui donner à
l'écurie de l'herbe suffisamment, s'il y en a

---

milieu des vives douleurs de l'enfantement, privées,
dans l'excès de leur trouble, de l'usage de leur raison,
& insensibles à cet instinct que l'Auteur de la Nature
a mis dans le cœur de chaque mère, cherchent a cacher,
par la mort du témoin, un faux pas qu'elles ont fait
par légéreté, ou pour s'être laissé séduire dans l'ivresse
de la passion, & commettent une action que leur cœur
condamne & déteste aussi-tôt qu'elles reviennent de leur
étourdissement?

déjà, & en général lui augmenter sa portion de nourriture.

S'il se trouve alors une cavale, qui, peu de temps auparavant, ait mis bas un poulain mort, ou qui l'ait perdu par quelque autre accident, on cherche à lui faire adopter le poulain orphelin. Mais cela ne coûte au commencement ni moins de peines ni moins de soins, que dans le cas précédent. Dans tout le règne animal, il n'y a point de bête, quelque féroce qu'elle soit, qui refuse son lait à ses petits; mais la nature se soulève, lorsqu'on veut en forcer quelqu'une à en faire part à un étranger qui n'y a aucun droit. Cet exemple confond ces mères inhumaines & ces nourrices à gages, qui sont assez cruelles & assez insensibles pour renverser l'ordre de la Nature, & qui ont l'ame assez basse pour laisser aux animaux la supériorité dans l'accomplissement de ses loix salutaires.

On peut aussi élever avec du lait de chèvre ou de vache, des poulains devenus orphelins. Mais cela est aussi pénible; & ils ne profitent guère pour la plupart, du moins au commencement. On fait de petits bouchons de linge, de la forme & de la grosseur d'une tette, on les trempe dans le lait, & on les leur met dans la bouche. Peu-à-peu ils s'accoutument à les sucer; dans la suite on tient ces bouchons dans un vase plein de lait, & les poulains apprennent à la fin à y boire.

Au reste le lait de chèvre est de beaucoup préférable à celui de vache. C'est aussi pour cette raison qu'on aime à tenir dans les haras quelques chèvres, que l'on élève très-bien à côté des chevaux. Les anciens croyoient de plus, que la puanteur des boucs étoit très-profitable aux chevaux, & ils regardoient les exhalaiſons qui ſortent de leurs corps, comme un remède efficace contre certaines maladies, & particuliérement contre la dyſurie (1). Ce qu'il y a du moins de certain, c'eſt que la forte odeur des boucs & des chèvres a la propriété de tempérer dans les écuries les exhalaiſons âcres des chevaux, qui ſouvent font pleurer les hommes. Il s'en faut de beaucoup, qu'on les trouve auſſi fortes dans une écurie où il y a des boucs & des chèvres. C'eſt vraiſemblablement de-là qu'eſt venu premiérement l'uſage de tenir des boucs auprès des chevaux, & enſuite l'opinion ſuperſtitieuſe, que par-là ceux-ci ſont à couvert de tout mal.

Lorſqu'un poulain eſt malade au point de ſe tenir couché & de ne pouvoir ſe lever pour tetter, il faut lui faire avaler de temps à autre quelques verres de lait de ſa mère. Indépendamment de cela, il eſt encore néceſſaire, dans le cas dont il eſt queſtion, de traire les jumens, parce qu'autrement leur lait les échaufferoit, & ſe perdroit tout-à-fait. Le ſoulagement qu'on leur procure en les trayant, fait auſſi que les plus fougueuſes n'y oppoſent pas la moindre réſiſtance ; & il n'y a point, pour les poulains, de remède plus ſalutaire que le lait de leurs mères.

Ordinairement les bourſes des poulains qui ſont ſains, ne paroiſſent pas avant la ſeconde

____

(1) COLERI *Œc, rur. & domeſt. L. X, c. 11, p. m. 344.*

ou la troisième année de leur âge ; jusqu'alors ils les portent toujours hautes & bien retroussées. S'il s'en trouve qui les laissent pendre plutôt, & sur-tout dès leur naissance, c'est une marque certaine qu'ils sont d'une foible complexion, & qu'ils ne profiteront guère.

Les poulains qui, en naissant, ont le poil extrêmement long & épais, à la manière des barbets, sont ordinairement maladifs, comme leurs mères l'étoient pendant leur grossesse, & il est rare qu'ils réussissent.

Il est prouvé aussi par un grand nombre d'expériences, que les poulains qui, en dormant, étendent la tête droit devant eux, au lieu de la tourner vers le poitrail, comme ils l'avoient dans le ventre de la mère, sont mal-sains, & meurent communément. Par cette situation inusitée ils cherchent à se rendre la respiration plus libre.

Les jumens sont plus sujettes à avorter que les femelles des autres animaux ; & cela leur arrive plus souvent dans les premiers ou les derniers mois de leur grossesse. Il est rare que ce soit entre ces deux temps.

Un travail trop fatigant, un mouvement trop violent, une chûte, une contusion, un heurt, des coups, l'anxiété, l'épouvante, sont tout autant de causes qui peuvent faire avorter les jumens. Elles peuvent de même se procurer l'avortement, soit en courant en haut & en bas dans des pâturages montueux, soit en buvant froid après un grand échauffement, mais principalement en faisant des sauts forcés. Je connois plusieurs exemples, où des jumens ayant franchi un fossé, sauté pardessus un tronc d'arbre, une palissade, ou quelque autre chose pareille, soit qu'elles aient été libres, ou qu'elles aient eu alors leur cavalier, ont mis bas sur le champ. Ainsi pendant le temps de leur grossesse il faut chercher soigneusement à les préserver de pareils accidens. J'ai aussi observé plusieurs fois, que des jumens, auxquelles on donne l'étalon en un temps où elles ne sont pas assez chaudes, & qui néanmoins deviennent pleines, ce qui à la vérité n'arrive que rarement, sont très-sujettes à avorter. J'ai conservé dans de l'eau-de-vie un avorton de soixante-un jours, qui étoit d'une jument dont j'étois bien certain qui s'étoit trouvée dans ce cas lorsqu'elle avoit été couverte; & ce qui confirma encore davantage mon opinion, c'est que bientôt après l'avortement elle se montra plus chaude qu'auparavant, reçut plus volontiers l'étalon, & devint pleine pour la seconde fois après un intervalle de soixante-douze jours. Comme les herbes aigres des pâturages marécageux sont laxatives & affoiblissent, elles sont aussi toujours nuisibles aux jumens pleines & à leur fruit.

Néanmoins il n'y a aucun lieu de douter, que quelquefois l'avortement ne vienne simplement de ce qu'au commencement l'affluence du sang & des sucs nourriciers agit trop fortement sur le fœtus encore tendre; que le placenta & le chorion sont trop foibles, & que la matrice résiste moins ou plus qu'il ne faudroit à l'expansion qui se fait trop vîte; & aussi de ce que vers la fin de la grossesse le fruit devient trop pesant & trop agissant. C'est ce qu'on peut en quelque façon recueillir de ce que les avortemens ne font pas fi fréquens, lorfqu'on faigne les jumens pleines le troifième & le neuvième mois. Mais dans de grands haras, en général avec des jumens habituées aux pâturages, il eft bien difficile de faire ufage de ce préfervatif le troifième mois de la groffeffe, parce qu'après la faignée il eft néceffaire de les faire demeurer en repos jufqu'à ce que la plaie foit guérie, & de les garder attachées au moins quelques jours à l'écurie, de peur que la veine ne fe rouvre. Or, dès que les jumens font une fois accoutumées aux pâturages, il n'eft plus guère poffible de les tenir enfermées. Elles entrent en furie fi on ne les laiffe pas fortir; & fuppofé que l'on veuille n'en garder de jour à autre que quelques-unes à la maifon, celles-ci fe voyant privées tout à la fois du pâturage & de leur compagnie, en deviennent encore plus furieufes. Mais leur fougue devient extrême fur-tout, lorfqu'après une pareille captivité on les remet en pâture avec les autres. D'où il paroît que la faignée du troifième mois n'eft nullement applicable dans les haras, & que ce feroit expofer les jumens à un danger plus certain & plus grand, pour les garantir d'un mal bien plus incertain. Ce n'eft que pour celles qui font accoutumées à paffer l'été comme l'hiver à l'écurie, que l'on peut employer utilement cette faignée préfervative. Mais dans l'arrière-faifon, dès qu'on a remis les jumens pleines au fourrage fec, il n'y a rien qui empêche de faire faigner celles que l'on juge en avoir befoin.

Il y a encore une autre caufe de l'avortement, & c'eft même la plus commune. Elle fe trouve dans la conformation & la nature de la matrice. C'eft lorfque celle-ci eft ou trop roide, ou trop lâche, trop irritable, durcie, mal conformée, ou qu'elle a quelque autre vice. Delà vient fans doute, que lorfque les jumens avortent, cela dégénère fouvent en habitude; que cet accident leur arrive communément dans le même temps, & qu'il n'eft pas rare non plus que la difpofition qu'elles y ont, fe tranfmette à leurs filles. Ainfi, on fera bien d'éloigner de bonne heure du haras, celles qui y font fujettes. Du refte, une jument qui a avorté, doit être regardée & traitée comme un cheval malade.

CHAPITRE VIII.

De la garde du Haras.

EN parlant ci-devant, Chap. II, de l'établiffement & de la difpofition extérieure des haras privés, j'ai déjà eu occafion de m'expliquer fur la qualité des pâturages propres à un haras, & fur la manière de s'en fervir. Il me refte encore à faire ici quelques remarques.

Pour des chevaux qui n'ont pas eu une éducation tout-à-fait fauvage, & qui font accoutumés à être nourris de fourrage à l'écurie, il ne leur eft pas fain d'être envoyés à jeun en pâture. C'eft pourquoi, dans les haras privés, avant que de laiffer fortir les chevaux, on leur donne à tous, aux vieux & aux jeunes, du fourrage fec, mais point de foin, & on les fait boire.

Il faut que les chevaux du haras trouvent toujours au pâturage affez de nourriture, & qu'ils ne retournent pas avec la faim à l'écurie. Ainfi, quand le pâturage n'abonde point en herbe, on ne peut pas les conduire plus de deux ou trois jours de fuite fur le même terrein; mais quand une place eft mangée, il faut les mener plus avant, & prendre pour cela de tels arrangemens, que l'on ait toujours dans le voifinage des brouffailles & des arbres, ou, au défaut de cela, des hangars · & de l'eau. Car il eft néceffaire qu'il y ait un abri où ils puiffent fe mettre à couvert, pendant quelques heures, des grandes ardeurs du foleil; & ils doivent auffi être menés à l'eau vers ce temps-là & fur le foir; ce qu'il ne faut jamais négliger de faire, parce que les chevaux font fujets à boire avec excès, quand ils ont fouffert trop long-temps la foif.

Quand une place eft mangée, il faut lui laiffer au moins quinze jours à trois femaines pour pouffer de nouvelle herbe. C'eft cette jeune herbe que les chevaux aiment le mieux. Dans des pâturages trop maigres, les gros chevaux ne trouvent jamais de quoi fe raffafier. C'eft auffi de la qualité des herbages que dépend, en grande partie, la grandeur future des chevaux. Si c'eft dans la Frife qu'on trouve les plus grands; fi ceux du Duché d'Oldenbourg le font moins, & fi ceux du Holftein font de moyenne taille, ce n'eft pas tant à la grandeur de la souche primitive, qu'à l'abondance plus ou moins grande, & à la meilleure ou moindre qualité des pâturages qu'on en attribue la cause; & l'on voit que par-tout où ceux-ci sont arides & maigres, les chevaux y demeurent petits.

Au printemps & vers l'automne, il faut avoir grand soin de ne pas laisser aller trop matin le haras au pâturage, lorsqu'il est tombé une mauvaise ou une trop forte rosée, ou lorsqu'il fait du brouillard, ou qu'il a gelé blanc, & de le faire rentrer le soir avant le coucher du soleil; car autrement les chevaux seroient exposés à de grandes maladies, & cela pourroit faire avorter les jumens pleines. On a déjà observé ci-dessus, que ce n'est pas dans les vallons, mais sur les terreins plains ou montueux, qu'il faut conduire les chevaux pendant les temps pluvieux.

Le harassier doit aussi particuliérement prendre garde que les jumens ne trouvent des pommes sauvages. Elles en sont très-friandes & très-avides. Mais il est constaté par un grand nombre d'expériences, que ce fruit leur cause des tranchées, comme aux brebis, & qu'alors elles se roulent communément sur l'herbe, & avortent aisément.

Les herbages acides sont laxatifs, & par-là même préjudiciables, sur-tout aux jumens pleines, comme on a déjà eu occasion de le dire. L'if est un poison pour les chevaux. Le lierre-terrestre, qui est un remède pour ceux qui ont le farcin, est au contraire nuisible à ceux qui sont sains.

Il ne faut pas mener les chevaux dans de

jeunes plants. Ils y feroient bien plus de dégât que les bêtes à cornes. Comme ils aiment beaucoup les jeunes jets des arbres, & qu'ils peuvent atteindre fort haut, ils en brouteroient les rameaux & les cimes; outre qu'ils fouleroient encore les tendres arbriffeaux, qui feroient à leur première croiffance.

Pour tenir les chevaux du haras enfemble, & trouver plus aifément ceux qui pourroient s'être écartés, on leur attache à chacun une fonnette ou un grelot au cou. Il y a en Saxe & ailleurs des bergers, qui ont grand foin que les fons de ces fonnettes foient accordans entre eux, & qui ne ceffent d'échanger chez les marchands ou chez d'autres bergers celles qui difcordent, que lorfque le carillon de tout le troupeau forme une harmonie frappante.

C'eft lorfque les poulains font au pâturage & en pleine liberté, qu'on apprend le mieux à les connoître. Ils y donnent des preuves de leur force & de leur ardeur par des fignes d'émulation; ils cherchent à fe devancer les uns les autres à la courfe, au paffage d'une rivière, ou en franchiffant un foffé. Au refte, pour ce qui eft des jumens pleines, on a déjà obfervé, vers la fin du Chapitre précédent, qu'il ne faut pas leur permettre ce dernier exercice.

Ceux qui donnent l'exemple aux autres font ordinairement les plus nobles, & dans la fuite les plus dociles. C'eft prefque toujours la même jument ou le même poulain qui marche devant, & qui conduit la troupe, tant en fortant qu'en rentrant. Le cheval qui s'eft mis & maintenu en poffeffion de cette diftinction, eft incontestablement le meilleur de tout le troupeau (1).

Un harassier doit être bon connoisseur en chevaux, fidèle, actif & assez robuste pour supporter les injures du temps & toutes sortes d'autres incommodités. Aussi doit-il être mieux payé qu'un autre valet du haras.

Il doit aussi se connoître aux pâturages, afin d'éviter ceux qui sont mal-sains, & savoir faire une bonne distribution de son terrein; il doit de même prendre garde que le haras ne cause du dommage à personne, & qu'il ne s'en fasse lui-même, ou qu'il ne se dissipe.

Lorsqu'un cheval tombe malade, ou qu'il survient quelque autre accident, le harassier doit aussi-tôt en donner avis au maître du haras.

Il doit encore chercher à s'attacher le troupeau, en traitant toujours les chevaux avec bonté & avec douceur, & en leur donnant quelquefois du sel à lécher sur sa main ou dans son chapeau. Enfin, il doit être muni d'un drapeau, d'un tambour & d'une arme à feu, & faire de temps en temps du feu sur la place où les chevaux sont en pâture, non-seulement pour les familiariser avec ces objets, qui sont ceux dont ils ont naturellement le plus peur, mais aussi particuliérement pour les apprivoiser, par le son du tambour & par le bruit de l'arme

____

(1) VARRON avoit déjà fait cette observation. Voici ses propres paroles : *Equi boni futuri signa sunt, si cum gregalibus in pabulo contendit in currendo, aliave qua re, quo potior sit : si, cum flumen travehundum est, gregi in primis prægreditur, ac non respectat alios. Lib. II, cap. 7. pag. 285, de re rustica, edit. cit.*

à feu , aux éclats du tonnerre, qui les difperfent bien fouvent à un tel point, qu'il faut parcourir une étendue de plufieurs lieues pour les chercher & les raffembler, & que même il n'eft pas rare qu'il s'en perde quelques-uns, du moins pour quelques jours.

CHAPITRE IX.

De la manière dont les Jumens poulinières doivent être nourries & foignées.

LA nourriture la plus ordinaire & la plus univerfelle des chevaux, c'eft, outre les pâturages, l'*avoine*, le *foin*, le *regain* & la *paille.* On mêle celle-ci avec le foin, ou bien on la hache & on la mêle avec l'avoine.

Lorfque les autres grains, & en particulier l'orge & le feigle, font plus aifés à avoir & moins chers que l'avoine, on s'en fert auffi fouvent pour la nourriture des chevaux. En Arabie & en Efpagne, par exemple, on ne leur donne que de l'orge (1). Il y a auffi des

______

(1) Les Arabes ne donnent à leurs chevaux que de l'orge & de la paille. Ils ne cultivent point d'avoine, & ne font point de foin.

Quoique les Anciens aient connu l'avoine, ils ne s'en fervoient pourtant pas, du moins dans les climats chauds, pour nourrir les chevaux. C'eft toujours de l'orge qu'on leur donne dans HOMÈRE & dans les autres Auteurs de l'Antiquité. L'argent que les Chevaliers Romains

cas où, avec l'avoine, on leur donne de temps en temps de ces autres grains par manière de remède.

Au reste, l'*avoine* est le meilleur de tous les grains pour les chevaux. L'*orge* affoiblit & fait suer ; le *seigle* échauffe ceux qui n'y sont pas accoutumés dès leur jeunesse. Mais quand l'avoine manque, & que la nécessité force à la remplacer par l'une ou l'autre de ces sortes de grains, il faut auparavant le tremper, & après qu'il s'est un peu gonflé, en verser l'eau, pour que, d'un côté, il en soit plus triturable, sans quoi il sortiroit tout entier par le canal intestinal, & que, de l'autre côté, l'eau fasse perdre au seigle quelque chose de son âpreté nuisible.

L'*avoine* & le *bled* mêlés ensemble font une très-bonne nourriture. Le *froment*, comme trop obstructif, convient moins aux chevaux.

La mesure de la nourriture doit être proportionnée à la grandeur du cheval, & au travail qu'on lui impose. Il faut aussi observer sur cet article, si le cheval est trop gras ou trop maigre, si la jument donne trop ou trop peu de lait, si elle en donne de bon ou de

---

recevoient de la République étoit appellé, selon FESTUS, *hordearium æs.* Du temps de Salomon, on ne donnoit aux chevaux que de l'orge & de la paille. I. (*vulg. 3.*) *Livre des Rois IV. 28.* PLINE, en parlant de l'orge, dit que ce n'étoit guère que la nourriture des chevaux. *Nat. Hist. lib. XVIII, sect. 14. Tom. II, fol. 108, edit. cit.* Les Anciens Rabbins en ont quelquefois parlé dans les mêmes termes.

mauvais, & si son poulain est fort ou foible. De plus, dans les haras privés on divise la nourriture en nourriture d'été & en nourriture d'hiver. Chacun sent, aisément qu'un habile économe doit savoir, sur‑tout dans de grands haras, ce qu'un cheval, l'un portant l'autre, mange par an, & ce qu'il coûte d'entretien, & que pour ne se point mécompter, il doit nécessairement prendre en considération tout ce qui vient d'être dit.

Dans les haras du Wirtemberg on compte, pour la nourriture qu'il faut par jour, en été & en hiver, à une jument poulinière que l'on fait travailler,

> deux *vierlings* d'avoine,
> deux *vierlings* de paille hachée.
> quinze livres de foin.

Par rapport au partage de cette nourriture & aux temps des repas, on suit à‑peu‑près la même règle que pour les étalons.

Pour les jumens poulinières qui ne travaillent point, on donne à chacune, par jour, pendant les mois d'été, dont on ne compte ici que cinq,

> un *achtel* d'avoine,
> un *achtel* de paille hachée,

mêlées ensemble. Le matin, avant que de les envoyer en pâture, c'est-à-dire, à quatre ou cinq heures, selon que les jours sont plus longs ou plus courts, on leur en donne la moitié, & elles reçoivent l'autre moitié pendant le crépuscule du soir, lorsqu'elles sont rentrées à l'écurie. Durant l'été entier on ne leur donne

point

point de foin ; les pâturages leur en tiennent lieu.

Pendant les sept mois d'hiver, la nourriture journalière d'une jument poulinière qui ne travaille point, consiste en

Un *vierling* d'avoine, mêlée avec
Deux *vierlings* de paille hachée; & en
Six livres de foin, mêlé avec
Une botte de paille.

Dans les endroits où l'on n'est pas obligé de ménager le foin, on fera bien de lui en donner trois à quatre livres de plus, & moins de paille à proportion.

Voici comment se fait la distribution de cette portion journalière. Vers les cinq heures du matin on met au ratelier devant chaque jument, un tiers de son foin & de sa paille ; puis on nettoie l'écurie. Après sept heures on les mène boire à la fontaine ; ensuite on leur donne un tiers de l'avoine & de la paille hachée ; & quand elles ont mangé cela, elles achèvent peu-à peu ce qui leur reste encore au ratelier. Sur les onze heures on leur donne le second tiers de l'avoine & de la paille hachée, & à midi le second tiers du foin & de la paille. Vers ce temps-là on nettoie de nouveau l'écurie ; puis on les abreuve encore. Après quatre heures, elles reçoivent le dernier tiers de l'avoine & de la paille hachée, & enfin sur les sept heures on leur donne le reste de leur foin & de leur paille.

La botte de paille doit peser vingt livres ; & pour un *scheffel* de paille hachée, il faut vingt-

K

sept livres de paille, avec neuf livres de regain qu'on y ajoute. Ainsi une livre deux tiers de paille & une demi-livre de regain, donnent deux *vierling* de paille hachée.

La paille de bled, de seigle & d'épéautre est la meilleure tant pour les jumens pleines que pour celles qui sont vuides ; & la paille de seigle est encore meilleure & plus douce que celle d'épéautre, sur-tout lorsqu'elle est crue dans des campagnes montueuses & médiocrement humides ; car le tuyau en est plus menu & plus tendre.

A la vérité on peut aussi se servir de paille d'avoine pour le fourrage du haras. Il faut seulement avoir attention de n'en pas donner vers Noël & la Chandeleur aux Jumens pleines, parce qu'elle les échauffe, qu'elle est de dure digestion, & qu'elle cause souvent des tranchées. Comme les poulains qu'elles portent sont alors déjà garnis de poil, cela ne les brûle que trop.

La paille d'orge ne vaut rien aux jumens pleines ; comme elle est très-évacuative, elle pourroit les faire avorter. Mais on fera très-bien d'en donner aux jumens vuides, & aux chevaux hongres & entiers, particuliérement en automne, lorsqu'on les a retirés des pâturages, parce qu'il est bon de les purger alors (1).

____

(1) Que la paille d'orge soit, sinon préférable, du moins équivalente à plusieurs sortes de foin, c'est ce que l'on peut voir dans le Traité Allemand, qui a pour titre : *Gedanken über die Frage : Ob graf und wies-*

On a reconnu que la paille de pois & de vesce est mal-saine aux chevaux qui restent toujours à l'écurie ; mais elle ne nuit point à ceux que l'on fait travailler. Celle de lentille est meilleure, & les chevaux l'aiment autant que le foin, quand ils y sont accoutumés.

Quelque modérée que soit la dépense du haras entier, en l'estimant d'après ce qui vient d'être dit, il est néanmoins constaté par une longue expérience, que, généralement parlant, cela suffit pour le faire subsister. S'il y a des circonstances, où il faut augmenter aux chevaux la portion ordinaire de nourriture, il y en a aussi d'autres, où il est nécessaire de leur en retrancher une partie ; & la compensation est communément si juste, qu'il se trouve au bout de l'an, que l'on n'a point excédé la somme totale.

L'essentiel, dans le pansement des chevaux, est de leur donner leur nourriture avec ordre, aux heures réglées, & avec fidélité, & de les tenir propres. Ces deux articles font un bien meilleur effet, que quand le ratelier & la crêche sont toujours pleins à heures indues, & qu'on néglige la propreté. Il est donc nécessaire que

---

wachs zur viehwirtschafft unentbehrlich sey, &c. *In den schlesischen œkonomischen sammlungen*, 1. *Band*, *seite* 312-315. Suivant le Mémoire de FAHRENHOLZ, sur la manière dont on élève les chevaux en Espagne, la paille d'orge est rafraîchissante, & c'est pour cette raison qu'on aime mieux en donner l'été que l'hiver aux chevaux de selle, & à ceux de cavalerie. Voyez *œkonom. Nachrichten*, 14. *Band*, *seite 146*

le maître du haras veille foigneufement à cela. Auffi dit-on proverbialement que *l'œil du maître engraiffe le cheval*.

On fait combien la tranfpiration & la fueur des chevaux eft âcre & mordicante ; fi on laiffe à la pouffière le temps de s'attacher fur la peau , & de s'y épaiffir, les pores fe bouchent , la tranfpiration eft arrêtée, & les chevaux n'ont jour & nuit aucun repos. Ainfi on fera bien de les étriller & de les laver diligemment.

Avant que de leur donner l'avoine, il faut la bien vanner, pour qu'il n'y refte point de pouffière ; il faut auffi bien fecouer le foin ; prendre de la paille pour hacher, qui foit tendre & nette, & la couper auffi courte qu'il eft poffible, parce qu'elle eft alors de plus facile digeftion , & qu'ainfi elle leur eft plus falutaire.

Au refte on fera bien de ne pas trop engraiffer les jumens poulinières ; car, dans l'état ordinaire, elles font plus propres à la conception. Plus elles font maigres au temps de la monte , plus auffi retiennent-elles aifément. Il eft rare au contraire, que de groffes jumens graffes , qu'on fait paffer des écuries du prince, ou de la cavalerie, &c. au haras, portent dès la première année , & avant que d'avoir perdu, dans les pâturages & par de moindres fourrages, leur graiffe & leurs chairs fuperflues ; ou du moins ce font elles qui donnent ordinairement les poulains les plus foibles & les plus maigres.

Il eft bon de mieux nourrir que d'ordinaire

les jumens poulinières une quinzaine de jours avant leur accouchement; elles en auront plus de force pour le travail, & une plus grande abondance de lait. En échange, il faut, pendant les premiers jours après leur délivrance, les faire vivre d'un grand régime & ne leur donner que peu d'avoine. La foibleſſe de l'eſtomac eſt communément une ſuite de l'affoibliſſement cauſé par les effets de l'accouchement. Si vers ce temps une jument mangeoit trop, cela pourroit lui faire perdre l'appétit pour une huitaine de jours & même pour plus long-temps; & comme elle mangeroit peu, elle ne donneroit auſſi que peu de lait, & le poulain en ſouffriroit.

D'abord après l'accouchement, & les trois premiers jours qui ſuivent, on ne donne à boire à la jument que de l'eau tiède, dans laquelle on brouille chaque fois une bonne poignée de farine de ſeigle. La première fois on y mêle auſſi une poignée de ſel commun. Ce n'eſt que pendant ces trois jours qu'on fait la litière à la jument; on ſe contente d'ailleurs durant toute l'année, d'épandre devant elle, ſous la mangeoire, un peu de paille pour le poulain (1). Dès le quatrième jour on com-

---

(1) En Eſpagne, on ne fait jamais la litière aux chevaux. Aucun étalon, aucun cheval de parade, & même aucun cheval de ſervice n'oſe ſe coucher à l'écurie. Dans celles de la cavalerie on fait nuit & jour la garde pour l'empêcher; & pour ce qui regarde les particuliers, ils attachent leurs chevaux ſi haut & ſi court, qu'ils ſe trouvent par-là obligés de reſter continuellement

mence à la nourrir plus largement ; & lorsque le temps est beau, on peut hardiment la laisser aller avec son poulain au pâturage.

---

sur leurs pieds ; car on prétend que la litière rend les chevaux paresseux & lâches. Il paroît aussi par l'expérience, qu'ils peuvent reposer & dormir debout aussibien que couchés. Quant aux chevaux de somme & à ceux de poste, on n'y regarde pas de si près. Il est bien vrai qu'on ne leur fait point non plus de litière ; mais on a soin d'ôter diligemment le fumier de leurs écuries, & pour cela on les nettoie trois fois par jour. *Voyez* le Mémoire Allemand de M. FAHRENHOLZ, qui a déjà été cité ci-devant, intitulé : *Bericht von der spanischen Pferde-Zucht ; in den œkonom. Nachrichten*, 14. *Band, seite 149.*

Quoique la nature & les qualités des quadrupèdes semblent ne pas permettre qu'ils dorment autrement que couchés, M. GRIESZHEIM confirme néanmoins ce qui vient d'être dit des chevaux d'Espagne ; mais il prétend aussi tenir de main sûre, qu'un Cavalier de Holstein voulant faire dans sa nombreuse écurie l'épreuve de cet usage Espagnol, avoit accoutumé les poulains, dès qu'on les avoit sevrés, à demeurer toujours debout, & qu'il y avoit fort bien trouvé son compte dans la vente des chevaux de selle & de carrosse. Il conseille pourtant de n'en pas faire l'épreuve sur de vieux chevaux déjà accoutumés à la litière, & de traiter, comme font les Espagnols même les chevaux de charrue, ceux de tirage & autres pareils, d'une toute autre manière que ceux dont on ne prétend que de fois à autre du service. (*Voyez* son Traité, qui a pour titre : *Œkonomische und Policeimæsige Anmerkungen über die spanische pferde-zucht*, inséré dans les *Œkonom. Nachrichten, 14. Band, seite 151-159.*

Que le cheval ne dorme pas à beaucoup près aussi long-temps que l'homme ; qu'au contraire, sur vingt-quatre heures, il en donne tout au plus trois ou quatre au sommeil, & qu'il y en ait qui ne se couchent jamais

Comme chaque changement foudain de nourriture eft ordinairement nuifible à la fanté des hommes & des animaux, il faut avoir attention de ne pas faire paffer tout d'un coup le haras des fourrages d'hiver au feul vert, & du vert aux feuls fourrages d'hiver. Le premier cas entraîne, pour l'ordinaire, un flux de ventre affoibliffant, & l'autre une conftipation encore plus dangereufe. Pour obvier à ce double inconvénient, il faut ne faire paffer le haras, que lentement & par degrés, du fourrage fec au vert, & du vert au fec; au printemps, ne le laiffer d'abord que quelques heures, & enfuite toujours plus long-temps aux pâturages; en automne, ne le retirer auffi que fucceffivement de ceux-ci, & obferver de lui donner à proportion de cela plus ou moins de fourrage fec. Par-là ils s'accoutumeront peu-à-peu à la nouvelle nourriture.

Dans l'arrière-faifon, lorfque le haras a été retiré des pâturages dans l'écurie, on eft dans

---

& dorment debout, ce font des faits connus; cela prouve au moins que les chevaux n'ont pas befoin de beaucoup de commodité pour repofer, & que, fi nous apprenions des Efpagnols à tenir toujours nos écuries nettes, on pourroit y ménager bien plus la paille, principalement dans les endroits où, n'ayant point de cultures en propre, on n'eft point dans le cas de voir multiplier les engrais.

Mais pour cette claffe de chevaux, qui d'ailleurs ne font déjà que trop traités en efclaves, il me femble qu'il y auroit de la cruauté à leur vouloir refufer l'avantage de fe coucher, dont tous les autres animaux jouiffent.

l'ufage de faigner quelques jours après toutes les jumens, pleines ou non. On prétend avoir trouvé que cette faignée eft un préfervatif contre plufieurs accidens que les pâturages bourbeux d'automne, le nouveau genre de vie & l'hiver peuvent occafionner. Pour moi, il me femble que cela ne fauroit faire un bon effet que fur des jumens qui ont abondance de fang, & fur quelques-unes de celles qui font pleines. Quant à ces dernières en particulier, cette faignée peut fervir à les préferver de l'avortement, quand ce ne feroit pas juftement au neuvième mois de leur groffeffe qu'elle fe feroit, fuivant ce qui a été obfervé ci-devant dans le VIIe Chapitre. Mais, de faigner alors généralement & fans diftinction toutes les jumens du haras, ce feroit, à l'égard de plufieurs, une entreprife auffi infructueufe que deftituée de fondement, & même elle ne manqueroit pas d'être préjudiciable au plus grand nombre. Ainfi il ne faut jamais le faire que de l'avis de perfonnes capables de connoître s'il y a alors dans ces animaux plénitude de fang, & de juger en général des raifons qui confeillent une faignée (1).

Il faut bien fe garder, particuliérement au commencement de l'hiver, de nourrir mal & chichement le haras. Cela lui nuiroit à un tel point, qu'une meilleure & plus copieufe nourriture ne lui ferviroit plus de rien dans la fuite.

____

(1) *Voyez* là-deffus ce qui fera dit ci-après Chapitre XIV, art. I.

Les chevaux muent tous les ans une fois,
au printemps, & quelquefois en automne;
comme ils ont alors moins de vigueur, il faut
les mieux foigner que d'ordinaire, leur donner
un peu plus de nourriture, & ménager ceux
que l'on fait travailler.

Rien ne contribue fi efficacement à la fanté
des chevaux, jeunes & vieux, que le fel, qu'ils
aiment auffi beaucoup. On fait quel eft fon effet
& fon utilité dans les corps animaux en général.
Il atténue les humeurs, il leur procure de la fluidité, purge les inteftins, empêche la putréfaction, & eft un remède contre plufieurs maladies.
Il préferve en particulier les chevaux de la
gourme, de la pouffe, & de la morve. Il éveille
l'appétit & excite à boire. Les animaux en deviennent plus robuftes, plus vifs, & leur peau eft
plus éclatante. Au refte il faut le leur donner
avec mefure; car on fait que le fel leur attendrit
les boyaux. On en donne tous les huit jours,
ou du moins tous les quinze jours une poignée
à chaque cheval; on le mêle avec l'avoine, fi
la mangeoire eft de pierre ou de fer, ou fi elle
eft garnie de tôle; fi elle eft de bois, on le leur
donne dans un vaiffeau particulier, parce qu'autrement ils rongeroient la mangeoire, pour
avoir les particules de fel qui s'y feroient infi-
nuées, & cela pourroit les faire *tiquer.*

Une bonne poignée de fel commun, que
l'on fait avaler tout d'un coup à un cheval,
détruit vifiblement les vers que ces animaux
ont quelquefois en une multitude innombrable,
& qui fouvent les amaigriffent & leur caufent
différentes maladies.

Le sel contribue aussi beaucoup à la fécondité des animaux (1) ; du moins il anime les mouvemens dans les parties des corps. C'est pourquoi on cesse d'en donner aux jumens, dès qu'elles ont été couvertes, jusqu'à ce que le temps de la monte soit passé, afin de ne les pas tenir en chaleur, ou de ne les y pas faire rentrer dans un temps qui ne se rapporteroit peut-être plus au but. Enfin il sert encore à familiariser les chevaux avec l'homme, & à les rassembler aux pâturages. Il suffit pour cela de leur en donner de temps en temps un peu à lécher dans le creux de la main ou dans le chapeau.

Ce qui a été dit, Chap. VI, de la nécessité de faire travailler les chevaux & de leur donner du mouvement, est de même applicable ici. Un cheval bien nourri, que l'on tient toujours en repos à l'écurie, prend à la vérité de l'embonpoint, mais il devient aussi mal-sain, & surtout les yeux & les pieds en souffrent pour l'ordinaire.

---

(1) Cela paroît sur-tout par l'exemple des souris, qui doivent ne se trouver nulle part en aussi grande quantité que sur les bateaux de sel.

CHAPITRE X.

*De la manière de sevrer les Poulains,
de les nourrir & de les soigner jusqu'à
l'âge de quatre ans.*

Quand on veut élever des chevaux forts &
de grande taille, on donne tous les jours aux
poulains, outre l'herbe des pâturages & le lait
de leurs mères, un peu d'avoine, aussi-tôt qu'ils
ont leurs douze premières dents.

Plusieurs sont à la vérité d'avis contraire.
Ils prétendent que cette nourriture est de trop
dure digestion pour ces jeunes animaux, &
qu'elle est aussi trop substantielle, si c'est de
bon lait qu'ils tettent. Quelques-uns cherchent
dans l'avoine, envisagée comme nourriture, &
d'autres dans sa dureté, la cause des maladies
des yeux ; & ces derniers pensent que, par
les efforts qu'ils font pour la mâcher, les fibres
qui se trouvent entre les dents & les yeux,
sont attaqués trop fortement ; ce qui fait qu'ils
ôtent aux poulains toute occasion d'en manger
avec leurs mères. Mais je suis bien assuré
que le dommage que l'on met sur le compte
de l'avoine, doit bien plutôt être cherché dans
la trop grande quantité, que dans la qualité
de ce grain. Et comme on ne sauroit nier
que de donner aux jeunes chevaux une nourriture trop substantielle, c'est les exposer au
danger d'une plénitude de sang, d'une consti-

pation, & de tous les maux qui en proviennent; il eſt certain auſſi que le lait chaud de la mère, l'herbe, & en général la nourriture tendre relâchent l'eſtomac & lui font perdre ſes forces, s'il n'a point d'ailleurs occaſion de les exercer; au lieu qu'elles s'augmentent, comme dans toutes les parties nerveuſes & muſculeuſes, par une opération forte & fréquente. Le flux de ventre, auquel les poulains ſont très-ſujets, & qui en fait périr pluſieurs, ainſi que cette grande avidité pour le grain, qui, dès leur première jeuneſſe, les fait chercher de toutes les manières poſſibles, à participer aux repas de leurs mères, donnent aſſez clairement à connoître, que la nature demande une nourriture plus ſolide.

J'ai déjà dit en un autre endroit, & perſonne ne l'ignore, que le cheval eſt un animal fort gourmand, qui digère promptement, & qui, pour cette raiſon, a preſque toujours faim, principalement pendant tout le temps de ſa croiſſance. Les poulains peuvent bien moins ſubſiſter du lait de leurs mères & d'herbe ſeulement dans les haras privés, que dans les ſauvages, parce que dans ceux-là ils ſont enfermés pendant la nuit, & que la température de l'air demande ſouvent que le matin on ne les laiſſe aller que tard aux pâturages, & que le ſoir on les faſſe rentrer de bonne heure. Cela fait donc qu'ils ſont long-temps dans l'impuiſſance de ſatisfaire leur gourmandiſe, qui eſt ſi grande, que ſouvent, lorſqu'ils ne trouvent rien autre choſe, ils mangent leur propre fiente & celle de leurs mères; & le manque de nourriture & de

liberté pour la chercher les empêche naturellement de croître. Il faut commencer une fois
à leur donner du grain ; il faut que la nature
s'y accoutume une fois. Si on vouloit les en
priver par la crainte des maux d'yeux, il faudroit ne leur en point donner avant la cinquième
année de leur âge, c'eſt-à-dire, auſſi long-
temps qu'ils changent de dents. Et comment
voudroit-on, ſans grain, leur faire paſſer même
le premier hiver ſeulement ? Plus on tarde à
les accoutumer à cette nourriture vers cette
ſaiſon, où, avec l'herbe des pâturages, ils perdent auſſi ordinairement le lait de leurs mères,
plus le changement eſt enſuite dangereux. Ainſi,
le plutôt eſt le meilleur. Ils réuſſiſſent d'autant
mieux ; leur chair en devient plus ſolide, &
leur ſanté plus ferme ; enfin, un des principaux fondemens de leur perfectionnement futur, c'eſt que, pendant le temps de leur plus
forte croiſſance, ils reçoivent autant de nourriture que le demande la diſpoſition qu'ils
ont à en prendre, & qu'ils ſe fortifient
beaucoup pendant le premier été, parce que,
s'ils demeuroient petits & chétifs juſqu'au premier hiver, ils auroient bien de la peine à ſe
refaire.

Il eſt hors de doute, & nous l'avons déja
obſervé en un autre endroit, que de tous les
grains l'avoine eſt celui qui eſt le plus profitable aux chevaux, tant jeunes que vieux.
C'eſt auſſi celui qu'ils aiment de préférence ;
& l'expérience prouve qu'on peut les en nourrir
ſans le moindre danger, & que c'eſt pour eux
une nourriture très-ſalutaire, pourvu qu'on ne

la leur donne pas pure, & qu'on en tempère
la subſtance en y ajoutant une bonne portion
de paille hachée. Ce mêlange, qui facilite en
même temps la maſtication de l'avoine, & qui
empêche que les jeunes chevaux ne ſe ſurchar-
gent l'eſtomac d'une trop grande quantité de ce
grain, doit néceſſairement être continué, ſans
aucune exception, juſqu'à ce qu'ils aient changé
les dernières dents.

Dans les haras du Wirtemberg il y a, aux
paſſages des écuries, de petites auges, que l'on
peut élever ou deſcendre par des cordes qui
paſſent ſur des poulies. On les remplit tous
les jours, le matin & le ſoir, d'un tiers d'avoine
& de deux tiers de paille hachée bien menue.
Dès que les poulains ont leurs premières dents,
juſqu'à ce qu'on les ſèvre, on les en laiſſe
manger chaque fois autant qu'ils veulent, indépendamment du lait de leurs mères & de
l'herbe des pâturages; & il paroît par l'effet,
que cette ſorte de nourriture leur eſt très-ſa-
luraire, & qu'il n'y a à en craindre aucune
influence nuiſible ſur leurs yeux, & en général
ſur leur ſanté.

Cette nourriture de grain, ſi on y accoutume de bonne heure les poulains, eſt pour
eux un préſervatif contre le flux de ventre,
qui épuiſe les forces du corps, & dont ces
jeunes animaux ont ſouvent beaucoup à ſouffrir.
Ils en ſont auſſi bien plus aiſés à ſevrer.

Ceux qui veulent aller au plus ſûr, font au
commencement égruger l'avoine, ou l'humec-
tent, pour en faciliter la digeſtion; & il eſt
certain qu'elle en nourrit mieux, & qu'il en

fort beaucoup moins de l'animal ſans être digérée. Mais le gruau a ici cet inconvénient, que les poulains en perdent beaucoup par le ſouffle de leurs narines ; ou que ſi l'on veut obvier à cette perte en le mouillant, c'eſt en faire de la pâte ou de la bouillie. Il vaut donc mieux laiſſer l'avoine entière, & ſe contenter de l'humecter : je crois auſſi, ſans peine, qu'elle eſt alors plus profitable aux jeunes animaux, que ſi on la leur donnoit ſèche. On doit néanmoins avoir attention de ne la pas trop mouiller, mais ſeulement autant qu'il le faut pour que la paille ne ſe laiſſe pas emporter par le ſouffle (1).

Au reſte, les haras du Wirtemberg, où ni l'uſage du gruau, ni l'humectation de l'avoine ne ſont introduits, ſervent à prouver que ni l'une ni l'autre de ces précautions n'eſt néceſſaire. Si toutefois on veut uſer de l'une ou

---

(1) En général, c'eſt un pur préjugé, de croire qu'il eſt plus ſain aux chevaux de leur donner l'avoine ſèche, que de la leur donner humide. C'eſt la pareſſe des valets, dit un homme expérimenté, M. l'Ecuyer ELDERHORST, qui a donné cours à cette opinion. Mais il eſt aiſé de concevoir que l'eau contribue à la diſſolution, & que ſans diſſolution rien ne peut ſe tourner en nourriture. Chaque grain qui paſſe ſans être digéré, (& combien ne s'en trouve-t-il pas dans la fiente des chevaux ?) doit être regardé comme perdu ; & quelle raiſon pourroit-on avoir d'humecter le grain égrugé dont on nourrit le bétail que l'on engraiſſe, ſinon que de cette manière il ſe convertit plus aiſément & plus ſûrement en chyle & en ſang ? *Voyez* ſon Traité qui a pour titre : *Abhandlung von der Pferde - Zucht*, qui ſe trouve inſérée dans les *Zelliſchen Nachrichten*, I. *Buch, ſeite 261.*

de l'autre, il fera toujours bon, dans chacun de ces deux cas, de mettre au moins une fois plus de paille hachée.

Si, malgré cela, quelques poulains fe trouvent attaqués d'un flux de ventre opiniâtre, on pourra l'arrêter en leur donnant le lavement fuivant :

Verfez fur une bonne poignée de fon de froment ou d'épéautre une chopine d'eau bouillante ; paffez enfuite dans un linge, puis ajoutez-y un petit verre d'huile de lin, un demi-feptier de lait doux & deux gros de fel de nitre. La dofe pour un poulain eft d'environ une chopine, qu'on lui donnera tiède. Elle doit être, en pareil cas, d'une pinte pour une jument poulinière.

Les opinions font de nouveau très-partagées fur le temps où il faut fevrer les poulains. Dans l'état de liberté, les petits des animaux à mamelles fe fèvrent eux-mêmes, ou bien les mères ne les fouffrent plus, dès qu'ils font en état de fe nourrir feuls, & qu'ils n'ont plus befoin d'être allaités. Selon l'ordre admirable de la nature, il y a une fi jufte proportion de la fécondité des animaux & de l'intervalle entre un accouchement & un autre à la confervation des petits, qu'à l'égard de celle-ci une feconde portée ne préjudicie aucunement à la première, & que les petits déjà nés doivent être regardés, pour ainfi dire, comme pourvus, dès que ceux que les mères portent encore, ayant atteint un certain degré de croiffance, demandent une nouvelle nourriture.

Quoique cet ordre foit troublé parmi nos animaux domeftiques par la contrainte dans
laquelle

laquelle nous les tenons ; on voit pourtant que les jeunes mulets ne tettent les jumens que six ou tout au plus sept mois, & qu'ils quittent d'eux-mêmes celles-ci, ou qu'ils n'en font plus soufferts. Il n'est pas non plus rare de voir arriver la même chose entre les jumens & les poulains. Or cela, joint à cette observation, que les jumens font de très-mauvaises nourrices, & qu'elles souffrent déjà lorsqu'on laisse leurs poulains auprès d'elles au-delà du cinquième mois, semble déterminer les limites les plus reculées du temps que la nature a prescrit à ces animaux pour allaiter leurs petits, & les placer près du milieu de leur grossesse, à-peu-près vers l'époque où le fruit commence à se remuer dans le ventre de la mère, & réclame, pour ainsi dire, une subsistance dont il ne peut plus dorénavant se passer sans dommage.

C'est donc, à mon avis, faire tort aux poulains, que de prétendre que c'est assez de les laisser tetter trois mois ; mais c'est aussi trop exiger des jumens, que de les faire allaiter plus de cinq ou six mois.

Plusieurs croyent, à la vérité, que si on laisse tout l'été, & même l'hiver suivant, les poulains auprès de leurs mères, ils en deviennent plus grands & plus forts. J'ai été moi-même témoin de différentes épreuves qu'on en a faites. Il est vrai que pendant un certain temps ces poulains paroissent plus beaux & plus grands que ceux qui ont été sevrés le quatrième ou le cinquième mois ; mais ces belles apparences se perdent de nouveau, lorsqu'ils avancent plus en âge, parce qu'aussi long-temps qu'ils tettent, ils s'attachent trop peu aux nourritures fèches, & qu'ils continuent au contraire à chercher la plus grande partie de leur fubfiftance dans le lait de leurs mères, qui néanmoins, à mefure qu'ils croiffent, devient toujours plus infuffifant pour eux, mais qui fe détériore auffi peu-à-peu, la nature devant à la fin trop dépenfer, & obtenant pourtant toujours moins de répi pour fe refaire. Souvent les jumens en dépériffent à vue d'œil, lors même que dans la vue de les faire allaiter plus long-temps, on ne les a point fait couvrir, ou qu'elles n'ont point retenu ; & il n'arrive pas moins fréquemment que dès le cinquième mois leurs poulains les attaquent fi rudement, que le fang fort avec le lait, & qu'en place de tettins, on ne leur voit plus que la chair vive. Une jument pleine, qui outre le poulain qu'elle porte, en devroit auffi nourrir trop long - temps un autre, feroit encore expofée, avec celui - là, à un bien plus grand danger. Et quand même, en faifant tetter plus long-temps le poulain déjà né, on fe réfoudroit, avec auffi peu d'économie que de commifération, à lui facrifier par-là la mère & le poulain qu'elle porte, ou qu'elle auroit pu porter, fi l'on n'avoit oppofé aucun obftacle à la nature ; non-feulement on n'atteindroit pas par ce moyen le but qu'on fe feroit propofé, d'avoir un meilleur cheval ; mais au contraire on trouveroit à la fin ce que l'expérience a toujours confirmé, que ces poulains, que l'on a laiffé tetter plus long-temps que d'ordinaire, ne deviennent pas plus grands que les autres, & qu'ils font auffi communément moins vigoureux & moins robuftes. Du refte , c'eft peut-être auffi une pure chimère de ne retirer les poulains d'auprès de leurs mères , avant l'hiver, que parce que l'on regarde le lait d'hiver comme mal-fain.

Le meilleur temps pour fevrer les poulains, eft dès la fin de Juillet jufqu'à la mi - Août. Comme dans les bons haras on tâche, pour des raifons déjà alléguées ailleurs, d'avoir des poulains auffi-tôt qu'il eft poffible , ils font alors, pour la plupart, âgés de cinq mois. Ayant à jouir encore affez long-temps de la belle faifon , de bons pâturages & de la liberté, ils fupportent bien plus aifément la perte de leurs mères & la privation de leur lait, que ceux qui n'ayant été fevrés , felon le fentiment de quelques-uns , que vers la Saint-Michel, perdent tout à la fois le lait de leurs mères & les pâturages , ou du moins n'ont , parmi les incommodités d'une faifon rude ou pluvieufe, à laquelle ils fe trouvent pour l'or-dinaire expofés, que la courte jouiffance d'une herbe maigre & fans force.

Qu'il vaille mieux fevrer les poulains lorfque la lune eft dans fon croiffant, que lorfqu'elle eft en décours, & lorfque le foleil eft dans le figne du lion, que lorfqu'il eft dans quel-que autre ; c'eft une opinion qu'une trop haute idée de l'influence de la lune & des aftres fur les corps terreftres fait adopter à plufieurs, & qu'on peut laiffer à chacun, parce que fi elle ne fert à rien, du moins elle ne nuit pas non plus.

On fèvre les poulains en les retirant d'auprès

de leurs mères, & en les mettant dans des écuries & des pâturages féparés, où ils ne puiffent ni les voir ni les entendre.

Ils font pendant les premières heures, & fouvent des jours entiers, comme furieux de la perte de leurs mères & de leur liberté. Ils henniffent, ils fe jettent à terre, & ils fe débattent d'une étrange manière. On en a vu fe caffer le cou, renverfer par terre les perfonnes les plus robuftes qui devoient les mener, & fi on les avoit attachés, rompre plufieurs fois de fuite leur licou, ou s'en défaire violemment. Il faut donc bien fe garder de les attacher, auffi long-temps que la douleur de leur féparation d'avec leurs mères eft encore trop récente ; car s'ils réuffiffent, & qu'ils aient une fois appris à fe détacher, ils éprouveront fouvent de le faire de nouveau, & rifqueront de refter toujours fougueux. C'eft dans cette vue, qu'après les avoir mis dans l'écurie qui eft deftinée pour eux, on les abandonne entiérement les deux premiers jours à leur propre volonté. On répand de la paille dans les places & les paffages de l'écurie, pour qu'ils puiffent fe coucher par-tout à leur aife. Il faut qu'ils trouvent dans toutes les mangeoires & les rateliers la nourriture néceffaire, & que pour leur boiffon il y ait, dans des auges ou dans des cuves, de l'eau blanchie d'un peu de farine d'épeautre. On fait faire continuellement la garde par quelques valets, qui doivent les traiter doucement.

Plus ceux-ci fe tiennent coi, & moins il entre d'autres gens dans l'écurie, moins auffi ces jeunes animaux tardent à se tranquilliser. Quelques heures après, la faim & la soif les fait aller pour la plupart à la mangeoire & à l'auge. Comme dès le second ou le troisième jour ils sont fatigués & épuisés de l'agitation violente où ils n'ont presque pas cessé d'être, on peut dès-lors leur mettre commodément le licou. Quoiqu'il s'en trouve quelques-uns qui se défendent encore, il s'en faut pourtant de beaucoup qu'ils le fassent avec autant de véhémence, qu'ils ne l'auroient fait immédiatement après avoir été séparés de leurs mères. Pour empêcher qu'ils ne reculent & ne s'étranglent avec le licou, qui au commencement doit être attaché aussi court qu'il est possible, on passe derrière eux une forte corde d'un poteau de chaque place à l'autre, & on ne les perd pas de vue qu'ils ne se soient entiérement rendus.

Quelques-uns ne commencent que la seconde année à mettre le licou à leurs poulains, & ils les laissent le premier hiver détachés & libres. Mais plus ils avancent en âge, plus ils deviennent difficiles à dompter. On a déjà assez de peine avec ceux de six mois ; & plus l'animal est noble ; plus il a goûté long-temps de la liberté, plus aussi la nature se soulève contre la contrainte. Dès le quatrième jour on peut les faire boire à la fontaine dans une cour close, & les laisser alors courir quelque temps. Il faut les garder au moins quinze jours à l'écurie avant de les renvoyer aux pâturages, à moins que l'on n'eût tout proche un herbage fermé d'une haie, où l'on pourroit les mettre paître une couple d'heures par jour ; car en rase

campagne ils ne manqueroient pas de se dif-
perser en cherchant leurs mères, qu'ils n'auroient pas encore tout-à-fait oubliées.

Pendant ces quinze jours qu'ils ne paiffent
point du tout, ou qu'ils ne paiffent que dans
un enclos, il faut particuliérement les bien
traiter, & leur donner copieufement du meilleur fourrage. Si l'on eft obligé de les garder
à l'écurie, il faut, outre le fourrage fec, leur
donner encore chaque jour un peu d'herbe,
afin d'obvier à la conftipation, qu'un paffage
trop fubit du fourrage vert au fec entraîne
communément après lui.

Si on remarque pourtant, foit à cette occafion, foit à une autre, une conftipation, on
peut faire ufage du lavement qui a été indiqué
ci-deffus, Chap. VII, *pages* 117 & 118.

Lorfque les premiers quinze jours font paffés,
on met paître les poulains en pleine campagne.
Dans les haras du Wirtemberg, on donne par
jour, à chacun, outre l'herbe du pâturage, un
demi-achtel d'avoine, avec laquelle on mêle
autant de paille hachée; on leur en donne la
moitié le matin, avant que de les envoyer
paître, & le foir l'autre moitié, lorfqu'ils font
rentrés à l'écurie.

Les mères perdent le plus fouvent d'elles-
mêmes leur lait, fans qu'elles en éprouvent
aucune fuite fâcheufe, fi elles vont aux pâturages, ou qu'on les faffe travailler. Si elles ont
beaucoup de lait, il faut les traire une fois
par jour, & les faire entrer quelques jours de
fuite dans l'eau jufqu'aux tettines, ou les leur
arrofer d'eau fraîche.

Le premier hiver après que les poulains ont été fevrés, chacun d'eux reçoit par jour un *demi - vierling* d'avoine avec autant de paille hachée, parmi laquelle on mêle une livre de regain coupé & fix à fept livres de foin. On leur fait auffi, pendant cet hiver, une légère litière. On compte par jour, pour chaque poulain, un tiers de botte, y compris la paille hachée ; la botte eft fuppofée du poids de vingt livres. Dans la fuite ils doivent fe paffer de litière comme les jumens. Il n'y a que ceux d'un poil clair, & que les malades, fous lefquels on en met un peu.

La feconde, la troifième & la quatrième année, on ne leur donne encore en été, outre l'herbe des pâturages, qu'un *demi-achtel* d'avoine avec un *achtel* de paille hachée par jour ; ils ne reçoivent point non plus de foin avant qu'ils aient trois ans ; & dès cet âge, jufqu'à celui de quatre ans accomplis, on ne leur en donne que quatre livres par jour (1).

Quant à la nourriture d'hiver, il faut, à

---

(1) En Efpagne, on ne donne point de foin aux chevaux, & l'on prétend que c'eft ce qui fait qu'ils y ont les jambes menues & la chair ferme, qu'ils y font rarement fujets à la gourme, & qu'on n'y connoît prefque point la pouffe. De vieille orge avec de la paille nouvelle, d'orge en été, & de froment en hiver, voilà ce qu'on y regarde comme la meilleure nourriture des chevaux. *Voyez* FAHRENHOLZ, Mémoire cité, *page 147.* Cela fait voir en quelque forte que, quand on nourrit les chevaux de bon grain, ce n'eft pas les priver d'un bien effentiel, que de ne leur donner que peu de foin & d'autant plus de bonne paille.

mefure qu'ils avancent en âge, leur en augmenter fucceffivement la portion. Pour l'entretien journalier des poulains d'un & de deux ans, on compte par tête un *achtel* d'avoine, deux *achtel* de paille hachée, & huit livres de foin mêlées avec environ autant de paille.

La troifième année il faut, à chaque poulain, un *demi-vierling*, & même jufqu'à un *achtel* & demi d'avoine, avec autant de paille hachée, & huit à dix livres de foin mêlées avec autant de paille; de façon qu'il dépenfe par jour deux tiers d'une botte de paille de vingt livres, y compris la paille hachée.

Dès l'âge de trois à quatre ans on lui donne un *vierling* d'avoine avec deux *vierling* de paille hachée, & dix livres de foin, avec autant de paille entière que l'année précédente. C'eft auffi feulement à cet âge qu'on commence à mettre fous les poulains un peu de litière; on n'y emploie tout au plus, dans la femaine, que deux bottes de paille par tête. Voilà tout ce qu'il faut pour entretenir convenablement les poulains, pris l'un dans l'autre, jufqu'à l'âge de quatre ans accomplis.

Tout ce qui a été dit ci-deffus, Chap. VI & IX, touchant le temps où il faut donner la nourriture aux étalons & aux jumens poulinières, & la manière dont il faut leur en partager la portion journalière, doit être auffi appliqué en cet endroit.

Il faut que les jeunes chevaux aient toujours devant eux de quoi manger & paffer le temps, ne fût-ce même que de la paille. Lorfqu'ils tiquent ou rotent, c'eft fûrement par la faim & l'ennui qu'ils l'ont appris. Quand ils ont affez mangé, ils fe couchent.

Après qu'on a retiré les poulains des pâturages, on a coutume de les purger dès les premiers jours. Mais ce feroit faire très-mal, que de vouloir purger indiftinctement tout le troupeau, même fans aucun figne de maladie. On a déjà eu occafion d'avertir qu'il faut éviter, autant qu'il eft poffible, de médicamenter les chevaux. La Nature eft d'ordinaire le meilleur Médecin; de la jeuneffe & des forces, une nourriture pure & faine, avec affez de mouvement, voilà tout ce qu'il faut pour triompher de la plupart des attaques.

Il ne faut donc point purger les chevaux, & fur-tout les jeunes, fans néceffité; & lorfque quelque dérangement d'eftomac, une conftipation ou certains flux de ventre, & d'autres maladies, exigent qu'on aide la nature par des évacuatifs, le foie d'antimoine eft inconteftablement un des plus fûrs & des meilleurs à employer.

Cette médecine eft d'une utilité vifible dans la plupart des maladies des beftiaux, & en particulier des chevaux; elle évacue doucement, remet enfuite en appétit, eft bonne, entre autres, contre les vers, & fert, comme propre pour purifier le fang, contre les avives (1), que la plupart des chevaux ont

---

(1) Cette maladie, & la manière de la guérir, font trop connues, pour qu'il foit néceffaire d'en parler ici au long; & je puis d'autant mieux me difpenfer de le

dans leur jeuneffe. La dofe, pour un poulain, eft feulement d'une ou deux drachmes, &, pour un vieux cheval, d'une demi-once jufqu'à fix drachmes, qu'on leur donne le matin dans de l'avoine ou du fon mouillé. On peut auffi, & avec encore plus de fuccès, leur donner quelques jours de fuite cette médecine en une moindre dofe, une drachme pour un poulain, & une & demie à deux drachmes pour un cheval adulte (1).

---

faire, que mon deffein n'eft pas de m'engager dans la matière des maladies. Les chevaux font fujets au *rhume* comme les hommes; ils en font attaqués, pour la plupart, au printemps & en automne, quelques-uns auffi en été ou en hiver. Comme cette maladie, à laquelle on a donné le nom de *morfondure*, vient d'un refroidiffement, ou d'une interruption de la tranfpiration, il faut fur-tout avoir attention de tenir chaudement le cheval malade, de rétablir par le mouvement la tranfpiration, & de le faire boire fouvent & fuffifamment, mais pas trop froid. Avec ces précautions la Nature, dans la plupart des cas, fait le refte & opère la guérifon. Au furplus, comme cette maladie eft contagieufe, la prudence demande qu'on fépare les chevaux malades de ceux qui font fains.

On trouve dans les Mémoires de ZELL (*Zellifche Nachrichten*, *VI. Samlung*, *feite 605*, *feq.*), un écrit fur la manière de traiter les chevaux qui ont les avives, avec une obfervation de l'effet du mercure au commencement de la morve (*Abhandlung zur Pflege und Wartung der Pferde bey der Drufe*, *famt einer Beobachtung der Wirkung des queckfilbers im Anfange des Rozes*). Ce Traité eft écrit très - folidement, & a vraifemblablement pour Auteur le favant & habile Ecuyer, M. ELDERHORST.

(1) M. l'Ecuyer ELDERHORST, dans fon beau Traité

Voici la compofition du foie d'antimoine :
on prend une demi-livre d'antimoine crud, &

___

de l'*Education des Chevaux*, inféré dans les Mémoires
de ZELL (*Zellifche Nachrichten*), *Vol. I, p. 262. 264,*
recommande le tabac à fumer comme un bon évacuant,
& en particulier comme un remède contre les vers.
Après qu'on a retiré les poulains des pâturages, il
faut, dit-il, leur donner, dès les premiers jours, une
purgation. Il faut pareillement purger les jumens, lorfqu'elles ceffent d'allaiter & de paître. Quand même
cela ne feroit néceffaire pour aucun autre animal, il
le feroit pourtant pour les chevaux qui logent une
multitude de vers, auxquels ils ne peuvent refufer
la jouiffance d'une partie de leur nourriture. De tous
les remèdes qu'il connoît, ajoute-t-il, il n'y en a point
de plus efficace & de plus fûr que l'ufage du tabac
commun à fumer. La dofe en eft d'une demi-once pour
un cheval adulte, & de deux drachmes pour un poulain. On le coupe affez menu, & le matin, après leur
premier repas, on le leur donne dans de l'eau pendant
vingt-un jours confécutifs. Ce remède les délivre d'une
quantité prodigieufe de vers ; & comme il eft tout-à-la-
fois diffolvant & laxatif, il y a tout lieu de croire qu'il
emmène une partie de cette matière qui caufe les avives.
Du moins M. ELDERHORST n'héfite point d'affurer,
d'après fes propres expériences & celles des autres, que le
tabac eft un médicament des plus efficaces & des plus falutaires pour les chevaux, toutes les fois qu'il s'agit de
les guérir des maladies qui ont leur fondement dans
des vers ou dans quelque engorgement des vifcères.
Lorfqu'on s'apperçoit, pourfuit il, que les poulains ne
veulent point profiter, qu'ils fe démènent & fe roulent fouvent par terre, on peut en conclure avec vrai-
femblance, qu'ils ont des vers ; & alors il faut renouveller l'ufage du tabac.

La folidité des vues & la grande expérience de l'Auteur, jointes à ce que l'on fait d'ailleurs des propriétés
des feuilles de tabac, ne laiffent aucun doute fur les
bons effets qu'il leur attribue.

autant de fel de nitre ; on les réduit l'un & l'autre en poudre, puis on les mêle enfemble, & on les met dans un mortier de fer ; on les allume enfuite en plein air, en y jettant promptement un charbon embrafé. Pendant cette opération, il faut fe placer felon le vent, pour qu'on n'ait pas au vifage la fumée dommageable de ce mêlange. Lorfque tout eft refroidi, on le pile & on le réduit de nouveau en poudre.

Voici encore un autre purgatif fûr :

> ℞ *Aloës fuccotrin.*
> *Crême de Tartre*, de chacun une once.
> *Syrop de Nerprun*, une demi-once.

On diffout ces drogues dans une pinte d'eau ou de bière, & on en donne le tiers à un poulain d'un an. On peut donner la dofe entière à une jument pleine.

Pour que les poulains demeurent en fanté & profitent, il eft abfolument néceffaire de les laiffer courir fouvent, même l'hiver, en plein air, & de permettre qu'ils fe donnent autant de mouvement qu'il eft poffible. Il faut de même les bien panfer, & ôter diligemment le fumier des écuries. Ce dernier article doit fur-tout être obfervé avec un redoublement de foin &

La feule chofe, fur quoi je ne puis être d'accord avec M. ELDERHORST, pour les raifons que j'en ai déjà alléguées, c'eft qu'il foit néceffaire & avantageux de purger indiftinctement les poulains & les jumens poulinières, d'abord après qu'on les a retirés des pâturages.

d'exactitude, lorsqu'on ne leur fait point la litière.

Il faut, dès leur première jeuneſſe, les frotter ſouvent avec une pièce de drap, ou avec un bouchon de paille, non-ſeulement pour leur ôter la craſſe, qui empêcheroit la tranſpiration, & leur cauſeroit la gale ou quelque autre incommodité, mais auſſi pour les apprivoiſer & les accoutumer par-là peu-à-peu à la broſſe & à l'étrille, dont on ne commence, pour l'ordinaire, à ſe ſervir qu'à leur ſeconde année. C'eſt une ſuperſtition ridicule, que de ne pas permettre qu'on paſſe la main ſur la croupe d'un poulain, ſous prétexte que cela pourroit l'empêcher de croître.

Il eſt ſur-tout très-bon aux poulains de leur laver tous les jours, avec de l'eau fraîche, la tête, & particuliérement les yeux & les jambes, & de temps en temps tout le corps. L'eau froide les endurcit à la rigueur de l'air, fortifie les nerfs & les tendons, & préſerve des avives. La propreté leur tourne auſſi à la fin en habitude. Et effectivement il ſe trouve des chevaux qui ſe tiennent dans la plus grande propreté, au lieu que d'autres, qui ont été négligés là-deſſus dans leur jeuneſſe, ſont entiérement inſenſibles à la craſſe & à la ſaleté.

Dans un des haras du Wirtemberg, il y a une jument, nommée *Pompeuſe*, qui, pendant tout l'été, n'urine & ne fiente point dans ſa place, mais qui attend toujours qu'on la laiſſe ſortir le matin, & qui, en hiver, lorſqu'elle demeure trop long-temps enfermée, & qu'elle ne peut plus retenir ſes excrémens, emploie

tout ce qu'elle a de flexibilité & de forces pour
fienter pardeſſus les barres de ſa place dans
celle de l'une de ſes voiſines. Pluſieurs chevaux
fientent dans la mangeoire, lorſqu'ils peuvent
ſe détacher, ou qu'ils ne ſont pas attachés trop
court.

Quand on ne tient pas aſſez proprement les
chevaux, ſoit vieux, ſoit jeunes, il leur vient
ſouvent des poux, ſur-tout en hiver. Mais les
baillets, les *rubicans* & les *pies* y ſont encore
plus ſujets que les autres. On détruit aiſément
cette vermine avec un onguent, connu ſous le
nom d'onguent contre les poux (*unguentum
pediculorum*), qui eſt compoſé d'ellébore, de
vif-argent, de graiſſe de cochon, d'huile de
laurier & de ſavon de Veniſe, & dont on frotte
tant ſoit peu la crinière du cheval & le tronçon
de la queue. On ſe ſert auſſi, avec ſuccès, d'une
infuſion de tabac à fumer, ſur-tout du noir,
dont on lave les chevaux.

Enfin, il eſt auſſi eſſentiel de travailler de
bonne heure à accoutumer les poulains à des
mœurs douces. On y parvient en les traitant
amiablement, & en leur donnant ſouvent à
la main de bon foin, un peu de ſel, ou du
ſucre, qu'ils aiment auſſi beaucoup.

Par-là ils ſe déferont peu-à-peu de ce naturel craintif & ſauvage, que chaque animal con-
ſerve juſqu'à ce que le commerce des hommes
l'ait apprivoiſé. Si dans de grands haras il n'eſt
pas poſſible d'en uſer ainſi tous les jours avec
tous les poulains, on peut pourtant le faire de
temps en temps, & tour-à-tour.

Une autre choſe qui tend auſſi au même but,

c'eſt qu'au temps ordinaire où l'on donne à manger aux poulains, on batte le tambour & on faſſe voltiger un drapeau, dans lequel il doit y avoir beaucoup de blanc, parce que c'eſt cette couleur que les chevaux craignent le plus. L'avidité avec laquelle ils attendront leur repas, fera qu'ils apprendront à mépriſer ce bruit & ce voltigement. On fait cela succeſſivement, hors de l'écurie, dans une cour fermée, & enfin en pleine campagne ; & par-là on accoutume les poulains à ne pas prendre d'abord l'épouvante, même dans des cas imprévus, & ainſi à ne pas devenir ombrageux & rétifs. Outre que de petites ſonnettes ou grelots, qu'on leur attache avec de larges courroies, ſervent pareillement au même effet, il en réſulte encore cet avantage, qu'ils ne ſe perdent pas ſi ſouvent aux pâturages, ou que ſi cela arrive, il eſt bien plus aiſé de les retrouver.

Il faut bien ſe garder de traiter durement les poulains. Le cheval ſe ſouvient long-temps des mauvais traitemens qu'on lui a faits.

Il ſe trouve dans le principal haras du Wirtemberg une jument nommée *Intendante*, qui, lorſqu'elle eſt en liberté, aux pâturages, à la fontaine, ou en un mot, par-tout ailleurs qu'à l'écurie, eſt ſi douce & ſi paiſible, qu'on en peut faire ce qu'on veut. Mais quand elle eſt à l'écurie, attachée à la mangeoire, on n'eſt pas ſûr de ſa vie auprès d'elle, parce que dans ſa jeuneſſe elle y fut une fois fort maltraitée par un palefrenier.

Les poulains ſont toujours malades, lorſqu'ils

font leurs fecondes dents. C'eſt à deux ans &
demi que ce changement de dents commence
à ſe faire, & c'eſt alors que le danger eſt le
plus grand. Les yeux leur deviennent troubles
& chaſſieux, & ils n'ont point d'appétit. Il
faut pourtant ſe garder de les médicamenter
vers ce temps là. Tous les remèdes ſeroient
inutiles, ou plutôt ſeroient nuiſibles. Le meilleur ſecours, dans ce cas, eſt celui de la
nature.

Quand les poulains ont un an ou dix-huit
mois, & qu'il ſe trouve que la crinière & la
queue ne ſont pas aſſez fournies & ne croiſſent
pas aſſez en longueur, on remédie à ce double
inconvénient, en leur coupant les crins une
fois par mois, & en leur lavant & peignant
diligemment le cou & le tronçon de la queue.
Il s'enſuit delà qu'il ne faut jamais tondre aux
poulains les oreilles & les pieds avant leur
cinquième année, parce qu'un poil long n'y
eſt pas regardé comme une beauté.

Il y a beaucoup de poulains qui ſe font un
plaiſir ou un paſſe-temps de ronger la queue à
leurs mères. Pour leur en faire perdre l'envie,
il n'y a qu'à tremper les crins dans de l'eau
où l'on a fait diſſoudre de l'aloès, ou dans
de l'eau d'abſynthe.

Lorſque les poulains ont trois ans, on commence à les préparer pour leur deſtination
future, en leur mettant de temps à autre un
mors doux, une ſelle, un harnois, & en les
laiſſant quelques heures en cet équipage, de
même auſſi qu'en les trottant ſouvent à la longe
ſur un terrein uni. Il ne faut pas les monter
avant

avant l'âge de quatre ans accomplis; ce feroit les expofer au danger de devenir enfellés, de fe gâter les pieds, ou d'en éprouver d'autres mauvaifes fuites. On peut bien, à la vérité, monter quelquefois fur eux entre trois & quatre ans, mais il faut auffi en defcendre auffi-tôt. Quant à ceux qui ne font pas propres à fervir dans la fuite comme chevaux de felle, on peut hardiment, dès qu'ils ont l'âge dont il vient d'être parlé, éprouver de les atteler à côté de vieux chevaux de trait à un charriot léger, pour les accoutumer peu-à-peu à tirer.

Dès que les poulains ont paffé leur quatrième printemps, le maître du haras les remet à l'écuyer. L'éducation qu'ils ont reçus pendant les quatre premières années, fait que celui-ci a beaucoup moins de travail au manège, & a en général la plus grande influence fur l'emploi futur des chevaux, & fur la qualité du fervice qu'on doit en tirer.

Il n'y a que les pouliches deftinées à la propagation de l'efpèce, qui demeurent au haras; & quoiqu'on ne les faffe pas fervir à cet ufage avant la cinquième année, on les traite pourtant comme les jumens poulinières, tant du côté de la nourriture que de celui du panfement.

CHAPITRE XI.

Des Haras du pays, & de leur difposition.

LORSQUE les particuliers s'appliquent à élever des poulains ; que dans cette vue ils ne fe fervent guère que de jumens pour leurs travaux économiques, & que quelques-uns tiennent les étalons, c'eft ce qu'on appelle *haras du pays*, dans un fens étendu. Mais cette expreffion, dans le fens étroit & propre, fignifie que les jumens des particuliers font couvertes par des chevaux entiers appartenans à la feigneurie, ou entretenus aux frais du pays, ou du moins que l'éducation des chevaux parmi les particuliers eft dirigée par la police.

Par-tout où l'on ne manque pas de pâturages, il eft plus profitable de tenir, pour les travaux de la campagne, des jumens que des chevaux entiers ou hongres ; parce que, fuppofé qu'elles foient à-peu-près de même grandeur, non – feulement on en retire le même fervice, & elles fupportent encore plus long-temps la fatigue & le travail que ceux-ci, mais auffi parce que l'on peut en avoir tous les ans un poulain.

Le temps que l'on perd, & les affaires que l'on néglige avant & après l'accouchement de la jument, ne font pas, à beaucoup près, un objet auffi confidérable, & l'éducation des poulains eft incomparablement moins pénible &

moins coûteuse, que ne se l'imaginent ceux qui aiment mieux tenir des chevaux entiers ou hongres que des jumens.

Il suffit de laisser reposer la jument poulinière quelques jours avant son accouchement, & huit ou quinze jours après, ce qui fait en tout environ cinq semaines ; ce temps arrive ordinairement dans les mois de mars & d'avril, où les travaux de la campagne ne sont pas trop forts. Dans tout autre temps , on peut la faire travailler aussi bien qu'un cheval entier ou hongre.

Qu'elle soit attelée à une voiture ou à une charrette, ou qu'elle tire la charrue, le poulain va à côté d'elle, trouve sa pâture le long du chemin, & a, non-seulement pendant le temps des repas de sa mère, mais aussi lorsque, pour d'autres raisons, on est obligé de s'arrêter, & enfin pendant la nuit, assez d'occasions de tetter.

Le neuvième ou le onzième jour après que la jument a mis bas, on la fait de nouveau couvrir.

Pendant qu'elle allaite, il faut lui donner une nourriture meilleure & un peu plus abondante que d'ordinaire, pour qu'elle se laisse plus volontairement couvrir de nouveau, qu'elle ait d'autant plus de lait, & que le poulain puisse aussi manger un peu avec elle.

L'éducation ultérieure des poulains n'est pas non plus onéreuse au paysan. Dès qu'ils ont cinq ou six mois on les sèvre, & pendant quelques semaines on les met la nuit dans une écurie, comme nous l'avons dit ci-devant, Chap. X, pages 163 & 164; pendant le jour on les fait conduire aux pâturages communs, la première année aussi long-temps que l'arrière-saison le permet, & les étés suivans jusqu'à ce qu'ils aient atteint l'âge de trois ou quatre ans. Un cheval peut toujours y subsister à côté de quatre ou cinq bêtes à cornes, sans que celles-ci en souffrent le moindre préjudice, parce que n'ayant point de dents incisives à la mâchoire supérieure, elles ne broutent que la cime de l'herbe, au lieu que le cheval, dont les deux mâchoires sont garnies de dents incisives, la rase de près, & elle repousse d'autant plus fort, qu'elle est coupée plus près de terre; outre encore que les chevaux ne cherchent que l'herbe courte, tendre & douce, & qu'ils en laissent plusieurs sortes, sur-tout celles qui sont amères, & presque toutes celles qui ont la tige dure, dont les bêtes à cornes s'accommodent.

Quant à la nourriture sèche qu'il faut donner aux poulains, dès qu'ils ont été sevrés jusqu'à leur quatrième année, tant en été pendant les herbes, que pendant l'hiver; on peut voir ce qui a été dit là-dessus dans le Chapitre premier. Les gens de la campagne y emploient à peu de frais du trefle & d'autre fourrage. Il n'est pas nécessaire de tenir des gens exprès pour les soigner. Une servante ou un enfant peut le faire à l'écurie, & quant ils sont aux champs c'est le berger de la communauté qui les garde.

De cette façon les gens de la campagne élèvent leurs propres chevaux sans beaucoup de peine, sans qu'ils y perdent beaucoup de temps, fans qu'ils aient à faire de grands frais, ou du moins fans qu'ils aient befoin de rien débourfer. S'ils y font plus de dépenfe, & qu'ils y mettent plus de foin que d'ordinaire ; s'ils exemptent les jumens pendant leur groffeffe, & les poulains jufqu'à la quatrième & la cinquième année de leur âge, d'un travail trop fatigant, ils en feront bien dédommagés par la valeur des jeunes animaux qu'ils élèveront.

Il eft certain, par rapport aux chevaux, comme par rapport à toutes les autres efpèces de bétail, qu'il y a toujours moins de rifque à les élever foi-même, qu'à les acheter déjà élevés. Par-là on fe met à couvert & des fourberies des maquignons, & du danger auquel tous les animaux font expofés, jufqu'à ce qu'ils foient accoutumés à un air, à une nourriture & à une eau étrangère. On peut tirer, fouvent dès la feconde & la troifième année, un bon prix de ceux dont on n'a pas befoin foi-même ; & ce feroit bien mal entendre l'économie rurale, que de ne pas s'appliquer à nourrir de beaux & de bons chevaux, puifque quatre mauvais valent moins, font moins d'ouvrage, & coûtent plus d'entretien que deux bons.

Mais où prendre des chevaux propres à faire bonne race, dans un pays où l'éducation des chevaux eft négligée ? Pour perfectionner le bétail, il faut néceffairement introduire de bonnes races étrangères ; & il eft bien difficile à de fimples particuliers de les naturalifer dans leur pays.

Ainfi un bon gouvernement doit pourvoir le pays de bons étalons, & mettre les fujets à même de perfectionner leurs races de chevaux, tant en leur permettant de se servir de ces étalons pour la propagation, qu'en leur fournissant de temps en temps des jumens des haras seigneuriaux; enfin il doit leur procurer tout le secours & toutes les facilités nécessaires, pour qu'ils tirent toujours un meilleur parti des chevaux qu'ils éléveront. Mais aussi cette partie de l'économie, dès qu'il s'agit de l'améliorer, ne sauroït être abandonnée à la simple fantaisie des particuliers; il faut nécessairement qu'elle soit soumise à l'inspection & à la direction de la police.

La chose mérite, à plus d'un égard, la plus grande attention des Princes.

Je vais tâcher de faire voir premiérement quelle est la meilleure & la plus sûre manière de faire qu'on élève de bons chevaux dans le pays, ou d'établir ce qu'on appelle un *haras du pays*; ensuite quelles sont les loix & les moyens propres à faciliter l'obtention de cette fin, avec une indication des obstacles que l'on y a à surmonter; & enfin combien grande est l'influence de cet objet sur la prospérité de l'état.

La disposition des haras du pays est communément laissée au soin de l'écuyer. Mais comme c'est une affaire qui ne dépend pas uniquement de la connoissance des chevaux, mais aussi de celle de la constitution & de l'intérêt du pays, du caractère national, de la qualité physique de telle ou telle contrée, & de plusieurs réglemens qui sont du ressort de la haute police; cette disposition ne pourra être folide, à moins que le caméralifte & l'homme d'état ne foient auffi confultés, & que l'on ne forme un *département* particulier *des haras du pays*, fubordonné au confeil fuprême qui eft chargé d'examiner dans leur enfemble toutes les affaires, les mefures & les difpofitions relatives au gouvernement intérieur de l'état.

Un des premiers réglemens qu'il eft à propos de faire, c'eft qu'il foit ordonné que chaque année, avant le temps de la monte, & fpécialement en février, où les payfans ont le moins de travail à la campagne, tous les chevaux du pays indiftinctement, foit entiers ou hongres, jumens, ou poulains, bien ou mal faits, & à qui que ce foit qu'ils appartiennent, foient menés, dans chaque province, ou bailliage, ou paroiffe, devant le premier prépofé, affifté d'un bon connoiffeur en chevaux ; que leur fexe, leur âge, leur taille, leur poil, leur marque, ce qu'ils ont de national, & leurs défauts, foient exactement décrits avec les noms des propriétaires ; & qu'il en foit fait une courte notice en forme de table, avec l'indication des chevaux entiers & des jumens propres à la propagation & deftinés par les particuliers à cet effet, pour être enfuite envoyée au département des haras du pays, & ces tables particulières réduites par celui-ci en une table générale, qui en facilite l'ufage par le rapprochement des objets (1).

____

(1) Les Liftes introduites en Angleterre, en Pruffe & en d'autres pays, & que l'on n'exige, à la vérité, que

Pour qu'aucun cheval ne puiſſe être ſouſtrait à la viſite légale, il faut qu'il ſoit envoyé ou remis auparavant une liſte authentique de tous les chevaux qui ſe trouvent dans chaque endroit, & de leurs poſſeſſeurs, & qu'à l'égard de ceux qui, pour cauſe de maladie ou de quelque autre obſtacle, ne peuvent point être préſentés, ils y ſoient pourtant exactement décrits avec les raiſons pour leſquelles ils ne paroîtront point.

Il faut auſſi toujours prendre l'avis des prépoſés ſubalternes ſur les arrangemens qui ſont à faire.

Dans les bailliages qui ſont près du chef-lieu, cette inſpection & cette deſcription des chevaux ſe font ordinairement en préſence du grand écuyer; quant aux contrées éloignées, on y envoie un écuyer ou un piqueur; ou bien on partage le pays entre un certain nombre d'inſpecteurs ou viſiteurs intègres & entendus à cette affaire, comme, par exemple, en Oſt-friſe (1).

Les jumens deſtinées à la propagation de

---

tous les trois ou cinq ans, ſous le titre de *Comptes* ou *Tables politiques*, non-ſeulement ſur la quantité du peuple & ſur ſon induſtrie, mais auſſi ſur le nombre des chevaux & de toutes les bêtes à cornes & autres ſortes de bétail qui ſe trouvent dans le pays, &c. ſont pour l'homme d'état & pour le gouvernement, une choſe indiſpenſable, ſans laquelle ils ſeroient expoſés à prendre, en mille cas différens, des meſures fauſſes & incertaines.

(1) Il y a en Oſt-friſe trois Inſpecteurs jurés, qu'on appelle dans la langue du pays *Kœhrmeiſter*, d'un vieux mot allemand *Kœhren*, qui ſignifie *examiner, choiſir, trier*, dont chacun a ſon diſtrict particulier pour y

l'efpèce, ne doivent être ni au-deffous de quatre ans, ni au-deffus de quinze ; il faut auffi qu'elles n'aient aucun vice héréditaire ; & c'eft leur nombre qui détermine non-feulement celui des étalons néceffaires pour les couvrir, mais encore leur diftribution dans les provinces, les diftricts ou les paroiffes.

On donne un étalon pour trente ou quarante jumens.

Comme il n'y a point de grand feigneur qui n'ait dans fes écuries des chevaux entiers étrangers, il pourra, s'ils ont les qualités décrites dans le Chap. IV, en tirer doublement parti, en les faifant diftribuer comme étalons dans un diftrict de dix à vingt milles autour de fa réfidence ; & pour cela il lui fuffira de s'en paffer trois mois par an feulement.

S'il y a dans le pays des haras feigneuriaux, l'éducation générale des chevaux en retire les plus grands avantages. Ils ont cette utilité, qu'avec quelques chevaux entiers qu'on y entretient de plus, on peut auffi faire couvrir

---

veiller & pourvoir à tout ce qui intéreffe les haras du pays. Ils doivent parcourir tous les ans leurs diftricts en janvier & en février. Nul cheval entier ne peut fervir d'étalon, à moins qu'il n'ait été vifité par eux, & approuvé par un certificat de leur main. Quiconque en emploie un qui n'a point été préfenté & approuvé, ou qui a été rebuté, eft condamné à le perdre, & à payer encore, outre cela, une amende de dix écus d'Empire. *Voyez* l'Ordonnance de 1755. *Verordnung, wie es im Fürftenthum Oftfriefzland Zur Befferung der Pferdezucht mit den Befchælern foll gehalten werden: vom 3 ten. Mærz 1755.*

les jumens des environs à moins de frais, que dans les endroits où il n'y a point encore d'arrangement à cet effet ; mais ils fourniſſent auſſi eux-mêmes des chevaux entiers & des jumens de bonne race, que l'on peut faire ſervir avec fruit à la propagation.

D'ailleurs il eſt rare que dans un pays où l'on emploie beaucoup de chevaux, il y ait une entière diſette de bons chevaux entiers. Ce n'eſt qu'où ceux-ci manquent, que l'on fournit des écuries du ſeigneur les étalons dont les particuliers ont beſoin.

Dans les endroits où ces mêmes particuliers ont de bons chevaux entiers, & où la trop grande diſtance ou d'autres circonſtances ne permettent pas que les étalons néceſſaires ſoient entretenus aux frais du ſeigneur, on établit des maîtres d'étalons, c'eſt-à-dire, des particuliers qui doivent faire viſiter tous les ans, avant le temps de la monte, par des perſonnes expertes, les chevaux entiers qu'ils gardent pour la propagation, & qui, lorſque ceux-ci y ont été trouvés propres tant du côté de l'âge, que du côté de la beauté & de la bonté, obtiennent, en vertu d'une patente qui doit être renouvellée chaque année, le droit excluſif de faire couvrir dans un certain diſtrict les jumens, moyennant une certaine rétribution qu'on leur paie ; à quoi on ajoute encore la jouiſſance de quelques petites franchiſes & immunités, ſi cette rétribution ne leur paroît pas ſuffiſante pour les récompenſer convenablement de leurs peines & de tous les dangers auxquels ils ſont expoſés.

Chaque maître d'étalons doit en avoir **au** moins deux, afin que non-seulement les sujets aient le choix, mais encore pour que s'il arrive un accident à l'un, on en ait d'abord un autre sous la main.

Il se trouve quelquefois des gentilshommes de campagne & d'autres particuliers, qui tiennent de beaux & de bons chevaux, & qui sur-tout n'épargnent rien pour se procurer d'excellens étalons, pourvu qu'il leur soit permis de les faire servir à couvrir les jumens des paysans d'un certain district, moyennant la rétribution ordinaire, & qu'ils soient assurés de plaire par-là au souverain. Au reste leurs étalons doivent aussi être soumis, comme ceux des autres, à la visite annuelle.

Il arrive souvent aussi qu'un bailli, un fermier, ou quelque autre personne de confiance, se charge d'un étalon que la seigneurie procure, & se contente de la rétribution qui se paie pour la monte, pourvu qu'il lui soit permis de s'en servir hors ce temps-là pour un travail modéré.

Selon les loix Danoises, chaque village est obligé de tenir un ou plusieurs étalons. C'est un réglement qui n'est pas applicable à chaque forme de gouvernement, ni à chaque constitution physique & politique d'un village. On est aussi en Danemarck dans l'usage d'apposer au bail de chaque terre seigneuriale cette condition, que le fermier tienne pour la propagation un certain nombre de jumens & de chevaux entiers, que l'on détermine selon la grandeur & la qualité de la terre. Mais comme il y a beaucoup de biens qui font plus propres pour entretenir des bêtes à cornes que pour nourrir des chevaux, & que le premier de ces articles n'eft pas moins indifpenfable que le dernier, cette coutume pourroit bien ne pas convenir indiftinctement dans d'autres pays, & à toutes fortes de terres.

S'il ne fe trouve point affez d'étalons dans les écuries du prince, aux haras, & en général dans le pays, ou que ceux que l'on a foient à la vérité de bonne race, mais déjà de la troifième génération, il faut en faire venir de l'étranger; & fi l'on juge que la dépenfe foit trop grande pour être faite en une fois, on tâchera du moins de pourvoir fucceffivement au befoin.

Il ne doit être permis à perfonne d'employer pour la propagation un cheval entier, qui n'auroit point été vifité & autorifé par une patente du département des haras du pays.

Après que le département des haras du pays a pris les avis néceffaires, que l'on a fait le plan, divifé le pays en diftricts ou paroiffes, procuré les étalons néceffaires & fixé les places où doit fe faire la monte, les particuliers doivent être inftruits, par un édit ou une ordonnance, du deffein du gouvernement & des loix & réglemens faits à cet effet.

On leur prefcrit une fois pour toutes l'endroit où ils doivent mener leurs jumens qui font en chaleur pour les faire couvrir, & on leur défend, fous punition, de les faire faillir par aucun autre étalon que par un de la feigneurie, ou de ceux qui font privilégiés ou approuvés par le département des haras du pays. Il faut de plus, non-feulement que les baillis ou autres officiers chargés de l'infpection des haras du pays dans leurs bailliages ou diftricts, cherchent à leur faire comprendre les avantages d'une meilleure éducation des chevaux & le profit confidérable qu'ils en retireront, en attendant qu'ils foient convaincus, par leur propre expérience, des vues bienfaifantes du gouvernement ; mais auffi que l'ordonnance concernant les haras du pays, contienne elle-même des conditions affez engageantes pour animer les gens de la campagne à élever des chevaux & à y donner toute l'application & les foins poffibles (1).

Parmi les ordonnances concernant les haras, il y en a peu qui rempliffent cet objet.

---

(1) Comme plufieurs payfans ne négligent d'élever des poulains, que parce qu'ils ne s'y entendent point, qu'ils en ignorent les avantages, & qu'ils fe repréfentent la chofe bien plus pénible qu'elle ne l'eft en effet, ce feroit une chofe très-utile & très-propre à favorifer les vues du gouvernement, que de faire imprimer une inftruction fur l'éducation des poulains, qui infpirât du goût pour cette branche d'économie, & fervît aux payfans de répertoire dans les cas douteux, & même, en tout cas, de la diftribuer gratis à ceux qui font couvrir leurs jumens par des étalons de la feigneurie. Si le préfent Traité avoit le bonheur d'occafionner quelque part l'établiffement d'un haras du pays, l'auteur feroit prêt, fur le moindre figne, à en faire un abrégé pour les gens de la campagne, & à y ajouter encore, par manière d'appendice, une notice de plufieurs remèdes éprouvés, aifés & peu chers pour les maladies les plus communes des chevaux.

Il y en a auſſi très-peu où l'on ait penſé à lever les obſtacles qui s'oppoſent communément aux vues du gouvernement. Il s'en trouve même quelques-unes qui ſemblent plutôt faites pour détruire l'éducation des chevaux, que pour la perfectionner; & ainſi il n'eſt pas étonnant qu'on ſe plaigne preſque par-tout de ſon dépériſſement.

Je vais m'expliquer plus diſtinctement là-deſſus; & s'il n'eſt pas poſſible de projetter une ordonnance touchant les haras du pays, qui ſoit applicable à toutes les formes de·gouvernement, du moins eſſaierai-je d'en fournir les matériaux.

Quelque peine qu'un gouvernement ſe donne, & quelque dépenſe qu'il faſſe pour perfectionner & mettre en crédit l'éducation des chevaux, jamais il n'atteindra ſon but que très-imparfaitement, à moins que les obſtacles ſuivans ne ſoient écartés par la légiſlation.

1°. Deux loix qui ſe trouvent dans preſque toutes les ordonnances concernant les haras; une qui défend aux particuliers de vendre hors du pays, avant l'âge complet de trois, quatre ou cinq ans, leurs poulains engendrés d'étalons appartenans aux ſeigneurs, ou privilégiés; & une autre, qui eſt pour l'ordinaire la cauſe de la première, ſelon laquelle les particuliers ſont tenus de céder ſoit à un prix raiſonnable, ou à un prix fixé une fois pour toutes, ceux de leurs poulains que le prince ou le grand-écuyer juge propres pour les haras ſeigneuriaux, ou pour la grande écurie, ou pour la cavalerie.

A la vérité on pourroit penſer d'abord, à

l'égard de la première de ces loix, que non-seulement le commerce avec les étrangers en général y devroit gagner, mais aussi que, sinon tous les vendeurs, du moins la plupart d'entre eux, devroient y trouver leur compte, si l'on suppose seulement que les chevaux sont de bonne race. Car il s'en faut beaucoup qu'un cheval soit déjà développé avant l'âge de quatre ans; & alors on ne sait pas encore sûrement ce qu'il deviendra. Mais après cet âge le vendeur, aussi bien que l'acheteur, peuvent traiter beaucoup mieux & avec bien plus de sûreté à tous les égards. Et de même, puisque c'est aux frais du seigneur que les sujets sont pourvus de bons étalons, il semble aussi qu'il n'y a rien d'injuste dans la condition qui les oblige à lui laisser à un prix modéré les poulains qu'il choisira pour son service.

Mais l'expérience prouve que ces deux choses donnent en effet la plus rude atteinte à l'éducation des chevaux, puisque sans la liberté de fréquenter les foires du pays & les étrangères, & de vendre leurs poulains de tout âge à chaque amateur qui se présente, les sujets perdent l'envie d'en élever, & que, pour ne les pas nourrir, comme ils disent, si long-temps sans en tirer aucun service, ils les font travailler trop tôt, ou les négligent de quelque autre façon.

Aussi lorsque, sous le règne de Louis XIV, Colbert travailla en France au rétablissement des haras du royaume, & que pour cette fin il fit venir à grands frais des étalons des pays étrangers & les distribua dans les provinces, il chercha d'abord à ôter aux particuliers cette pensée, que le Roi voudroit avoir des prétentions fur les poulains; & pour écarter d'autant plus fûrement tout foupçon, il obtint la publication d'une ordonnance royale, portant qu'il fe tiendroit en hiver ou au printemps une foire dans chaque province, & que quelqu'un y feroit à la vérité envoyé pour choifir & acheter, pour le compte du Roi, de beaux poulains iffus de bons étalons, mais auffi pour payer encore à l'homme qui auroit le plus beau, un prix de cent écus ou quatre cens livres, outre celui dont on feroit convenu.

De même dans l'ordonnance que FRÉDÉRIC-GUILLAUME, roi de Pruffe, publia en date du 3 avril 1713, pour le perfectionnement de l'éducation des chevaux dans fes états, & pour lequel il donna auffi gratuitement, de fes propres haras, un certain nombre de bons chevaux entiers, fa majefté s'exprimoit ainfi au feptième article :

« Quoique ce foit un ufage reçu en plufieurs
» endroits, que le feigneur ait droit de s'ap-
» proprier chaque poulain qui lui convient,
» moyennant fix, huit ou dix écus; cepen-
» dant comme ce n'eft pas notre intérêt parti-
» culier que nous cherchons dans cette affaire
» (cela paroît affez par le don volontaire que
» nous avons fait d'un nombre auffi confidé-
» rable de beaux chevaux entiers), mais qu'au
» contraire nous n'y avons uniquement en vue
» que l'avantage de nos fidèles fujets, qu'un
» poulain de bonne race qu'ils obtiennent,
» peut mettre en état de redreffer leurs affaires

&

« & souvent d'acquitter leurs dettes : nous
» voulons à cette fin nous désister une fois
» pour toutes, par la présente, de ce droit,
» dont nous pourrions sans doute user aussi
» justement que d'autres ; mais nous exigeons
» en échange de nos sujets, qu'ils cherchent à
» se pourvoir de bonnes jumens ; qu'ils les mé-
» nagent pendant leur grossesse, en les exemp-
» tant, autant qu'il est possible, d'un travail
» trop pénible ; qu'ils évitent de même d'at-
» teler trop tôt les jeunes poulains, & qu'ils
» emploient, pour leur propre avantage, tous
» les soins & toutes les peines requises pour
» élever de bons chevaux ».

Il est certain que les dispositions faites pour
le perfectionnement de l'éducation des chevaux
réussiront mieux ; qu'on en élevera davantage
& de plus beaux ; qu'il s'en trouvera aussi
chez les particuliers un plus grand nombre de
propres pour le service du prince même ; enfin
que l'on agira encore d'une manière plus con-
forme aux bons principes de l'économie politique, lorsque l'on favorisera de toutes les
manières possibles, & sans aucune restriction,
le commerce des chevaux, non-seulement dans
le pays, mais aussi avec les étrangers (à moins
que des circonstances tout-à-fait extraordinaires
ne demandent que la sortie en soit défendue) ;
& que, pour concourir d'autant plus efficacement à ce but, on proposera même un Prix
pour quiconque pourra justifier qu'il a vendu
au plus haut prix un cheval du pays chez
l'étranger.

Suivant l'ordonnance royale des haras de

Danemarck, publiée en 1686, l'on ne paie que la moitié des droits de sortie pour les chevaux qui se vendent hors du pays, lorsque, pour leur légitimation, ils sont marqués de la marque du roi. Mais il est indubitable que cette exemption seroit encore bien plus avantageuse au royaume, si elle n'étoit pas liée à une clause restrictive, portant non-seulement que chaque haras privé ne peut vendre annuellement hors du pays, que pendant les mois de mai, juin, juillet & août, la moitié de ses chevaux ou jumens qui doivent aussi avoir au-delà de quatre ans, mais encore qu'il ne doit être exporté que des chevaux hongres, & point de chevaux entiers.

2°. De fréquentes & de rudes corvées avec l'éducation des poulains, sont des choses incompatibles. Les premières ravissent non-seulement au paysan un temps précieux, qu'il pourroit employer à la culture de ses terres & à ses autres affaires économiques, & lui font souvent négliger ou quitter des travaux, qui, lorsque le temps vient à se dérégler, ne peuvent plus être repris; mais elles lui font aussi perdre l'envie d'élever des chevaux, & l'engagent à tenir plutôt des bœufs, parce qu'il n'est pas d'usage qu'on se serve de ceux-ci pour monture, & qu'ils ne sont pas propres pour les charrois de la seigneurie, ou que du moins ils ne se laissent pas si aisément surmener & ruiner que les chevaux.

D'ailleurs, tout bien compté, l'avantage que le gouvernement retire des corvées, est le plus souvent hors de toute proportion avec le dommage qui en revient en plusieurs manières à la classe laborieuse des sujets & à l'état Pour s'en convaincre, il n'y a qu'à lire *l'édit de* Louis XVI, publié en 1776, pour l'abolition des corvées, &c. (1).

Du moins est-il certain, qu'un des moyens nécessaires tant pour faire subsister le paysan, que pour maintenir & protéger l'éducation des chevaux, est de retrancher les abus, & de pourvoir, par les loix les plus précises, à ce que, par les corvées qu'on exigera du sujet en journées de harnois, il ne soit pas trop distrait de ses propres travaux économiques, & qu'on n'outre ni ne surcharge pas ses bêtes, soit qu'on s'en serve pour monture ou pour l'attelage.

A cet effet il est ordonné dans le Wirtemberg, que les officiers de cour, de guerre, de chasse & de police, qui exigeront des corvéables plus de relais que de droit, aient à en rendre compte, & en soient punis, & que s'ils foulent ou ruinent les chevaux, ils soient tenus d'en restituer le prix selon l'estimation impartiale qui en sera faite, outre une peine arbitraire qui leur sera encore infligée ; il est aussi ordonné que la charge d'un charriot à quatre chevaux ne soit pas de plus de vingt quintaux, lorsque le chemin est bon, & qu'elle ne soit tout au plus que de quinze, lorsqu'il est mauvais ; que, dans ces sortes de charriage, on ne fasse pas

____

(1) On peut aussi voir sur cet édit intéressant, DOHM's *Materialien für die statistik und neuere staaten geschichte. Lemgo, 2te Lieferung.*

plus d'une lieue par heure ; enfin que ceux qui, sans y être autorisés, exigeront, extorqueront ou obtiendront par surprise ou par d'autres voies obliques un relais, ne fût-ce même qu'un seul cheval, soient condamnés à une amende de cinquante ducats, & les baillis, maires ou autres préposés, qui s'émanciperont à fournir un pareil relais, à payer, la première fois, vingt-quatre florins, & le double en cas de récidive (1).

De même, par l'ordonnance qui règle ce qui concerne la monte dans les haras de Wirtemberg, en date du 19 mars 1719, & par celle de Bade-Dourlach, du 4 janvier 1753, les poulains des particuliers ne peuvent point être employés aux corvées avant l'âge de trois ans complets, de peur qu'un travail prématuré ne les empêche de croître, & ne les ruine pour toujours.

Mais l'éducation des chevaux gagneroit bien plus encore, si on les déclaroit francs de corvées jusqu'à l'âge de quatre ans, & il en reviendroit infailliblement plus de profit à la seigneurie, qu'elle n'en retire de cette espèce de service.

Suivant une ordonnance particulière de Bade-Dourlach, du 8 mars 1756, les jumens des particuliers sont aussi exemptes de toute espèce de corvées six semaines avant, & autant après qu'elles ont pouliné (2).

____

(1) Voyez *Wirtembergischen Général-Rescripten, vom 21ten Jun. 1759, und vom 12ten Decemb. 1769.*

(2) GERSTLACHERS *sammlung aller Baden-Durlachischen Anstalten und verordnungen. III. Band, seite 436, und 441,* §. 11.

3°. La contrainte dont on accompagne communément les dispositions.

Et 4°. enfin, la qualité des étalons sont encore des causes qui font que l'éducation des chevaux ne réussit point dans certains pays.

Il ne faut pas forcer les particuliers à élever des poulains. Mais pour ceux qui ont résolu de faire servir leurs jumens à la propagation, on peut légitimement les obliger, tant en vue du bien public, que pour leur propre avantage, de les faire couvrir par des étalons de la seigneurie ou d'autres privilégiés, si ceux-ci sont meilleurs que les leurs, ou que les étalons étrangers dont ils se servoient auparavant.

Mais dans ce cas-ci il ne sera pas besoin d'employer des voies de contrainte; il suffira de combattre les préjugés des paysans, que chaque innovation soulève, & de les encourager, par des exemples, à se conformer à une ordonnance qui a leur vrai bien pour objet.

Sans cette conviction, les loix les plus précises ne sauroient se maintenir en vigueur (1).

---

(1) HENRI VIII, Roi d'Angleterre, ordonna, sous de grièves peines, que chaque sujet aisé tînt un certain nombre de chevaux, selon son état & son rang. Chaque Archevêque & Duc devoit en avoir sept, qui eussent quatorze paumes de hauteur ; & chaque homme d'église, pourvu d'un bénéfice de cent livres sterlings, ainsi que tout homme dont la femme se coëffoit à la françoise, étoit obligé de tenir un cheval entier pour monture. Ses ordonnances, relativement à l'éducation des chevaux, s'étendoient jusqu'aux minuties ; mais elles ne

Il n'y a que la grande beauté & la bonté supérieure des étalons que la seigneurie diftribue dans le pays, qui foient capables de procurer l'extinction des mauva.tes races, & d'infpirer aux particuliers cette attention & cette émulation néceffaires, lorfqu'il s'agit de rendre univerfelle une bonne éducation des chevaux. Il faut auffi tâcher de fatisfaire, autant qu'il eft poffible, le goût des amateurs, par rapport au poil & à la taille des étalons.

Plufieurs perdent l'envie d'élever des chevaux, ou préférent de faifir toutes les occafions qu'ils peuvent avoir de faire couvrir leurs jumens par de mauvais chevaux entiers, lorfqu'on veut les aftreindre à certains poils, comme par exemple *pie*, *tigre*, *baillet*, & autres poils clairs, dont les gens de la campagne ne s'accommodent que fort rarement, ou lorfque l'on veut affujettir ceux qui demandent des chevaux épais, à en accepter de fins, & réciproquement. Pour que les vues particulières du prince puiffent être remplies, il faut qu'il ait lui-même de beaux & de bons haras. Il pourra d'autant plus s'affurer de les voir accomplies, qu'il fe réglera davantage, dans la diftribution des étalons, fur le choix, le befoin, les vues & les opinions des fujets, autant que cela pourra fe faire, fans déroger aux règles qui ont été établies dans le IVe Chapitre.

---

purent pas fubfifter long-temps, & le Roi leur devint lui-même infidèle. *Voyez* l'Ecrit allemand qui a pour titre : *Neue mannigfaltigkeiten*, 1. *Band*, *feite 409.*

C'eſt alors ſeulement qu'ils enviſageront comme un bienfait eſſentiel, & avec reconnoiſſance & ſoumiſſion, le ſoin que l'on prendra de leur procurer de bons étalons.

Il en eſt, en général, des haras du pays comme du commerce, dont ils font auſſi une branche. La liberté le fait fleurir, & la contrainte le ruine.

Dans la rédaction des loix, propres à aiguillonner les ſujets, outre celles qui ont déjà été rapportées, on fera bien de prendre encore en conſidération les ſuivantes. Si elles ne ſont pas tout-à-fait applicables par-tout, ce ſont du moins des exemples qui méritent d'être conſultés.

En Scanie, le roi actuellement régnant, GUSTAVE III, voulant rétablir l'éducation des chevaux qui y étoit preſque entiérement négligée, fit renouveller en 1777, l'ordonnance concernant les haras, faite en 1680, par le célèbre gouverneur & feld-maréchal comte d'ASCHEBERG : il a fait diviſer en certaines claſſes tous les villages & les paroiſſes, & remettre à chacune d'elles un cheval entier de neuf quartiers quatre pouces de hauteur & ſans défaut; il doit être diſtribué, au bout de cinq ans, pour l'encouragement de ceux qui font des élèves, un Prix ou récompenſe de quatre riſdales pour chaque cheval qu'on pourra prouver avoir été engendré enſuite de cette diſpoſition, & qui aura été approuvé pour la cavalerie royale de Suède.

L'ordonnance royale de 1686, touchant les haras de Danemarck, accorde une exemption

de toutes tailles (favoir, des droits de confommation, de la capitation & de la taxe
fur les familles) à cinq perfonnes pour chaque
haras de douze jumens, à quatre perfonnes
pour dix jumens, à trois pour fix jumens, &
à deux pour quatre jumens.

Un patriote Danois, OTTON LUTKE, prétend que, pour relever en Danemarck l'éducation des chevaux qui y va en décadence,
il faudroit accorder le droit de chaffe à toutes
les maifons ou terres nobles pour auffi long-
temps qu'elles tiendroient un haras d'un cheval
entier & de quatre jumens tout au moins, quand
même leurs poffeffeurs ne feroient pas caracté-
rifés, & exempter ceux qui le feroient de tous
droits de confommation, capitation & taxe fur
les familles, dont leurs maifons ou terres nobles
font chargées (1).

Le *prix de la monte* eft auffi une des chofes
fixée dans l'ordonnance concernant les haras.
Par-tout il fe paie une certaine rétribution foit
en argent, en avoine, ou en orge, &c. pour
chaque jument que l'on fait couvrir.

Le prince qui pourvoit, à grands frais, fes
fujets de bons chevaux entiers, eft naturellement en droit d'exiger une indemnité.

Au refte, il faut qu'elle ne foit pas tant proportionnée aux prix des chevaux qu'aux moyens

---

(1) Voyez *Unterricht von Pferden, kühen, fchafen und
fchweinen, von* P. C. ABILDGARD, *D. M. Koppenhagen
und Leipzig.* 1771, *feite* 170 ; & MENGELS, *œconomifchen
gedanken, ebendafelbft* 1759, *in-8°., 10ter Theil.*

REGISTRE

De la monte de la campagne pour l'année 1786.

NOMS des Bailliages.	NOMS des propriétaires des jumens.	DESCRIPTION des jumens.	NOMS des étalons.	JOURS où ils ont été admis.			JOURS où ils ont été refusés.		
				Mars.	Avril.	Mai.	Mars.	Avril.	Mai.
Münfengen.	S. Blen.	Noire.	Parfait.		24				3
Avingen.	J. Rupp.	Alezane.	Mélac.		21			30	
	J. Lampart.	Baie.	Séparé.	29	8			17	
Bœttingen.	S. Baunlen.	Noire.	Honteux.		9		30	18	
	Idem.	Baie.	Parfait.	19			28		
	J. Baisch.	Baillette.	Vigoureux.	30	18			9	

des contribuables. Si on la fixoit trop haut, cela dégoûteroit la plupart des gens de la campagne d'élever des poulains.

Elle eft, pour l'ordinaire, d'un florin à un écu d'empire, foit en argent ou en avoine (1).

Suivant une ordonnance royale du 3 avril 1773, concernant l'éducation des chevaux dans les états Pruffiens, chaque jument qui eft couverte par un étalon fourni aux frais du roi, paie pour la monte ou pour chaque double accouplement, feize gros, qui doivent être mis en compte & employés à acheter d'autres chevaux entiers pour remplacer ceux qui meurent ou qui ne peuvent plus fervir, outre un *fcheffel* d'avoine pour l'entretien de l'étalon; mais en échange, le poulain qui en provient eft franc de toute impofition ultérieure.

En Saxe, dans les environs de Torgau, le prix de la monte eft de fix gros, & à chaque accouplement, dont il fe fait communément

___

(1) Chaque étalon ne rapporte pas autant à fon maître que celui qui eft mort au Lord *Abingdon* en 1779. Il s'appelloit *Oldmark*, & il étoit âgé de trente - nn ans. Communément il couvroit vingt-cinq jumens par an, à vingt-cinq guinées chacune. Mais il paffoit auffi pour le meilleur courfier qu'il y eût en Angleterre ; & les plus fameux qu'on y ait à préfent, par exemple, *Eclipfe*, *Tranfit*, *Shark*, *Pretender*, *Magnolio*, *Leviathan*, &c. font fes defcendans. Au printemps de 1779, un cheval de quatre ans, qui étoit iffu de lui, a gagné à Newmarket une gageure de cent mille guinées contre un cheval du Lord *Grovenor*. Au refte, dans les endroits où il y a un certain prix fixe qui fe paie pour la monte, les étalons gagnent par-là tout au moins une partie de leur entretien.

pays, c'est qu'aussi-tôt que les poulains auront atteint l'âge de deux ans, les propriétaires soient tenus, sous une certaine peine, d'empêcher qu'ils n'approchent des jumens ni à l'écurie, ni aux pâturages, parce que ces jeunes animaux commencent dès cet âge à les couvrir, & que non-seulement ils se minent par-là pour toujours, mais aussi parce qu'ils ne produiroient que des chevaux foibles & misérables. Il ne faut non plus jamais laisser de vieux chevaux entiers avec des pouliches.

Dans les lieux où il y a des haras du pays, il faut avoir attention de ne hongrer que peu de chevaux entiers de bonne race, de peur qu'on ne vienne à manquer d'étalons nécessaires ; & il faut au contraire tâcher d'autant plus que les mauvais le soient.

La monte doit se faire dans une hutte ou dans une cour close ; il faut aussi que le terrein aille en pente. Ce font deux observations que j'ai déjà faites ci-devant Chapitre V, & j'en ai allégué les raisons. Il y a des pays où l'on ne souffre pas, & avec raison, que la monte se fasse dans des lieux publics, ni le dimanche.

Après que les particuliers ont été suffisamment instruits des vues du gouvernement, on fait, pendant la visite annuelle des chevaux, & d'après les notices ou tables qui ont été envoyées, un *registre de la monte* pour l'instruction & l'usage de ceux à qui l'affaire de la monte est confiée. Ce registre, conformément à la formule (n° III.) que l'on trouve page 110, doit contenir une description détaillée des jumens poulinières qui doivent être couvertes par les étalons deſtinés pour chaque paroiſſe, avec les noms des propriétaires de ces jumens ; & on y marquera le jour où chacune aura reçu ou refuſé l'étalon, comme cela ſe pratique dans les haras ſeigneuriaux. (Voyez ci-devant la fin du Chap. V).

Dans les climats tempérés on envoie, dès le commencement ou vers le milieu du mois de mars, aux places fixées pour la monte, les étalons de la ſeigneurie en nombre proportionné à celui des jumens poulinières, qui ſe trouvent dans chaque bailliage ou paroiſſe, & on les y laiſſe juſqu'au commencement de juin.

Il eſt inutile d'avertir que l'on doit avoir pris auparavant les arrangemens relatifs aux écuries, aux fourrages, &c.

Dans la diſtribution des étalons & la confeƈtion du regiſtre de la monte, il faut avoir grand ſoin, & il eſt de la plus grande importance pour le perfeƈtionnement de l'eſpèce, non-ſeulement que les races ſoient mêlées ou croiſées, & qu'on ne faſſe jamais couvrir les jumens par un étalon élevé dans le même endroit & de même race ; c'eſt une règle dont j'ai fait voir la ſolidité dans le IVe Chapitre ; mais encore que, ſelon une autre obſervation que j'ai déjà faite, on s'accommode, autant que cela ſe pourra ſans préjudice de cette règle capitale, au goût & à la fantaiſie des payſans, en ce qui regarde la taille & le poil des chevaux entiers.

Quant aux valets dont on a beſoin pour le

panſement des étalons & pour l'affaire de la monte, on les choiſit entre les hommes de l'écurie du prince, des haras & de la cavalerie qui ſont les meilleurs, les plus experts & les plus dignes de confiance. Outre qu'ils doivent s'entendre à ce qui concerne la monte, il eſt auſſi néceſſaire qu'ils ſachent écrire & lire. Durant le temps de la monte, on fait faire leur ouvrage, dans l'écurie du prince & aux haras, par des journaliers.

Un valet peut fort bien ſoigner quatre à cinq étalons, s'ils ſont dans le même endroit. Cependant on lui joint encore un journalier, pour que, dans tous les cas qui peuvent ſurvenir, ils ſoient à portée de s'aider, & que, pendant les repas & autres occaſions où le valet doit s'abſenter, l'on ne ſoit pas obligé de laiſſer les étalons ſeuls. On lui donne, pendant le temps de la monte, une augmentation de gages, qui doit être proportionnée aux avantages dont il jouit quand il eſt chez lui, & au ſurcroît de dépenſe auquel il ſe trouve alors expoſé, pour qu'il n'ait aucun ſujet de ſe dédommager par des moyens illicites.

Pour panſer les étalons qui demeurent continuellement à la campagne, on prend auſſi, dans quelques pays, des ſoldats invalides de la cavalerie, afin de les faire mieux ſubſiſter.

On remet à chaque valet, outre le regiſtre de la monte, une *inſtruction* à-peu-près de la teneur ſuivante :

1°. D'abord, après ſon arrivée au lieu ou place de la monte, il doit ſe préſenter au Bailli ou autre Prépoſé qui eſt chargé de l'inſpection

& de la direction de tout ce qui concerne la monte, fuivre fes ordres, & ne rien faire qui y foit contraire.

2°. Ne faire couvrir, à fon infu & fans fa permiffion, aucune jument qui ne fe trouve point dans le regiftre de la monte.

3°. Ne faire faire la monte à aucun cheval entier plus de deux, ou tout au plus trois fois par jour.

4°. Il doit, à l'égard de chaque jument, marquer réguliérement dans le regiftre de la monte, le jour où elle a été couverte ou a refufé l'étalon, & avertir celui qui l'a amenée ; dans le premier cas, de la ramener au bout de neuf jours, & dans le fecond, de trois en trois jours, jufqu'à ce qu'elle admette l'étalon, ou qu'elle ne veuille plus le fouffrir.

5°. Si les gens de la campagne n'amènent pas exactement leurs jumens, il doit requérir le Prépofé de les avertir par une lettre circulaire, qu'ils aient attention de ne pas négliger le temps où leurs jumens font en chaleur.

6°. Il doit, dès que la jument eft couverte pour la première fois, fe faire délivrer la moitié du prix de la monte en argent & en avoine, ou même ce prix entier, dans les endroits où l'ordonnance des haras le prefcrit ainfi, & le remettre, fans y toucher, au Prépofé.

7°. Il doit s'abftenir de faire les moindres frais à la Communauté auprès de laquelle il fe tient, & de ne rien prendre des particuliers au-delà du prix de la monte ; il doit auffi fe bien garder de tirer les chofes en longueur, & de faire attendre long-temps ceux-ci pour les néceffiter par-là à lui donner pour boire ; mais au contraire les expédier fur le champ, & en ufer civilement avec eux.

8°. Il laiffera aux étalons au moins une bonne demi-heure de repos après chaque repas, & il les montera, finon tous les jours, du moins tous les deux jours pendant une heure.

9°. Il ne recevra que deux *vierling*, ou environ de neuf livres d'avoine, & douze livres. de foin par jour, & que trois bottes de paille par femaine pour chaque étalon ; il emploiera fidellement, & felon l'ordre prefcrit, tant l'avoine & le foin, que la paille pour les chevaux qui lui font confiés, & prendra garde, fous de grièves peines, qu'on n'ait à lui reprocher aucune infidélité ni aucune démarche ou action intéreffée. Si toutefois il a des étalons qui foient froids & lents, ou qui s'affoibliffent confidérablement par la monte, il peut demander pour eux quelque augmentation en orge, feigle ou fèves égrugées.

10°. Il aura particuliérement attention de bien nourrir & panfer les étalons.

11°. Il prendra bien garde au feu, & il ne prendra point de lumière dans l'écurie fans lanterne.

12°. Il ne fera rien faire par les felliers, maréchaux ou autres artifans aux frais de la feigneurie, ni ne mettra en compte à celle-ci quelque autre chofe que ce puiffe être, à l'infu & fans le confentement du Prépofé, hors le cas d'une urgente néceffité.

13°. Il enverra tous les huit ou quinze jours au grand écuyer, ou à celui à qui il eft adreffé, pour

pour cela, une relation du succès de la monte, ainsi que de l'état de santé des étalons ; & au cas qu'un étalon devienne malade, ou qu'il survienne quelque autre accident d'importance, non-seulement il en informera sur le champ le préposé, mais aussi il aura soin, selon le besoin des circonstances, d'en donner avis, par un exprès, au grand-écuyer, ou à qui il appartiendra.

14°. Avant que de partir du lieu de la monte, il comptera avec le préposé des fourrages & des autres articles de la dépense, rendra tous les meubles & ustensiles qui lui auront été procurés, ou qu'il aura reçus du Bailli ou autres officiers de l'endroit, comme les baquets, cuviers, lanternes, sacs, & autres choses pareilles, & paiera de sa propre bourse tout ce qui s'en fera perdu ou gâté par sa faute.

15°. Il se fera donner par le préposé un certificat cacheté de la manière dont il s'est conduit, & de celle dont les affaires de la monte sont allées.

A la fin de cette instruction, il faut encore ajouter, outre la menace d'une punition immanquable, & même, selon les circonstances, de cassation en cas de contravention, l'assurance positive, que celui qui rapportera le meilleur certificat de sa conduite, & qui ramenera les étalons dans le meilleur état, pourra préférablement compter sur les bonnes graces de son prince.

Il seroit surperflu d'étendre davantage cette instruction, puisqu'il ne faut jamais employer, pour servir à la monte, des gens qui y seroient encore tout-à-fait novices ; ou si l'on juge qu'il y ait encore quelque chofe à fuppléer, on le trouvera dans les cinquième & fixième Chapitres de ce Traité.

Les feptième & quinzième point de l'inftruction dont il vient d'être queftion, doivent être auffi appliqués aux maîtres d'étalons.

Au refte, il faut encore obferver, par rapport à ceux-ci, qu'ils doivent parcourir de temps en temps avec leurs étalons, les diftricts qui leur font affignés, ou bien convenir à l'amiable avec les particuliers, qu'ils leur amèneront les jumens qui feront en chaleur. Il doit de même leur être défendu de vendre, durant le temps de la monte, fans un motif particulier & fans permiffion, leurs chevaux entiers qui ont été jugés propres & approuvés, & de les employer à aucun travail qui puiffe caufer quelque retardement ou quelque préjudice à l'affaire de la monte.

Lorfque le temps en fera paffé, les regiftres qui en auront été délivrés par les valets qui y ont fervi & par les maîtres d'étalons, feront infcrits, dépofés, & même, fi l'on veut, fondus dans un feul au département des haras du pays.

Les prépofés doivent envoyer à la fin de juillet un compte fpécifié tant de ce que la monte a rapporté en argent & en avoine, que de la dépenfe qui s'eft faite en fourrage, & de tous les autres frais; ils doivent de même, après l'expiration de la première année, avoir foin de faire rentrer la dernière moitié du prix de la monte en argent & en avoine, dans les lieux où il fe délivre en deux termes; envoyer une lifte des poulains nés dans le pays; enfin donner avis des obstacles qui s'opposeroient encore aux progrès de l'éducation des chevaux, & de la manière dont ils pensent qu'on pourroit y obvier.

Lors de la confection de la liste générale, qui doit se faire tous les ans en février, de tous les chevaux qui se trouvent dans le pays, il faut que les poulains issus d'étalons appartenans aux seigneurs, ou d'autres étalons privilégiés, y soient aussi présentés & inscrits; on pourra les marquer d'abord, dès la première année, ou, ce qui vaut encore mieux, dès la seconde; & pour cela on fera faire à chaque paroisse ou district, une marque particulière (1).

De cette façon on ne tardera pas long-temps à observer la fécondité ou l'intécondité, les défauts ou les bonnes qualités des étalons; & on pourra dans la suite se régler là-dessus pour leur choix & leur distribution dans les provinces.

Le ministère ou le département des haras du pays, reçoit aussi tous les ans, par ce moyen, une instruction exacte de l'état des haras du pays, de leur bonté, de leur progrès, ou de leur décadence; & par-là il est mis à même de prendre les mesures nécessaires.

J'ajoute encore ici deux mots sur l'importance & les avantages des haras du pays, pour un état (2).

____

(1) *Voyez* là-dessus le Chapitre XII de ce Traité, ci-après, page 216.

(2) Il faut aussi voir ce qui a déjà été dit sur ce sujet dans l'Avant-propos.

Il y a lieu de s'étonner que, dans un temps où l'on écrit & où l'on fait tant pour le perfectionnement de l'économie politique, on puisse encore voir d'un œil tranquille en tant de pays, sortir tous les ans des sommes très-considérables en paiement des chevaux nécessaires pour la remonte de la cavalerie, pour les écuries du prince, pour les équipages des grands, des personnes de qualité & des riches, pour les postes, & même pour les gens de la campagne ; que lorsqu'il survient une guerre, on se trouve souvent forcé de porter à l'étranger des tonnes d'or & des millions pour des chevaux que l'on pourroit avoir, au moins en grande partie, dans le pays même ; & que chaque dépense, au moyen de laquelle on pourroit perfectionner une fois pour toutes l'éducation des chevaux, & non-seulement empêcher l'exportation de l'argent pour l'achat de ces animaux, mais encore en attirer dans le pays, soit trouvée communément trop grande, lors même qu'il s'agit d'une bien moindre somme que celle qu'il en coûte annuellement, hors des cas extraordinaires pour cette sorte d'emplette (1).

---

(1) Il n'est pas moins inconcevable que, dans des pays où l'on nourrit plusieurs milliers de brebis, on ne cherche pas, à l'exemple de l'Angleterre, de la Suède & de quelques autres pays, à rendre leur laine plus fine en faisant venir des béliers Espagnols. Par-là on se mettroit à même de ménager les grandes sommes d'argent que l'on envoie hors du pays pour le lainage fin, on y en attireroit de celui des Etrangers, & on procureroit en général à l'Etat un nombre infini d'avan-

L'introduction de meilleures races n'eſt pas, même pour les plus grands états, une affaire auſſi difficile & d'auſſi longue haleine qu'on pourroit ſe l'imaginer. D'un ſeul bon cheval entier, que l'on fait ſervir comme étalon dès ſa ſixième ou ſeptième année juſqu'à ſa quinzième ou ſeizième, pour couvrir annuellement trente à quarante jumens, & qui n'engendre chaque année que vingt poulains, moitié mâles & moitié femelles, ou à-peu-près, comme d'ordinaire, on peut obtenir, pendant dix ans, deux cens deſcendans de la première génération, & pendant quinze autres années, vingt mille de la ſeconde, & ainſi, dans l'intervalle de vingt-cinq ans, un total de vingt mille deux cens deſcendans, pourvu ſeulement que l'on ait attention d'employer de nouveau à la propagation, chaque deſcendant depuis l'âge de ſix ans (1).

Ce calcul paroîtra plus clair par la table ci-jointe (N°. IV).

Qu'on le faſſe ſur une demi-douzaine d'étalons ſeulement, & on verra combien de bons chevaux on peut obtenir peu-à-peu avec un ſi petit nombre.

On peut juger par-là combien on eſt richement dédommagé des frais de l'acquiſition d'un bon étalon ; que les haras n'ont beſoin d'être

---

tages, par l'augmentation du commerce actif & des manufactures.

(1) Si l'on compare ce qui a été dit ici-devant, Chapitre V, ſur la multiplication des chevaux, on trouvera que je n'ai pas oublié de décompte ici tous les accidens qui peuvent ſurvenir.

En suppofant qu'un bon étalon puiffe facilement monter trente ou quarante jumens pendant une année, qu'il foit propre à la génération depuis fix ans jufqu'à quinze ou feize, & qu'il naiffe de ce nombre de jumens vingt poulains feulement propres à la production, comme il arrive généralement dix poulains & dix pouliches, voici le nombre des chevaux qui réfulteront de cet Etalon, jufqu'à la feconde génération :

PREMIÈRE GÉNÉRATION réfultante d'un étalon depuis l'âge de fix ans.			SECONDE GÉNÉRATION.			
Dans les années	Poulains.	Pouliches.	On emploiera de la première génération, comme étalons de fix ans & au-delà, depuis les années	Nombre.	Chacun de ces Etalons pourra donner	
					Poulains.	Pouliches.
1786	10	10	1786	10	100	100
1787	10	10	$17\frac{86}{87}$	20	200	200
1788	10	10	$17\frac{86}{88}$	30	300	300
1789	10	10	$17\frac{86}{89}$	40	400	400
1790	10	10	$17\frac{86}{90}$	50	500	500
1791	10	10	$17\frac{86}{91}$	60	600	600
1792	10	10	$17\frac{86}{92}$	70	700	700
1793	10	10	$17\frac{86}{93}$	80	800	800
1794	10	10	$17\frac{86}{94}$	90	900	900
1795	10	10	$17\frac{86}{95}$	100	1000	1000
			$17\frac{87}{95}$	90	900	900
			$17\frac{88}{95}$	80	800	800
			$17\frac{89}{95}$	70	700	700
			$17\frac{90}{95}$	60	600	600
			$17\frac{91}{95}$	50	500	500
			$17\frac{92}{95}$	40	400	400
			$17\frac{93}{95}$	30	300	300
			$17\frac{94}{95}$	20	200	200
			1795	10	100	100
TOTAL... 100	100		TOTAL...................... 10,000		10,000	
TOTAL général .. 200.			TOTAL général 20,000			

En dix ans on peut donc avoir déjà, de deux bons étalons, quatre cens chevaux de la première génération, & en quinze autres années, quarante mille de la feconde génération. Ainfi l'on aura, en vingt-quatre ans environ, au moins quarante-quatre mille chevaux. On n'a par conféquent befoin de renouveller les étalons, que tous les vingt ou vingt-cinq ans.

rafraîchis d'étalons que tous les vingt ou vingt-cinq ans, & qu'on trouve très-bien son compte à renouveller la race après la seconde génération, par des étalons étrangers; mais on peut juger aussi d'un autre côté, que la multiplication étant aussi forte, il ne peut être que très-difficile de se défaire d'une mauvaise race, dès qu'on lui a une fois laissé le temps de se répandre.

Le roi de France actuellement régnant, LOUIS XVI, qui, à l'exemple de LOUIS XIV & de COLBERT son ministre (1), regarde le perfectionnement des chevaux françois comme un objet digne de son attention, & qui, dans cette vue, a fait venir en 1779, vingt-quatre magnifiques chevaux entiers d'Egypte & de Syrie, pour les distribuer comme étalons dans les haras du royaume, & les a payés quinze mille livres pièce, ce qui a fait une somme totale de trois cens soixante mille livres, ne tardera pas long-temps à se convaincre du bel intérêt que ce capital rapporte, pourvu qu'on ne néglige rien du côté des dispositions, & que l'on tire de ces chevaux le meilleur parti possible.

Il n'a plus à craindre qu'il survienne des conjonctures où il ait besoin, comme LOUIS XIV, de payer cent millions de livres pour des chevaux étrangers.

A l'aide d'une meilleure race de chevaux, l'agriculture, comme la base de la prospérité & de la puissance d'un état, prendra faveur; il

---

(1) *Voyez* ce qui en a été dit dans l'Avant-propos.

s'ouvrira une nouvelle branche féconde de commerce, la caiſſe royale ſe trouvera bientôt dédommagée de ſes avances par cette nouvelle ſource de revenus, & la richeſſe du peuple, qui eſt le vrai tréſor de l'état, y prendra en même temps des accroiſſemens conſidérables.

Il eſt vrai qu'on ne ſauroit effectuer beaucoup, à moins d'étalons originaux & d'une grande dépenſe, qui, comme je l'ai déjà obſervé ailleurs, eſt au-deſſus des forces d'un particulier, & ne peut être ſoutenue que par un ſouverain.

Mais un bon gouvernement, qui a devant les yeux le grand but de toutes les républiques, doit auſſi s'appliquer à augmenter de toutes les manières poſſibles les richeſſes & les forces de l'état, & ne rien épargner de ce qui peut contribuer à accroître l'aiſance & par conſéquent le revenu des ſujets.

Un Prince, dit l'auguſte auteur de l'Antimachiavel, reſſemble au ciel qui fait tomber ſa roſée & ſa pluie pour fertiliſer les pays.

Il agit contre les principes d'une bonne économie, lorſqu'il fait acheter chez l'étranger un article qui eſt néceſſaire, mais auſſi qui pourroit être cultivé dans le pays même.

CHAPITRE XII.

De la manière de marquer les Poulains.

Dans la plupart des haras on marque les poulains, pour diftinguer les chevaux des haras feigneuriaux de ceux des haras du pays, & les uns & les autres des chevaux de mauvaife race ou de race incertaine. C'eft ainfi que chez les habitans de la nouvelle Zélande & chez ceux de l'ifle d'Otahiti, comme autrefois chez plufieurs peuples d'Europe & d'Afie, certaines figures, qu'ils fe font par des piquures & des incifions fur le vifage & fur d'autres parties du corps, & qu'ils peignent en noir & rendent ineffaçables par le moyen d'un onguent dont ils les frottent, font des marques diftinctives de leur nation, de leur famille & de leur état.

Déjà chez les anciens Grecs & Romains il étoit d'ufage de marquer les chevaux & d'autres animaux avec des lettres & d'autres fymboles. PLINE dit que le fameux cheval d'ALEXANDRE pouvoit avoir été nommé *Bucéphale*, à caufe d'une tête de taureau dont il étoit marqué au garrot (1).

_____

(1) PLIN. *Hift. Nat. lib. VIII, fect. 64.* Voyez auffi ARISTOPHAN. *in Nubibus, verf. 23, cum notis ;* & BARTOLUS *in annot. ad. L. Stigmata. C. de Fabricens, lib. II.* De-là vient cette maxime de Droit : *Equus recognofcitur per ftigmata vel figna.* BARTOL. *ibid.*

Il y a trois manières de marquer les chevaux. On le fait ou par une *incifion*, ou avec un *corrofif*, ou avec un *fer chaud*.

En Hongrie, où de grands troupeaux paiffent enfemble, les propriétaires marquent leurs poulains ainfi que leurs autres beftiaux, d'abord après la naiffance, ou un des huit premiers jours fuivans ; & c'eft par une *incifion* dans la peau. Il eft bien vrai que la cicatrice en demeure ineffaçable. Mais premiérement, il eft difficile de découper exactement certaines figures dans la peau ; & en fecond lieu, elles perdent peu-à-peu toute leur netteté, à mefure que l'animal avance en âge & prend fa croiffance.

WINTER (1) indique, d'après LŒHNEISEN(2), la manière fuivante de marquer les poulains avec un *corrofif*.

On prend,

> *Verd-de-gris*, une once & demie.
> *Arfenic citrin* ou *réalgar*, une demi-once.
> *Mercure fublimé-corrofif*, une once.
> *Eau-forte*, dix onces.

Après avoir mêlé ces ingrédiens, on les laiffe enfemble trois jours, avant que de les mettre en ufage. A l'endroit où l'on veut marquer le cheval, on lui rafe le poil ; enfuite, fe fervant d'un pinceau, on y deffine la marque en une

(1) Dans un Traité Allemand qui a pour titre : *Stuterei-Merkurius.*

(2) *Neuerœffneter Hof-kriegs-und Reut-fchule.*

couleur éclatante, foit fur un patron, foit de main franche ; puis on y applique avec le pinceau le corrofif de la largeur d'un doigt, & cela à trois reprifes dans l'efpace de vingt-quatre heures ; enfin on guérit la plaie avec une mixtion compofée de deux pots d'eau, qu'on a laiffé repofer vingt-quatre heures fur de la chaux vive, de fuc de grande chélidoine (*fuccus chelidon. vulg. max.*), de fuc de grande joubarbe (*fuccus fedi maj.*), de chacun un demi-pot, & de trois livres d'huile de lin.

Mais, outre qu'il y auroit beaucoup d'objections à faire fur ce corrofif & fur cet onguent, & qu'on pourroit leur fubftituer quelque chofe de meilleur & de plus fimple, comme, par exemple, dans le duché d'Oldenbourg & dans d'autres endroits où on fe fert de fimple eau-forte pour faire la marque, & d'huile d'olive ou d'huile de lin pure pour guérir la plaie ; on voit auffi aifément la difficulté & le danger qu'il y a à mettre quatre fois de fuite un cheval au travail, à lui rafer le poil & à lui appliquer trois fois le corrofif.

Nonobftant tous ces tourmens longs & réitérés que l'on fait fouffrir à l'animal, il s'en faut de beaucoup que la marque réuffiffe toujours. Souvent elle fe trouve déjà imparfaite dès l'acte même de l'impreffion. Souvent auffi le cheval, en fe grattant, comme la demangeaifon & la douleur l'y excitent, ou la fuppuration en rongeant les chairs, ou encore quelques autres accidens auxquels la lenteur de la guérifon expofe, la rendent toute difforme & indiftincte.

La plus prompte, la plus sûre & la meilleure manière de marquer les chevaux, c'est de le faire avec un *fer chaud*. Cet instrument, qui est encore meilleur s'il est de cuivre, exprime le symbole qui agrée au propriétaire du haras. Il ne faut pas que la figure en relief y soit tranchante ; au contraire, les traits en doivent avoir au moins une ligne d'épaisseur sur près d'un demi-pouce de profondeur. De même, pour empêcher qu'il n'y ait de la confusion dans l'empreinte, il faut avoir attention qu'aucun de ces traits ne soit trop proche d'un autre. On donnera aussi au manche environ trois pieds de longueur.

Les endroits ou parties du corps où l'on marque les chevaux, sont la *ganache* ou les *joues*, la *partie du cou qui est au-dessous des crins*, le *garot* ou *l'épaule*, les *cuisses* & les *fesses*, ou les *hanches*. Le cou & les fesses y sont les plus propres, parce que ce sont des parties bien charnues. La ganache & le garot sont les endroits les plus dangereux, à cause du grand nombre de nerfs qui s'y trouvent. C'est au garot que la marque se fait le plus rarement.

Quand on veut marquer le cheval, on le mène les yeux bandés devant la forge. Il n'est pas nécessaire de lui mettre les morailles ; il suffit qu'un homme courageux & robuste le tienne ferme par la bride ou le licou. Dès qu'il est tranquille, on tire du fourneau le fer tout rouge, & on l'applique sur l'endroit où l'on veut avoir la marque.

Dans cette opération, il faut bien prendre garde que les caractères qui se trouvent sur

la marque, foient imprimés par-tout affez profondément, & pas de biais. Pour cet effet, le
cheval qu'on veut marquer à la cuiffe, doit
être dreffé fur les pieds de derrière, afin que
la peau ne foit pas ridée. Que le cheval
s'effraie, s'agite, fe retire, qu'il rue, & que
par-là il donne à connoître la douleur qu'il
reffent au moment où l'on applique la marque,
il faut que toutes les parties aient déjà touché
la peau, parce qu'il ne feroit pas poffible de
fuppléer dans la fuite ce qui n'auroit pas été
exprimé d'abord. Il faut encore avoir attention,
lorfque le cheval commence à ruer & à faire
rage, qu'il ne foit pas une feconde fois touché quelque part avec le fer rouge; & ainfi, comme celui-
ci doit être appliqué fortement & fans ménage-
ment, il faut de même qu'il foit retiré promptement & avec précaution. Si on vouloit mettre le
cheval au travail, ou l'empêcher en quelque autre
manière de bouger du lieu, il pourroit aifément
arriver que la marque pénétreroit trop avant.

Les parties brûlées guériffent bientôt; il ne
faut pour cela que les frotter d'huile d'olive
pendant qu'elles font encore chaudes, & réitérer fréquemment ce remède.

C'eft communément à l'âge de deux ou de
trois ans qu'on marque les poulains. Il n'eft
pas à propos de le faire plutôt, parce que ces
animaux ayant encore long-temps à croître,
les marques s'effaceroient beaucoup & devien-
droient à la fin tout-à-fait indiftinctes.

Les marques fe divifent en principales & en
acceffoires.

Les marques principales confiftent le plus

souvent dans les armes du propriétaire du haras, dans une de leurs parties distinguées, ou dans les lettres initiales de son nom, ou du nom du pays, ou du haras; & les marques accessoires dans les lettres initiales des noms des père & mère, ou de leur nation, &c.

Dans le duché de Wirtemberg, les chevaux des haras seigneuriaux sont marqués à la fesse droite d'un W, surmonté d'un chapeau ducal, & au cou, au-dessous des crins, de la lettre initiale du nom de l'étalon. Pour y différencier les chevaux des haras du pays, c'est-à-dire, ceux qui sont issus de jumens de paysans, & de chevaux entiers de seigneurie, on les marque d'une corne de cerf à la fesse droite, & à la joue gauche, de la première lettre du nom de l'étalon ou du lieu de la monte, c'est-à-dire, du lieu où les étalons de la seigneurie sont placés pour couvrir les jumens des paysans d'un certain district.

Comme le national intéresse bien plus que le nom de l'étalon, il y a en Allemagne plusieurs endroits où l'on fait du premier la marque des poulains, tellement que

A signifie *Arabe*.
B ———— *Barbe*.
D ———— *Danois*.
E ———— (*Englisch*), Anglois.
N ———— *Napolitain*.
P ———— *Polonois*.
S ———— (*Spanier*) Espagnol.
T ———— *Turc*.

Ou bien on fait la marque de deux lettres,

d'une grande & d'une petite, par exemple, *A a,* *B v*, &c. La première de ces lettres marque le nom national, & la dernière le nom de l'étalon.

Quelquefois une même marque a deux significations différentes, selon qu'elle est appliquée sur le côté droit ou sur le côté gauche. Par exemple, la seule chose qui différencie les chevaux napolitains du haras de la Pouille de ceux de la Calabre, c'est que les premiers portent la marque sur la hanche droite, & les seconds sur la hanche gauche (1).

Il est aussi d'usage dans le royaume de Naples, de marquer de certaines lettres à la joue les poulains issus de chevaux entiers d'une beauté & d'une noblesse distinguées, ou de fameux coursiers.

Comme le principal but que l'on doit se proposer en marquant les chevaux de haras,

---

(1) Une notice de l'état & de l'arrangement actuel des plus célèbres haras de l'Europe, du national des étalons & des jumens poulinières; des haras du pays; de l'éducation des mulets de certains pays, &c. & une iconographie ou description des marques de chevaux de haras usitées, seroient incontestablement d'une grande utilité aux écuyers, aux amateurs de chevaux, & même aux propriétaires des haras. L'auteur de cet ouvrage possède une collection assez considérable, tant de desseins de marques que de nouvelles descriptions de plusieurs haras, & il a intention de la mettre au jour, avec figures, aussi-tôt qu'il sera en état de livrer quelque chose de complet. Il saisit cette occasion de témoigner publiquement sa reconnoissance à ceux qui ont daigné seconder ses vues par des secours effectifs; & il prie les directeurs & officiers de haras, de qui il n'a encore rien reçu, de vouloir bien coopérer, aussi, de leur côté, au succès de son entreprise.

eſt d'établir & de maintenir par - là, comme par un document public, la réputation des haras chez l'étranger, il eſt du grand intérêt non - ſeulement de chaque propriétaire d'un haras, mais auſſi de l'état, que ce diplôme ne ſoit accordé à aucun poulain provenu de chevaux communs, vieux, mal bâtis, ou mal-ſains & foibles. Il faut que chaque cheval marqué faſſe honneur au haras dont il eſt ſorti, & que la marque conſtate auſſi bien la pureté de la race, le rang & le prix d'un cheval de telle ou telle nation, qu'un acte ſigné par un ſecrétaire de l'émir en préſence de témoins, conſtate la nobleſſe d'un cheval Arabe.

Il n'y a que les chevaux de remonte, ou plutôt que ceux des gens de guerre en général, que l'on marque indiſtinctement; mais c'eſt auſſi à une toute autre fin, & avec d'autres caractères.

Les chevaux de la cavalerie Eſpagnole, & toutes les jumens déclarées par la police incapables de ſervir à la propagation de l'eſpèce, ont le bout de l'oreille droite coupée; & on coupe le bout de l'oreille gauche aux vieux chevaux de l'armée, que l'on ſépare pour être vendus aux payſans.

CHAPITRE XIII.

De la manière de ferrer les Poulains.

LES anciens avoient deux fortes de moyens de foigner la corne de leurs chevaux. L'un confiftoit à faire ufage de certains onguens pour la nourrir & la durcir, ou pour la faire revenir lorfqu'elle s'étoit ufée. Deux auteurs vétérinaires, COLUMELLE (1) & VÉGÈCE (2), donnent les recettes de ces onguens, & ils en parlent avec la plus grande confiance.

L'autre moyen étoit de mettre aux chevaux une manière de bottines ou de fouliers, qui communément étoient faits de natte de jonc, ou de genêt (3), de cuir cru (4), ou de fer (5), & qu'on leur attachoit avec des liens (6).

______

(1) *De re ruftica, lib. VI, c. XV, edit.* GESNER. *ci-dev. cit.*

(2) *Artis Veterinariæ, five Mulo - Medicinæ, lib. I, cap. 56, & lib. II, cap. 58, edit. fuprà.*

(3) *Soleæ fparteæ; Sparteæ.* COLUMEL. *lib. VI, cap. 12.* VEGET. *lib. I, c. 26; lib. II, c. 45; & lib. III, c. 4 & 18.*

(4) *Carbatinæ.* ARISTOTEL. *Hift. Anim. lib. II, cap. 6.*

(5) *Ferrea folea,* CATUL. *Carm. 17.* Ces fouliers étoient peut-être une tiffure de fil de fer ; ou , ce qui eft encore plus vraifemblable , on les garniffoit d'une plaque de fer , pour les rendre plus durables. Quand le luxe s'en mêloit, on y employoit un métal plus précieux. Les mules qui tiroient les mille voitures avec lefquelles l'Empereur *Néron* avoit coutume de voyager , avoient toutes des fouliers d'argent ; SUETON. *in Neron. cap. 30 , fin.* ; & celles qui traînoient l'Impératrice *Poppée* , fa femme , en avoient d'or. PLIN. *Hift. Nat. lib. XXXIII, fect. 49 , fin.* DIO. *Hift. lib. 62.*

(6) Cela paroît par les phrafes dont les auteurs fe

Au

Au reſte, il y a tout lieu de croire, par rapport à ce dernier moyen, qu'ils ne le mettoient en œuvre que dans des circonſtances & des cas particuliers, comme lorſque leurs chevaux avoient les pieds délicats, ou qu'ils y avoient quelque mal, ou encore lorſqu'ils alloient à la guerre ou en voyage, ou qu'ils avoient à paſſer par quelque chemin pierreux ou raboteux, &c. Du moins eſt-il certain que de tous les paſſages des anciens où il eſt parlé de cette chauſſure des chevaux, il n'y en a pas un ſeul d'où l'on puiſſe recueillir, que ces animaux l'aient eue perpétuellement & pour l'ordinaire aux pieds. Il paroît au contraire bien clairement par la fameuſe anecdote du muletier de Vespasien (1) que, même en voyage, on ne la leur mettoit que lorſque les mauvais chemins l'exigeoient.

L'art de ferrer les chevaux, c'eſt-à-dire, de leur attacher des fers aux pieds avec des clous, ne remonte pas à une ſi haute antiquité. On ne trouve rien qui puiſſe faire ſoupçonner que les anciens Grecs & les anciens Romains l'aient connu; ou plutôt le profond ſilence que gardent ſur cet art les anciens auteurs, & ſur-tout les

---

ſervent en parlant de ces ſouliers. *Soleas induere.* Plin: *loc. cit. Solea pedem induere.* Colum. *loc. cit. lib. VI, cap. 12. Animal calceare.* Veget. *loc. cit. lib. II, cap. 55, pedem calceare. Id. ibid. cap. 58. Spartea calceari.* Pallad. *de re ruſt. lib. I, tit. 24, edit. id. Chulas calceare.* Sueton. *in Veſpaſ. c. 23.* Ὑποδεῖσθαι τὰ ὑποδήματα. Artemidor. *IV. 32,* p. 220. Ὑποδέειν καρρατίναις. Aristotel. *loc. cit.*

(1) Sueton. *in Veſpaſ. cap. 23.*

P

vétérinaires Grecs & Latins, depuis XÉNOPHON jufqu'à VÉGÈCE, qui écrivoit dans la dernière moitié du quatrième fiècle de l'ère chrétienne, prouve qu'il leur étoit abfolument inconnu. Autrement ils n'auroient pu oublier, ni fe dif-penfer de parler d'un ufage fi important & fi utile, dans les endroits de leurs ouvrages où ils ont traité de la manière de conferver la corne aux chevaux.

FABRETTI, qui prétend avoir examiné tous les chevaux repréfentés fur les anciens tom-beaux, fur les colonnes & fur les marbres, veut en avoir trouvé un qui étoit *ferré* (1).

Mais cette affertion eft trop vague, pour qu'on en puiffe inférer l'époque de l'invention de la *ferrure*. Ce qu'il y a de certain, c'eft qu'on ne connoît aucun fer de cheval plus ancien que celui que l'on trouva, avec d'autres antiquités, à *Tournai*, l'an 1653, dans fe tombeau de *Chil-déric* I, roi de France, mort l'an 481. Il y a tout lieu de croire que c'étoit un des fers du cheval favori de ce monarque, à côté de qui il avoit fans doute été enterré felon l'ufage des anciens. On en trouve le deffin dans les *monumens de la Monarchie françoife de* MONTFAUCON (2). Ce fer n'a point de crampons ; du refte il a exacte-ment la forme de ceux qui font le plus ufités aujourd'hui.

Suivant un traité de M. PEPPE, dans lequel il parle des fers de cheval chez les anciens, & qui fe trouve dans l'*Archaiologie* d'une fociété

----

(1) Voyez le *Diction. Encyclopéd.* art. *Ferrure.*
(2) *Tome I, page 16. Planche VI.*

d'antiquaires établie à Londres, on eſt en droit de croire que ce n'eſt qu'au commencement du onzième ſiècle, un peu après la conquête des Normands, que l'uſage de ferrer les chevaux s'introduiſit en Angleterre (1).

GUILLAUME *le Conquérant*, qui avoit beaucoup de chevaux lorſqu'il fit ſon invaſion en Angleterre, donna à SIMON ST LIZ, gentilhomme Normand, la ville de Northampton & tout le diſtrict de Falkley, qui étoit eſtimé alors quarante livres par an, pour acheter des fers pour ſes chevaux; & c'eſt ſans doute parce que HENRI DE FERRES ou FERRERS, qui paſſa avec GUILLAUME en Angleterre en qualité d'intendant des maréchaux (*præfectus fabrorum*), avoit l'inſpection ſur la ferrure, qu'il adopta ce nom & qu'il prit pour ſes armes ſix fers de cheval noirs en champ d'argent.

Dans les pays & les contrées où le climat eſt ſec, & le ſol dur & uni, on ne ferre jamais les chevaux, parce que leur corne y acquiert un degré de dureté & de fermeté ſuffiſant pour réſiſter aux accidens extérieurs. Les *Perſes*, les *Ethiopiens*, les *Tartares* & autres peuples qui ſont continuellement à cheval, ignorent auſſi juſqu'à préſent, l'uſage de la ferrure.

Les *Japonois* mettent à leurs chevaux des ſouliers à-peu-près comme ceux des anciens dont il a été parlé ci-deſſus.

Au contraire, il eſt abſolument néceſſaire de

---

(1) Voyez *Neue Kriegs-Bibliothek*, 5tes Stük, ſeite 247. ſeqq.

ferrer les chevaux dans les pays où les chemins
font pavés, pierreux, raboteux, ou bien humides & fangeux (1)

Dans les pays fablonneux & plains, où le
fol eft moins dommageable à la corne des chevaux ; par exemple, dans plufieurs contrées de
l'Angleterre, du Brandebourg, de la Saxe, &c.
on les ferre au moins des pieds de devant,
parce que la corne y fouffre plutôt qu'aux pieds

---

(1) Tels étoient les pays de la *Gaule Belgique*, où
les *Francs* étoient établis fous le règne de CHILDÉRIC I.
STRABON l'obferve expreffément de quatre de ces pays
qui, avant l'invafion des *Francs*, étoient appellés terres
des *Ménapiens*, des *Morins*, des *Atrébates* & des *Ebu-
rons*, & qui avoient à leur centre *Tournai*, où CHIL-
DÉRIC I fut inhumé. *Menapii paludes incolunt, & fylvas
humilis denfæq. materiæ ac fpinofæ. Menapiorum regioni
fimilis eft Morinorum, Atrebatum & Eburonum. Rerum
Geographic. lib. IV, fol. 210, edit. cit.* Conf. CELLARII
Notitia orbis antiqui vol. I. tab. V. ad pag. 205, edit. cit.
Telle étoit auffi l'ancienne *Germanie*, d'où les Francs
étoient fortis ; *informis ferris ;* TACIT. *de fitu, Morib.
& Popul. Germ. cap. 2; in univerfum aut filvis horrida,
aut paludibus fœda, humidior qua gallias afpicit; id. ibid.
cap. 5; magna ex parte fylvis ac paludibus invia ;* POM-
PONIUS MELA *de fitu orbis, lib. III, cap. 3;* & nommé-
ment la contrée que cette Nation y occupoit avant fon
établiffement dans les Gaules ; *Franci inviis ftrati paludibus,* VOPISCUS *in Prob. cap. 12.* CLAUDIAN. *in Honor.*
Si l'on joint cette obfervation à celle qui a déjà été
faite un peu plus haut fur le fer de cheval trouvé à
Tournai dans le tombeau de CHILDÉRIC I, & à ce qui
eft dit dans le texte qui a fourni occafion à cette note,
il fera affez naturel d'en recueillir que c'eft vraifemblablement ou à la *Gaule Belgique*, ou à l'ancienne
Germanie, que no s devons *l'invention de la ferrure des
chevaux.*

de derrière, qui n'ont à porter qu'une partie moins pefante du corps.

Il feroit fuperflu & déplacé de traiter ici au long de la ftructure de la corne ; des diverfes fortes de ferrure chez les différens peuples, & felon la deftination des chevaux, foit pour le tirage, foit pour la monture, comme auffi felon la diverfité des formes de la corne & la conftitution des pieds ; ou encore des maladies & des accidens auxquels ceux-ci font fujets ; de la manière de les guérir, &c. tout ce qu'on peut dire là-deffus, étant déjà prefque épuifé dans plufieurs traités particuliers qui ont paru depuis quelque temps fur ces matières, & ce Chapitre n'ayant proprement pour objet que la ferrure des jeunes chevaux, dont la corne eft le plus fouvent encore en bon état. Je veux me borner à ce qui regarde ceux-ci, & renvoyer les lecteurs, qui defirent de plus amples inftructions, aux ouvrages dont je viens de parler (1).

---

(1) Voici la notice des meilleurs de ces Ouvrages.

JEREM. BRIDGES *no foot no horfe ; or an effay on the anatomy of the foot of a horfe, with particular directions for the cure of the chief internal difeafes the horfe is fubject. London.* 1751, in-8°.

Obfervations & découvertes faites fur les chevaux, avec une nouvelle pratique fur la Ferrure ; par le fieur LA FOSSE. *Paris,* 1754, in-8°.

Effai théorique & pratique fur la Ferrure, par M. BOURGELAT. *Paris,* 1771, in-8°.

D. CHRISTOPH. FRIDR. WEBER'S *Abhandlung, von dem Bau und Nutzen des hufs der Pferde, und der beften Art des Befchlægs. Drefden,* 1774, in-8°.

Obfervations upon the fhoeing of horfes, by M. JACOB CLARKE. *London,* 1776, in-8°.

Communément on ferre les poulains lorsqu'ils ont quatre ans accomplis. C'est d'ordinaire vers les fêtes de Noël. On attend qu'ils n'aillent plus en pâture, & qu'ils aient été tenus quelque temps à l'écurie. La première fois on ne les ferre que des pieds de devant. Mais le printemps suivant on les ferre aussi des pieds de derrière ; ou bien on commence déjà dès la seconde ferrure, qui doit se faire six ou au plus tard huit semaines après la première, à les ferrer des quatre pieds. On les y accoutume peu-à-peu en leur levant fréquemment les pieds tout doucement, en frappant dessus, & toujours plus fort, en les caressant, & en leur donnant, chaque fois qu'ils se rendent, un peu de sel ou de sucre, ou une poignée de fourrage dont ils sont le plus friands.

La ferrure des poulains est une affaire de grande importance. C'est particuliérement de la première, selon qu'elle est bonne ou mauvaise, que dépend pour l'ordinaire la bonté ou les défauts des pieds, ainsi que la forme & la bonne ou mauvaise qualité de la corne. Il faut donc se bien garder de confier ses jeunes chevaux à un maréchal ignorant & mal-adroit, & observer sur-tout les règles suivantes.

JOH. ADAM KERSTING'S *unterricht, Pferde zu beschlagen und die an den Füssen der Pferde vorfallende gebrechen zu heilen. Gœttingen.* 1777 , in-8°.

BOUWINGHAUSEN *von* WALLMERODE *Anweisung die Pferde besser und nüzlicher, als bisher zu beschlagen, nebst den Krankheiten des Hufs und der Art, solche zu heilen, zum gebrauche der gemeinen schmide. Stuttgard.* 1780 , in-8°.

Comme les fers servent principalement à préserver les quartiers du sabot, c'est-à-dire, à
empêcher qu'ils ne s'usent & ne s'ébrèchent,
& que la sole & les autres parties du pied
n'ont proprement besoin d'aucune armure artificielle, le maréchal doit n'ôter avec le boutoir
que les pièces de la fourchette qui veulent
tomber d'elles-mêmes, avec les durillons qui
viennent quelquefois sur la sole, & qu'il faut
aussi abattre souvent même aux chevaux que
l'on ne ferre jamais ; se bien garder d'ailleurs
de parer le pied sans nécessité ; n'abattre au
contraire les quartiers qu'au niveau de la sole,
& donner même à celle-ci tant soit peu plus
de profondeur, pour que la partie du fer qui
la couvre n'y pose pas. Au reste cela s'entend
seulement de la première ferrure. La corne,
que les fers préservent de l'usure, croît plus
fortement dans la suite ; & alors on en retranche
de temps en temps ce qu'il en est crû aux quartiers & à la sole. C'est le sabot qui n'a jamais
été ferré, & qui n'est point endommagé, qui
doit toujours servir de modèle au maréchal
pour parer & pour ferrer. Il doit aussi avoir
soin en particulier de ne pas laisser trop de
longueur à la pince, qui est la partie qui croît le
plus vîte ; mais aussi de ne la pas trop accourcir,
parce que l'un & l'autre de ces inconvéniens
feroit marcher le cheval incommodément.

La corne des talons doit être tenue bien
ouverte, comme les jeunes chevaux l'ont ordinairement, & si elle est ferrée, c'est-à-dire trop
étroite, il faut bien l'abattre, mais toutefois sans
creuser les quartiers, parce qu autrement le sabot

s'étréciroit encore davantage & produiroit *l'en-caftelure*.

Les fers doivent être plats, fans crampons, ou feulement en avoir de très-bas, de bon fer & bien forgés. Il faut qu'au commencement ils foient légers, qu'ils portent exactement fur les quartiers, & non fur la fole, comme je l'ai déjà obfervé, & qu'ils ne débordent nulle part le fabot, & feulement tant fôit peu vers les talons. Enfin le fer doit être ajufté au fabot, & non le fabot au fer, & il faut que la forme ordinaire du fabot foit auffi peu altérée; la crue de la corne & l'allure naturelle du cheval auffi peu gênées qu'il eft poffible.

C'eft affez de fix à huit clous pour attacher les fers à un poulain. Ceux qu'on y emploieroit de plus, feroient fuperflus, & ne feroient qu'endommager la corne.

Il faut que les têtes des clous foient ajuftées aux trous, & qu'elles y foient tellement enfoncées, qu'elles ne paffent pas la fuperficie des fers.

Enfin il faut avoir attention de ne jamais employer les voies de contrainte pour parer le pied & pour ferrer, & de ne point faire entrer de clou dans la chair vive, non-feulement parce que l'on blefferoit les jeunes animaux plus ou moins griévement, mais encore parce que la douleur qu'ils reffentiroient pourroit les rendre difficiles & les gâter pour toujours.

Il ne faut non plus jamais appliquer le fer chaud fur le pied, & encore moins l'y appliquer rouge, pas même en prenant la mefure, parce que l'on peut *brûler la fole* & que d'ailleurs cette méthode rend la corne caffante.

L'ufage de raper la corne autour du fer eft prefque auffi nuifible qu'il le feroit de limer l'émail des dents. Ce n'eft pas fans deffein que la nature a revêtu la corne, ainfi que les dents, d'une fubftance dure & liffe. Cette croûte eft effentiellement néceffaire pour fa confervation.

C'eft auffi en vain qu'on cherche, par un onguent de pied, quelle qu'en foit la compofition, à réparer ce que la rape du maréchal a gâté.

Mais ce qu'il y a encore de plus pernicieux, c'eft d'échauffer la corne avec un fer chaud pour que l'onguent y pénètre d'autant mieux. Quiconque fait que la corne a, comme les autres parties du corps, une grande quantité de pores, reconnoîtra aifément qu'au lieu d'amollir & d'adoucir la corne, ce vernis artificiel doit produire précifément l'effet oppofé, & caufer aux pieds toutes fortes de maladies, puifqu'il obftrue les pores & empêche, bien plus que le vernis naturel, la circulation des humeurs, ou du moins la tranfpiration ordinaire.

Il ne faut donc pas fouffrir qu'on rape ni qu'on racle jamais la corne, fur-tout celle des jeunes chevaux, ni qu'on la frotte d'onguent de pied, ni qu'on l'échauffe.

Pour rendre la corne luifante, il fuffit de la frotter de temps en temps d'huile de térébenthine ou d'huile de laurier. Ces deux fortes d'huile, fi on n'en ufe pas trop fouvent, fervent auffi mieux qu'un onguent épais, à adoucir & à amollir celle qui eft naturellement caffante.

Mais les plus naturels, les plus fûrs & les meilleurs moyens pour préferver la corne de

ces sortes de maux, ou pour les guérir, c'est
de laver diligemment les pieds du cheval avec
de l'eau fraîche, ou de le mener souvent dans
l'eau ou dans un pâturage ou quelque autre
terrein humide. Il est rare de trouver des chevaux de pâturage qui aient les pieds mal-faits
ou viciés. Mais aussi-tôt que l'homme se mêle
d'y raffiner, ils sont sujets à toutes sortes de
vices.

CHAPITRE XIV.

Des maladies des Chevaux, de leurs symptomes & de leur guérison.

AUTANT il y a de différence entre la conformation extérieure des quadrupèdes & celle de
l'homme, autant l'anatomie comparée a-t-elle
trouvé de ressemblance entre eux par rapport
à la structure intérieure.

Les parties solides & fluides du corps, les
veines & les vaisseaux lymphatiques, la circulation du sang & des autres humeurs, la structure
des glandes & des nerfs, & toutes les opérations
naturelles chez les hommes & chez les bêtes,
sont dans le fond l'effet d'un même arrangement,
& ne diffèrent que par des modifications.

Aussi les bêtes ont-elles, tant dans l'état de
liberté, que dans celui d'esclavage, presque
toutes les maladies internes & externes qu'ont
les hommes leurs maîtres.

Les seules auxquelles elles ne sont point

fujettes, font celles qui ont leur fource dans le libertinage & le déréglement, comme, par exemple, les maladies vénériennes, les petites véroles, le chancre incurable (1), & quelques infirmités attachées à la vieilleffe; outre qu'ayant une nourriture plus fimple & moins de difpofition aux violentes paffions, elles n'ont pas, à beaucoup près, autant de fièvres & de maladies compliquées.

D'un autre côté elles font expofées à quelques maladies qui leur font propres, & à plufieurs maux contagieux, encore plus terribles que parmi les hommes qui vivent fous un climat tempéré.

Ainfi le traitement des maladies des bêtes demande les mêmes lumières, les mêmes principes & les mêmes médicamens que celui des maladies humaines. La feule différence qu'il y a, c'eft qu'on fe règle, pour la dofe de ceux-ci, fur la grandeur de l'animal & fur le plus ou le moins de forces de fa nature, & qu'entre des remèdes pareillement efficaces, le médecin vétérinaire peut choifir ceux qui coûtent le moins.

Les médecins ont eu foin de déterminer, fur chaque médicament, quelle eft la plus forte, la moyenne & la moindre dofe. C'eft ce qu'on trouve dans la plupart des difpenfaires; & quand la dofe convenable pour un homme de vingt & quelques années eft d'une drachme, la recette pour un enfant de cinq à quatorze

––––––––

(1) *Voyez* ci-devant la remarque fur le chancre, parmi les maladies des étalons, Chapitre VI, page 103, note.

ans eſt d'un à deux ſcrupules, & pour un enfant
d'un à quatre ans, de cinq à quinze grains.

De même le plus ſûr, par rapport aux chevaux, c'eſt de partager auſſi en trois âges la
période de la vie de l'animal depuis ſa naiſſance
juſqu'à ce qu'il ait pris toute ſa croiſſance, de
ſorte que le premier renferme les deux premières années ; le ſecond la troiſième & la
quatrième ; & le troiſième la cinquième, la
ſixième & la ſeptième ; & , ſuivant la règle
dont il vient d'être queſtion, d'augmenter la
portion de chaque âge d'environ deux tiers
juſqu'à trois-quarts. Au reſte, dans la déter-
mination de la quantité des médicamens, il
faut auſſi faire toujours attention à leur bonne
ou mauvaiſe qualité, & non-ſeulement à la
différence de l'âge, mais encore à celle du tempérament , & , comme je l'ai déjà obſervé
ci-deſſus, au plus ou moins de forces de la
nature des malades.

Comme nos animaux domeſtiques ont une
ſi grande & ſi conſidérable influence ſur l'économie & la proſpérité des états, on ne ſauroit
aſſez s'étonner que, nonobſtant les grands progrès que la médecine humaine a faits de temps
en temps, la médecine vétérinaire ſoit reſtée,
juſqu'au milieu de ce ſiècle, dans le plus pi-
toyable état & dans l'ancienne barbarie, & ait
été abandonnée à des maréchaux & à des
bergers ignorans.

Mais enfin, depuis que cette matière a commencé d'être traitée plus ſolidement en Angleterre par un BRACKEN, un GIBSON, un BARTLET,
& en France par un BOURGELAT, un LA FOSSE

& d'autres hommes habiles; qu'on s'est défait peu-à-peu de ce misérable préjugé, que personne ne pouvoit toucher le cadavre d'une bête sans se déshonorer; & que non-seulement des savans n'ont point honte de l'anatomie & de la médecine des chevaux, mais aussi que des écuyers s'en occupent & font par-là encore plus d'honneur à leur poste que par la science du manège; sur-tout depuis que LOUIS XV, en France, & à son exemple, quelques autres Souverains, convaincus de l'importance de la chose pour le bien de l'état, ont établis des *écoles vétérinaires*, & élevé au rang de science., l'art de guérir les bestiaux; on ne manque plus de bons ouvrages, fondés sur des principes & des expériences solides, qui répandent un plus grand jour sur la médecine vétérinaire tant théorique que pratique (1).

---

(1) De ceux de ces ouvrages qui me sont connus, voici, selon moi, les principaux:

Farriery improv'd, or a compleat treatise upon the art of Farriery; by HENRY BRACKEN. *London*, 1739, in-8°. 2 vol.

A new Treatise on the diseases of horses, by, WILLIAM GIBSON. *London*, 1751, in-4°.

The gentleman's Farriery, or a practical treatise on the diseases of horses, by J. BARTLET. *London*, 1759, in-8°.

BARTLETS, *Pharmacopee, oder Apothecke eines Rosçartz, mit anmerkungen von* D. W. BUCHHOLS, *Weimar*, 1778, in-8°.

Élemens d'Hippiatrique, ou nouveaux principes sur la connoissance & sur la Médecine des chevaux, par M. BOURGELAT, *Ecuyer du Roi. Lyon, tome* I, 1750. *Tome* II, *Part.* Iere. 1751. *Tome* II, *Part.* II, 1753, in-8°.

Matière médicale raisonnée, ou Précis des médicamens

Il n'entre point dans mon plan de m'engager ici bien avant dans cette matière ; & cela feroit d'autant plus fuperflu, que j'ai déjà eu occafion en différens endroits de ce traité, de parler des maladies les plus ordinaires des chevaux de haras, & d'indiquer les remèdes les plus efficaces que l'on peut y appliquer.

Mon deffein eft feulement de m'expliquer un peu plus en détail & avec plus de précifion qu'on ne l'a fait jufqu'à préfent, que je fache, dans les traités de vétérinaire fur le *pouls*, dont la connoiffance des maladies & le choix des médicamens dépendent tant, ainfi que fur la *faignée* & fur la *purgation* des chevaux ; & cela me paroît d'autant moins inutile & déplacé, que c'eft toujours à l'un ou à l'autre de ces moyens,

---

confidérés dans leurs effets, à l'ufage des élèves de l'École royale vétérinaire, par M. BOURGELAT. *Lyon*, 1765, in-8°.

Guide du Maréchal, Ouvrage contenant une connoiffance exacte du cheval, & la manière de diftinguer & de guérir fes maladies, par M. LA FOSSE. *Paris*, 1766, in-4°.

Cours d'Hippiatrique, ou Traité complet de la Médecine des Chevaux, par M. LA FOSSE, *Hippiatre. Paris*, 1772, *grand in-fol.*

Médecine Vétérinaire, par M. VITET, *Docteur & Profeffeur en Médecine. Lyon*, 1771, *3 vol.* in-8°.

Einleitung in die vieharznei-kunft, von JOH. CHRISTIAN POLYKARP ERXLEBEN. *Gœttingen und Gotha*, 1769, in-8°.

Practifcher unterricht in der vieharznei-kunft, von J. CHR. P. E. (ERXLEBEN). *Gœtting. und Gotha*, 1771, in-8°.

LehrbegrifF von den Krankheiten der pferde und deren Heilung, &c. von D. JOH. ERNST ZEIHER. *Berlin*, 1771, in-8°.

D. W. G. PLOUCQUETS *Roffarzt oder unterricht, die Krankheiten der Pferde zu erkennen und zu curiren, mit angehengtem Recept-Buche. Tübingen*, 1780, in-8°.

je veux dire à la saignée ou à la purgation,
que les maréchaux recourent dans la plupart
des maladies de ces animaux, ou du moins
dans celles auxquelles ils ne savent point de
noms, & que n'ayant pas une connoissance
suffisante du pouls, ils purgent quand il faudroit
saigner, & réciproquement, ou font l'un ou
l'autre, lorsque ni l'un ni l'autre n'est nécessaire, & causent souvent par-là le plus grand
dommage.

ARTICLE I.

Du Pouls & de la Saignée des Chevaux.

LA saignée suppose des connoissances sans
lesquelles un empirique nuira dix fois par cette
opération, pour une fois qu'il la fera à propos.

Un maître de haras ou un médecin de chevaux doit savoir juger par les signes & les
causes de maladies, & par l'abondance ou la
pénurie du sang, si la saignée est nécessaire,
& si elle sera utile, ou bien si elle seroit nuisible. Autrement il vaut mieux ne saigner point
du tout.

Les signes les plus généraux de la pléthore,
des maladies, de leurs révolutions & de leur
conclusion, se trouvent dans le *pouls*; & c'est
aussi par lui que l'on peut juger le plus sûrement des cas où il faut faire ou ne pas faire
une saignée.

On peut connoître par le *pouls* le degré de
force que le cœur emploie pour pousser le

fang; les artères fe dilatent chaque fois que le cœur y envoie une nouvelle quantité de fang; & c'eft la dilatation & le refferrement alternatifs des artères, produits par le mouvement du fang qui paffe du cœur aux parties externes, qu'on appelle le *pouls*.

Dans l'état de fanté & de repos, la bête a, comme l'homme, en un certain intervalle, un nombre déterminé de battemens de pouls, felon la diverfité des climats, des temps du jour, de l'âge, du fexe, du tempérament & de la grandeur.

L'ordre de la nature dans les animaux en fanté a fait obferver aux médecins les irrégularités du pouls dans les maladies.

Les lumieres que procurent des obfervations exactes du pouls, font rarement équivoques, fur-tout fi l'on fait en même temps attention à l'haleine & à d'autres fymptomes. Il n'y a que fort peu de cas, comme, par exemple, les maladies de vers & les maux de nerfs, où fes indications puiffent tromper.

Ainfi la connoiffance de ces fignes & l'attention la plus exacte aux variétés du battement du pouls, font auffi néceffaires au médecin que la bouffole au pilote. Sans elles il fera, avec tout fon favoir, continuellement expofé au danger de fe tromper, pour le malheur de fes malades, dans l'eftimation des maladies, de leurs caufes & de leurs accidens, & dans le choix des remèdes. Il eft d'autant plus effentiel à un médecin vétérinaire de connoître les indications du pouls, non-feulement par rapport à la faignée, mais auffi pour différencier exacte-

ment

ment les maladies, qu'excepté ces fymptomes &
quelques autres, l'animal ne peut nous donner
aucune idée de fes fenfations & de fa maladie.

L'épaiffeur de la peau & le poil des chevaux
n'empêchent point une main experte de leur
fentir le pouls prefque auffi bien qu'à l'homme.
Les artères, qu'il eft le plus aifé de leur trouver
& de leur fentir, font *l'artère brachiale*, au-
deffus de la châtaigne de la jambe de devant,
& *l'artère temporale*, un peu au-deffus du petit
angle de l'œil, en biaifant vers l'oreille. Souvent
le battement des *artères carotides* peut être vu
diftinctement au cou, près de la ganache.

De plus, le médecin vétérinaire a encore
cet avantage, qu'il peut faire auffi fes obfervations & fes recherches tout proche du cœur;
ce que nos mœurs ne permettent pas à nos
médecins par rapport à nous, ou du moins
par rapport aux femmes.

Dans un climat tempéré, le pouls d'un cheval
de moyen âge qui eft en fanté & en repos,
bat trente-huit à quarante fois dans une minute.
Le matin il eft d'ordinaire un peu plus lent
que le foir. Les poulains & les chevaux extrêmement colériques l'ont un peu plus vîte. Dans
les plus jeunes poulains on peut compter jufqu'à foixante battemens, & même davantage.
Celui des femelles eft communément plus lent
que celui des mâles; & celui des bêtes pleines
eft quelquefois plus fréquent, comme celui des
femmes enceintes. Dans les vieillards & les
bêtes âgées, le pouls devient toujours plus lent,
à mefure qu'ils s'éloignent davantage du temps

de leur naiſſance. D'ordinaire on ne compte, tout au plus, chez un vieux cheval, que trente battemens du pouls. Dans les plus violentes fièvres des chevaux, le nombre des battemens ne monte guère au-delà de quatre-vingt-dix à cent ; elles déclinent auſſi à meſure que ce nombre diminue.

Il en eſt à-peu-près de même du pouls des bêtes à cornes.

Plus le pouls, hors le cas d'une cauſe paſſagère, s'écarte de ſon égalité & de ſa meſure dans l'état de ſanté, plus auſſi peut-on en conclure avec certitude, qu'il y a quelque irrégularité dans le corps.

Par rapport au degré de force, le pouls eſt *plein* & *grand* (*magnus*), ou *vuide* & *petit* (*parvus*) ; *fort* (*fortis*), ou *foible* (*debilis*) ; *dur* (*durus*), ou *mou* (*mollis*) ; *vîte* (*celer*), ou *lent* (*tardus*).

Le *pouls plein* ou *grand* eſt le plus haut degré de dilatation des artères, & de force de leur battement dans l'état de ſanté. On juge aiſément par-là & par ce qui va être dit, de ce qu'on entend par *pouls vuide* ou *petit*.

Le pouls eſt *fort* lorſqu'il eſt plus élevé que d'ordinaire ; & il eſt *foible*, quand il bat ſi doucement, qu'on a peine à en le ſentir mouvement.

On dit que le pouls eſt *dur* lorſque l'artère eſt tendue, & que le battement y eſt comme celui d'un corps dur, ou comme celui du marteau d'un inſtrument de muſique ſur la corde ; & on dit qu'il eſt *mou* lorſque l'artère eſt, à la vérité, pleine, mais ſans être tendue, ou qu’elle n’eſt que tant ſoit peu enflée, & qu’on ne ſent à travers une peau douce qu’un léger mouvement du ſang.

Enfin le pouls eſt *vîte* ou *lent* lorſque ſes battemens, en une minute, ſurpaſſent ou n’atteignent pas le nombre ordinaire qui a été indiqué ci-devant.

Le *pouls plein & lent* eſt une marque de ſanté & de force, & une preuve de beaucoup de ſang.

Le *pouls plein & vîte* annonce déjà un changement conſidérable dans le corps, & ce changement eſt d’autant plus indubitable, lorſque le pouls eſt en même temps *fort*.

Le pouls eſt *fort & vîte* dans les fièvres continues qui ne ſont point accompagnées d’inflammation, & dans les fièvres intermittentes. Si le nombre des battemens augmente de jour en jour, la fièvre devient dangereuſe. Mais s’il diminue, c’eſt une marque que la maladie diminue auſſi.

Le *pouls dur & vîte* marque une fièvre chaude inflammatoire.

Le *pouls mou & foible* eſt communément produit par des obſtructions & des inflammations du poumon, ou par un affoibliſſement & un épuiſement de la nature.

Il n’y a que peu de maladies où le nombre des battemens du pouls ſoit ſouvent moindre que dans la ſanté; & c’eſt un ſigne d’amendement lorſque le pouls devient plus vîte & plus plein.

Outre les degrés de force du pouls, il faut auſſi obſerver l’inégalité de ſes battemens & les intervalles entre chacun de ceux-ci.

Q 2

Il y a *trois fortes d'inégalité* du pouls; *l'une*
lorſqu'il manque, dans l'ordre naturel, un
battement du pouls, ſoit après un plus grand
ou après un moindre nombre de battemens; la
ſeconde lorſque certains battemens redoublent,
c'eſt-à-dire, lorſque deux battemens ſont vîtes,
& que le troiſieme ſuit lentement; & la *troiſième*
lorſque quelques battemens ſe ſuccèdent en un
degré de force toujours croiſſant.

Le manque d'un battement après pluſieurs
autres, s'obſerve ſouvent, & n'eſt point de
conſéquence. Des vieillards & des bêtes âgées,
en qui les valvules du cœur s'oſſifient peu-à-
peu, peuvent, avec un *pouls intermittent*, vivre
long-temps & en ſanté. Le manque d'un battement après un petit nombre d'autres, ſignifie
davantage; il ſignifie le plus après un très-
petit nombre de battemens. Plus le pouls eſt
inégal & en même temps vîte, plus auſſi il eſt
mauvais. Ce dernier cas a lieu dans des fièvres
très-malignes, dans l'inflammation d'entrailles
& dans les laſſitudes cauſées par de violentes
douleurs, dans le cas d'un polype & dans les
enflures des artères.

La *ſaignée* eſt un des moyens les plus aiſés
& les meilleurs d'obvier à une maladie ou d'y
appliquer du remède, parce qu'elle ſert à tempérer la chaleur de la fièvre, à ralentir le
mouvement trop rapide du ſang, & à lui ôter
ſa viſcoſité & ſon épaiſſeur.

Dans toutes les maladies qui proviennent de
l'abondance, de l'épaiſſeur & de la viſcoſité
du ſang, dans les maladies d'inflammation, qui,
outre d'autres ſymptomes, ſe décèlent par un

pouls tout à la fois fort ou dur & vîte, la
faignée, & fouvent fa répétition, eft néceffaire
pour faciliter le travail des vaiffeaux, & pour
obvier à l'inflammation. Quand le pouls eft
vuide, mou, foible, & en même temps lent,
cette opération eft non-feulement fuperflue,
mais auffi le plus fouvent dangereufe & nuifible.
C'eft une nouvelle preuve, qu'avant que de
paffer à la faignée, il faut, avec d'autres fymptomes, confulter auffi principalement le pouls,
pour juger, par fes indications, des maladies
& de leurs degrés, de leur accroiffement &
de leur décroiffement ; pour recueillir de
la nature des circonftances, s'il ne vaut pas
mieux omettre tout-à-fait la faignée, ou bien
s'il faut la répéter fouvent ; & pour ne pas
tirer trop de fang dans une petite maladie,
ou trop peu dans une grande & dangereufe.

Au refte, ce n'eft pas feulement par le pouls
qu'on peut juger de la pléthore & de l'ébullition
de fang des chevaux, & conféquemment de
la néceffité de la faignée. Il y a encore d'autres
fignes auxquels on peut les reconnoître. C'eft
lorfque, contre leur coutume, & fans que le
panfement de la main ait été négligé, ils fe
grattent fi rudement, que le poil en eft emporté ; lorfqu'ils cherchent à fe ronger ou à
fe mordre la peau, comme le font les chevaux
hongrois, les polonois & autres (1) ; lorfqu'ils

____

(1) A la vérité, cela peut fouvent n'être caufé que
par une âcreté du fang & des humeurs qui en ont été
féparées. Mais pour des chevaux bien entretenus, on
trouvera que ce fymptome, joint avec d'autres, eft
une marque infaillible d'abondance de fang.

montrent plus de feu & de vivacité, qu'ensuite ils sont plutôt las que d'ordinaire, ou qu'ils vont donner de la tête contre le mur; lorsque, sans avoir été auparavant poussifs, ils poussent beaucoup après s'être donné quelque mouvement. C'est de plus, lorsqu'ils ont la bouche sèche, l'haleine chaude, la respiration prompte, les yeux d'un rouge foncé, les paupieres d'un rouge tirant sur le jaune, & les veines gonflées; ou encore lorsqu'ils battent du flanc, &c. Si, outre cela, la langue est couverte d'une croûte d'un jaune noirâtre, l'urine rouge & claire, la fiente desséchée, & que ces symptomes soient aussi accompagnés d'un pouls fort ou dur & vîte, ils signifient qu'il est bon de faire une saignée, & quelquefois même de la réitérer. Il faut seulement observer ici, que quelques-uns de ces symptomes se rencontrent aussi souvent dans des fièvres malignes & avec un pouls petit & foible, c'est-à-dire, dans des circonstances qui ne permettent pas la saignée.

De plus, l'expérience montre qu'il y a encore d'autres accidens extérieurs qui déterminent le bon ou le mauvais effet de la saignée.

On trouve, par exemple, que, pour les fortes blessures & contusions, pour tous les abcès, pour les enflures aux parties externes & aux avives ou glandes du cou, elle est utile d'abord au commencement, pendant les deux ou trois premiers jours, & aussi long-temps que l'inflammation dure, ou qu'il y a lieu d'espérer que les humeurs se résolvent, parce qu'il se fait par-là révulsion, c'est-à-dire, que les humeurs sont détournées vers d'autres parties ; mais qu'au contraire, faite trop tard, lorsque le pus est déjà formé dans les abcès, elle est toujours nuisible, parce que l'absorption du pus en est favorisée.

La saignée est aussi bienfaisante après de violentes douleurs internes ou externes, dans le vertige & autres maladies de la tête ; mais elle n'est pas salutaire après un fort dévoiement, & en général après toutes sortes d'évacuations trop fréquentes.

On aime à choisir, pour la saignée, des veines qui ne soient ni trop grandes ni trop petites, & on évite celles qui passent proché des grosses artères & des nerfs. Comme le sang circule continuellement par tout le corps, & que toutes les veines n'en font proprement qu'une seule, il est assez indifférent laquelle d'entre elles on ouvre. Cependant on a trouvé que, dans les congestions de sang, aussi long-temps qu'il n'y a point encore d'inflammation, il étoit bon d'ouvrir une veine éloignée du siège de la maladie, pour détourner le sang de la partie souffrante, au lieu que dans les inflammations, on ne sauroit saigner trop près du siège de l'inflammation. A la faveur de ces deux règles, il est aisé de juger dans quelles maladies de la tête & des yeux il faut saigner *aux veines des tempes* ou *aux larmiers*, ou non. On en peut aussi recueillir que c'est, pour l'ordinaire, sans succès que, dans les maux de ventre, coliques, &c. on ouvre la *veine du flanc*, comme le prescrivent plusieurs Livres de médecine vétérinaire ; qu'au contraire la saignée *au plat de la cuisse* est salutaire dans les dislocations des hanches & des reins ; la saignée *aux ars*, dans les luxations des épaules, des coudes ou du genou ; la saignée *à la pince*, dans de pareilles luxations ou autres maux des pieds ; la saignée *sous la langue*, quand le cheval a les avives ; la saignée *à la queue*, dans les luxations de reins. Mais, je le répète, ces saignées ne sont salutaires dans les accidens spécifiés, que lorsqu'ils sont d'abord suivis d'inflammation. C'est à la veine *brachiale*, à la *jugulaire*, & à *celle du flanc*, qu'on saigne le plus souvent. On aime à faire la saignée au train de devant, lorsque la maladie est au train de derrière ; & à celui-ci, lorsque la maladie est au train de devant ; ou encore, au côté gauche, lorsque le mal est au côté droit, & au côté droit, lorsque le mal est au côté gauche, parce que quelques-unes des saignées mentionnées ci-dessus sont plus mal-aisées ; que, par exemple, les veines du plat des cuisses & celles des ars étant fort élevées, elles esquivent aisément, & sont difficiles à attraper, & qu'il y en a où le sang n'est pas si aisé à arrêter que dans d'autres. La *veine jugulaire* est celle où la saignée se fait le plus ordinairement & le plus commodément. On fait l'ouverture à environ six pouces au-dessous de la ganache ; pour qu'elle se gonfle d'autant mieux, & qu'elle devienne visible, on fait au cheval une ligature avec une ficelle autour du cou, aussi près du garot & des épaules qu'il est possible ; ou bien, si cela n'est pas faisable, on se contente d'appuyer les doigts sur le trajet de la veine, au-dessous de l'endroit où l'on veut l'ouvrir ;

on lui donne aussi, après l'ouverture, quelque chose de dur à mâcher, comme un mors, ou un morceau de bois, pour que le sang jaillisse plus fortement de la veine.

Le meilleur est de se servir de la flamme pour ouvrir la veine. Quand il est sorti assez de sang, on referme l'ouverture en faisant passer une épingle à travers les deux lèvres de la plaie, & en l'y assujettissant par un crin de la queue ou du cou, que l'on entortille derrière les deux bouts, & que l'on noue à la fin. On retire l'épingle quelques jours après, lorsque la plaie est guérie. On arrête aussi le sang, en appliquant fortement & durant un certain temps, sur l'ouverture, une compresse avec du vitriol ou du sel pilé bien menu, ou encore la moitié d'une coquille de noix.

La veine doit être ouverte au milieu, ou du moins pas trop de côté ; & il faut que l'ouverture soit assez grande, parce qu'alors la pression de tous les corps fluides fait qu'il sort plus de sang grossier que de subtil.

Par rapport à la quantité de sang qu'il faut tirer, on se règle sur le tempérament, l'âge & les circonstances qui exigent la saignée. Le plus qu'on en tire communément aux chevaux, c'est trois à quatre livres, poids d'apothicaire, c'est-à-dire, la livre de douze onces.

Même, dans le cas de nécessité, il faut tirer moins de sang à de vieux chevaux énervés & à des chevaux hongres, auxquels, bien loin d'en diminuer la masse, il faudroit plutôt l'augmenter, s'il étoit possible, qu'à de jeunes chevaux bien nourris & qui travaillent peu.

La faignée n'eſt pas non plus toujours d'une néceſſité abſolue dans le cas d'une ſimple abondance de ſang. Il ne faut ſouvent, pour la diminuer, qu'une plus maigre nourriture, avec plus de mouvement & de travail, ſur-tout ſi on y joint encore une poudre tempérante d'environ quatre onces de nitre, ou deux onces de nitre & deux onces de ſel ammoniac mêlés enſemble, que l'on donnera quelques jours de ſuite au cheval dans une pinte de petit-lait.

Par-là on peut ſouvent épargner le *coup de corne*, c'eſt-à-dire, la *ſaignée au palais*, à quoi la plupart des maréchaux procèdent d'abord, lorſqu'un cheval a perdu l'appétit, ou qu'il eſt fatigué & échauffé. On comprend aiſément que, dans le dernier cas, c'eſt principalement de repos que l'animal a beſoin pour ſe refaire.

Il ne faut pas ſaigner dans l'état de ſanté & ſans de bonnes raiſons; & de-là il réſulte auſſi qu'il ne faut non plus s'y attacher, ni à certaines ſaiſons, ni à certaines planètes.

Par-tout où l'on a encore la pernicieuſe coutume de faire, au printemps & en automne, une ſaignée générale parmi les chevaux aux haras, aux écuries du prince, dans la cavalerie, & chez les particuliers, c'eſt une preuve certaine de l'ignorance du maître de haras, de l'écuyer ou du maréchal.

Quand la ſaignée a tourné en coutume, la nature, à chaque retour des temps réglés, s'attend à cette décharge; & le cheval devient malade, dès qu'on néglige de la lui procurer. Cela fait auſſi que ce remède, lorſqu'on y a recours dans le cas de la plus grande néceſſité, eſt communément inefficace ; & ſi d'abondantes ſaignées , jointes à une bonne nourriture , engraiſſent , comme les veaux d'Angleterre le prouvent d'une manière frappante , il n'eſt pas moins vrai que cela produit à la fin des humeurs corrompues , l'hydropiſie & d'autres maladies.

On peut auſſi quelquefois juger des maladies , de leurs révolutions & de leur concluſion , par la qualité du ſang.

Quand le ſang eſt fraîchement tiré & encore chaud , il préſente une liqueur un peu épaiſſe , également rouge par-tout, opaque , viſqueuſe & graſſe , qui rend une vapeur ſubtile d'une odeur un peu déſagréable , & qui, du reſte , dans l'état de ſanté , n'a pas la moindre âcreté. A meſure qu'il ſe refroidit , il épaiſſit & ſe coagule en une maſſe propre à être coupée , & qui prend la forme du vaſe dans lequel il ſe trouve. Bientôt après on voit s'élever , ſur la ſurface , de petites gouttes tranſparentes , qui ſe multiplient & augmentent toujours plus , & qui coulent autour du ſang caillé juſqu'à ce que la partie épaiſſe y baigne comme une île.

Cependant la maſſe du ſang caillé n'eſt jamais entiérement ſubmergée ; mais la partie qui eſt expoſée à l'air devient ſèche & ſe couvre d'une peau.

Ainſi, quand le ſang eſt abandonné à lui-même , & qu'il demeure en repos dans un vaſe , il ſe partage en *deux ſubſtances ;* ſavoir , la *partie rouge* & épaiſſe , qu'on appelle *cruor,* & la *partie aqueuſe, viſqueuſe & jaune* , qu'on nomme *ſerum.* Le *cruor* ſe lave, & on en tire une poudre rouge, qu'on pourroit en quelque façon nommer la *partie huileuse*, parce qu'elle est soluble dans l'esprit-de-vin, & qu'elle est inflammable quand elle est sèche. Si on le dépouille de sa partie rouge, il reste un corps qui n'est soluble ni dans l'eau, ni dans l'esprit-de-vin, auquel on a donné le nom de *fibre* (*fibra*), & qu'on regarde comme la *troisième substance* ou la terre du sang. La proportion de ces parties est très-différente chez les hommes & chez les bêtes en santé, selon l'âge, le tempérament, la qualité de la nourriture, &c. & ainsi on ne peut presque rien conclure de précis du sang pris en général.

Par contre, le sang est sujet à plusieurs changemens contre-naturels plus ou moins fréquens.

Il peut se putréfier & se dissoudre entiérement, & alors il n'y a point d'art qui puisse lui rendre son épaisseur. Le *serum* peut avoir trop ou trop peu d'eau, & trop de viscosité. Trop de pente à la coagulation occasionne des inflammations. Quand la partie rouge du *cruor* y est en trop grande ou en trop petite quantité, cela peut produire toutes sortes de maladies.

La couenne ou peau, dont le sang humain est souvent couvert, marque des maladies d'inflammation ; ce qui fait que, lorsqu'elle est épaisse, blanche & coriace, on l'appelle la *croûte d'inflammation*. C'est, de tous les signes extérieurs dont j'ai parlé, celui qui est le plus significatif & le plus décisif dans le sang humain. En effet, on trouve le plus souvent que l'inflammation de cou, de poitrine, d'entrailles, diminue à mesure que, dans une seconde, troisième & quatrième saignée, l'épaisseur & la dureté de cette peau décroît, ou qu'elle disparoît; & on juge que la maladie aura une mauvaise conclusion, lorsque cette même peau s'opiniâtre à rester, ou qu'elle augmente. Ce n'est que dans la plus forte inflammation de poumon, que le sang que l'on a tiré demeure fluide. Au reste, ces signes doivent être réunis avec les autres, pour qu'on en puisse tirer ces conséquences. D'ailleurs tout ceci ne doit aussi s'entendre que du sang humain, & il y a fort peu d'application à en faire aux chevaux, puisque le sang de ceux-ci, & même des plus sains, est presque toujours couvert d'une croûte d'inflammation, & qu'ainsi ce n'est que du plus ou du moins d'épaisseur, de dureté & de tenacité de cette croûte, comparé avec la proportion ordinaire, qu'on peut tirer quelques inductions. Enfin il faut encore observer ici que, dans ces derniers temps, on a abandonné, pour de bonnes raisons, l'opinion, que, pour éteindre davantage l'inflammation, il faut réitérer la saignée aussi long-temps que cette croûte paroît, ou qu'elle n'a pas diminué considérablement.

Ainsi, les signes pris de l'apparence extérieure du sang, sont aussi obscurs & incertains que les indications de l'urine, à moins qu'il n'y ait plusieurs autres symptomes qui y répondent.

Peut-être pourroit-on tirer beaucoup plus de conséquences, & des conséquences bien plus justes de la qualité du sang, si en même temps l'on avoit aussi toujours fait plus d'attention à la différence de fa pefanteur fpécifique dans l'état de fanté & de maladie, & en divers fujets.

Selon M. Boissier, il y a même raifon entre l'eau de pluie & le fang humain, qu'entre mille & mille foixante-dix-fept : on admet communément que le *ferum* eft au *cruor* à-peu-près comme trois à un, & la *fibre* eft à toute la maffe du fang comme un à quatre-vingt, puifque dix onces de fang d'un homme vigoureux n'ont donné qu'un drachme de *fibre* ; &, fuivant le calcul ordinaire, le *ferum* eft d'un trente-huitième plus pefant que l'eau, & d'un douzième plus léger que le *cruor*. Dans la diftillation on a eu foixante-quatorze parties d'eau de quatre-vingt-dix parties de fang.

Comme les trois fubftances du fang font de différente pefanteur ; que le fang a plus de *ferum* chez les hommes & les bêtes flegmatiques que chez les colériques, & moins chez ceux qui font forts que chez ceux qui font foibles, & qu'il fe trouve chez quelques-uns une plus forte portion de *cruor* & de *fibre* que chez d'autres, & ainfi que le mêlange de ces parties conftitutives & la proportion qu'il y a entre elles font très-différens chez les hommes & chez les bêtes, & que l'eau, comme la plus légère & la plus grande partie du fang, diminue confidérablement dans quelques maladies ; il réfulte de-là, & c'eft auffi un fait conftaté par l'expérience, que la même quantité de fang, foit d'hommes ou de bêtes, n'eft pas de même poids dans toutes les circonftances, & que la même quantité de fang du même homme ou de la même bête eft de poids très-différent dans l'état de fanté & dans celui de maladie, ou bien, que le fang du même fujet, & de même poids, peut occuper tantôt un plus grand efpace, & tantôt un plus petit, & qu'un fang épais eft plus pefant qu'un fang fubtil. C'eft déjà, fans doute, une différence confidérable, que, par exemple, un pouce cubique de fang pèfe une fois quelques fcrupules ou quelques grains de plus ou de moins qu'un autre, puifque ce poids, tout petit qu'il eft en lui-même, ne laiffe pas, lorfqu'on le prend fur la quantité entière du fang qui eft dans le corps, & que l'on peut eftimer, par exemple, dans un adulte, à vingt-quatre livres ou deux cens quatre-vingt-huit onces, de faire un objet par rapport à la proportion naturelle des humeurs qui doivent être mifes en mouvement par la force motrice.

De-là il eft aifé de juger s'il ne vaudroit pas la peine de rechercher exactement la différence de la pefanteur fpécifique du fang, & s'il n'y a pas lieu de préfumer qu'au moins les degrés extrêmes de fa légéreté & de fa pefanteur feroient de plus grande importance pour le Pathologue, que ne le peuvent être maintes autres indications.

Il feroit aifé de faire affez d'effais dans les grands hôpitaux & aux haras. On pourroit employer, comme mefure générale & invariable, une bouteille de verre, dont l'ouverture feroit large, comme dans un entonnoir, mais qui auroit le cou long & étroit, & contiendroit au moins trois ou quatre onces d'eau de pluie. Ces trois ou quatre onces d'eau devroient atteindre jufqu'au cou du vafe, &

c’eſt-là que la valeur des onces ſeroit exactement marquée par une ligne ou un trait ſubtil.
On ſent aiſément qu’il faut un cou très-étroit,
& qui ne laiſſe paſſer le ſang qu’avec peine,
pour qu’en en empliſſant la bouteille, il n’y
en entre pas une goutte de trop, ce qui pourroit altérer le poids. On pourroit auſſi ſe ſervir
d’un vaſe cylindrique de métal à large ouverture, avec un couvercle convexe qui joignît
bien, & qui, entrant dans le vaſe à quelques
lignes de profondeur, en fît écouler l’eau de
pluie dont on l’auroit rempli, de façon qu’il
n’y en reſtât exactement que trois ou quatre
onces. Bien entendu qu’il faudroit que le ſang
& l’eau, que le couvercle auroit fait ſortir,
& qui demeureroient attachés en dehors, fuſſent
chaque fois eſſuyés bien proprement ; que le
ſang qu’on voudroit peſer eût été fraîchement
tiré, & fût verſé encore tout chaud dans la
bouteille ou dans le vaſe de métal, & que, pour
en faire la peſée, on ſe ſervît d’une balance parfaitement juſte & du poids d’apothicaire.

A la vérité, M. le docteur GLASER a inventé
& communiqué au public un *pèſe-ſang* & un
haimatométre (1). Mais cette invention ne ſauroit
ſervir au but dont il s’agit ici ; elle n’a pour
objet que de déterminer la quantité de ſang
qu’on veut tirer dans une ſaignée, avec plus
d’exactitude qu’on ne peut le faire en en jugeant
ſimplement à l’œil.

---

(1) Voyez D. GLASERS *Beſchreibung ſeiner neuerfun-
denen Blutwage und Blutmeſz-geſchirs, &c. Hildburghauſen.
1758.*

ARTICLE

Article II.

De la Purgation des Chevaux.

S'il y a des remèdes internes qui ne doivent être employés qu'avec circonspection, ce font principalement les purgatifs. La nature en est affoiblie ; ils épuisent les forces de l'estomac & des intestins : & qui ne fait combien il est difficile de les rétablir ? Ils causent souvent des maladies beaucoup plus fâcheuses que celles qu'on vouloit prévenir par leur moyen ; & les bêtes, particuliérement les chevaux, font bien plus difficiles à purger que les hommes ; ce qui vient peut-être en partie de leur situation horizontale, & de ce que, dans les chevaux adultes, la longueur des intestins est de plus de quatre-vingts pieds, & souvent même de quatre-vingt-dix ; ce qui fait aussi que chaque purgatif qui, ayant à faire un si long chemin, opère en moins de vingt-quatre heures, doit être regardé comme trop fort & comme nuisible. Les chevaux les plus difficiles à purger font ceux qu'on ne nourrit que de fourrage sec, & qu'on fait beaucoup travailler, parce qu'ils ont moins de sucs.

On devroit croire que la structure horizontale du cheval est plus propre aux évacuations par le vomissement, que la situation verticale du corps humain. Cependant, soit que l'irritabilité soit moindre dans les chevaux & les bêtes à cornes, ou que ce soit une suite de

R

la ſtructure particulière de leurs eſtomacs &
d'autres parties intérieures de leurs corps,
l'expérience fait voir, non-ſeulement que le
vomiſſement eſt extrêmement rare parmi ces
animaux, mais auſſi qu'il leur coûte beaucoup
plus d'efforts qu'aux hommes, & met par-là
même leur vie en danger; enfin que, pour
l'ordinaire, les vomitifs n'opèrent tout au plus
que comme purgatifs, cauſent des douleurs
mortelles aux chevaux & les rendent plus malades qu'ils n'étoient.

Il eſt néanmoins différens cas où l'on ne
ſauroit s'empêcher tout-à-fait de recourir aux
purgatifs, par exemple, les maux d'eſtomac,
les tranchées d'indigeſtion & de vents, les
tranchées de vers, différentes ſortes de flux
de ventre, des enflures aux membres, la ma-
lignité & l'abondance d'humeurs, la gale &
autres exanthêmes, les maux des yeux, ceux
de tête, & généralement tous les cas où l'on
veut faire révulſion des humeurs, c'eſt-à-dire,
les détourner vers les parties du corps oppoſées
à celles où elles ſe portoient en trop grande
abondance. Alors il faut y préparer l'animal
au moins douze à vingt-quatre heures auparavant, en ne lui faiſant faire que de légers
repas de fourrage tendre, & en le faiſant même
jeûner quelques heures de ſuite avant que de
lui donner le remède. Il faut auſſi chercher à
faciliter l'effet de celui-ci par des lavemens,
& en faiſant boire ſouvent de l'eau miellée, ou
dans laquelle on aura fait bouillir & crever quelques poignées d'orge entière. De cette manière
une douce purgation opérera ſans danger dans

l'efpace d'une douzaine ou d'une quinzaine d'heures ; au lieu que, fans le fecours que je viens d'indiquer, de plus fortes dofes n'opéreront que plus tard, & feront toujours plus de mal que de bien.

Quelques purgations ou autres remèdes qu'on veuille donner aux chevaux, c'eft toujours par la bouche qu'il faut les leur faire prendre, & jamais par le nez, comme plufieurs maréchaux ignorans le font.

Au contraire il ne faut point du tout de purgatifs dans toutes les maladies où, felon ce qui a été dit ci-deffus, le pouls & l'odeur putride de l'haleine & des excrémens font juger qu'il y a inflammation d'entrailles, ni quand le pouls eft fébrile, ou qu'il bat plus de cinquante fois en une minute, parce qu'irritant l'eftomac & les inteftins, ils augmentent encore la chaleur & le bouillonnement du fang.

Il ne faut jamais donner aux chevaux des purgations par forme de remèdes préfervatifs contre des maladies futures.

Le meilleur prophylactique qu'il y ait pour eux, c'eft de leur faire manger le vert, foit au pâturage ou à l'écurie. On en fait, avec raifon, en plufieurs endroits un remède polycrefte, comme les payfans Norvégiens de l'herbe qui croît fur la cime de leurs montagnes, & qu'ils fèchent (1). On eft, particuliérement en Efpagne, dans l'ufage de mettre au vert tous

____

(1) *Voyez* ce qui a été dit à ce fujet ci-devant, note de la page 8 , Chapitre II.

les chevaux, même ceux de l'écurie du roi, tant de selle que de trait ; & tout le monde y trouve son compte.

Dans bien des maladies les lavemens opèrent des effets plus salutaires que les purgations ; préparés conformément aux circonstances, ils servent à déboucher le ventre, à amollir, à détendre, à adoucir les douleurs & les spasmes, à faire couler les urines, à ôter les inflammations, à guérir les abcès cachés dans le boyau culier, à faire même entrer dans le corps des remèdes & de la nourriture, en cas que cela soit difficile ou impossible par le canal ordinaire, comme il arrive quelquefois dans certains maux de gorge, dans la gourme, & dans quelques maladies de l'œsophage.

Je ne répéterai pas ici ce qui a été dit sur la purgation dans le Chapitre X de ce Traité, page 169 ; quant aux autres remèdes, je renvoie mes Lecteurs à l'Ouvrage de BARTLET, & à celui de BOURGELAT (1), que j'ai cités dans l'article précédent, page 237 ; ils y trouveront plusieurs formules bonnes & sûres.

------

(1) *Pharmacopée de Bartlet ; Matière médicale de Bourgelat.* On trouvera ces Ouvrages, ainsi que la plupart de ceux que je cite, chez le même Libraire qui vend ce Traité.

CHAPITRE XV.

De la Castration.

QUOIQUE la castration ait été imaginée en Orient, il est cependant vrai que les Arabes ne coupent jamais leurs chevaux ; mais c'est un usage presque général en Europe. Le cheval ainsi mutilé est appelé, en allemand, *mœnch* (moine), *verschnittenes*, ou *wallach* (valaque) ; en latin, *cantherius* ; en françois, *hongre.* Nos anciens Allemands, par ces dénominations de *moine* ou de *nonne*, désignoient tout animal auquel on avoit ôté les génitoires, & qui, comme les hommes *castrats*, ou engagés par des vœux, ne produisoient plus.

Le nom de *valaque*, assez ancien chez nous, est sans doute venu de la Valachie, province féconde en excellens chevaux, & qui, probablement, a fourni les premiers *chevaux hongres* à l'Allemagne. Mais il ne s'ensuit pas que c'est dans cette province où l'on a d'abord coupé les chevaux. En effet, AMMIEN MARCELLIN (1)

----

(1) *Ammianus Marcellinus*, Lib. XVII, cap. 12. — L'étymologie du nom françois *hongre*, qui ne vient ni de *cantherius*, ni de *castrare*, ni de *demere*, ne viendroit-elle pas de ce que la Hongrie a pu être, pour la France, ce que la Valachie étoit pour l'Allemagne ? On sait que le royaume de Hongrie fournit encore d'excellens chevaux. (*Note de l'Editeur.*)

écrivoit, dès le quatrième siècle, que les *Quades*, ancien peuple belliqueux des Suèves, se servoient ordinairement de chevaux hongres, pour éviter les inconvéniens qui pouvoient résulter de l'aspect d'une jument, ou pour que le hennissement de leurs chevaux ne décelât pas l'endroit où ils étoient retirés.

Les loix Saliques font déjà mention de *chevaux hongres*; & l'on sait que les Grecs & les Romains s'en servoient long-temps auparavant. Cet usage s'introduisit en Angleterre vers la fin du quinzième siècle, sous HENRI VII. Avant cette époque, il falloit qu'un cavalier montât un cheval entier, comme il étoit de la décence qu'un ecclésiastique ne montât qu'une jument.

La castration ôte aux chevaux une assez grande partie de leur force & de leur fierté : ils deviennent plus traitables & plus susceptibles d'instruction ; en général, on peut les dresser beaucoup plus facilement. On peut, dans cet état, les laisser paître, sans crainte, avec les jumens ; & en guerre, comme en voyage, ou attelés à une voiture, on a beaucoup moins à redouter leur fougue ; ils ne s'animent, ne se mutinent pas comme les chevaux entiers auprès des autres, & ne trahissent pas le cavalier par leur hennissement, qui d'ailleurs est toujours plus foible. Mais ce qui est important, c'est qu'ils conservent mieux leur vue que les chevaux entiers ; & le plus rétif cesse ordinairement de l'être après la castration.

Les procédés les plus connus par lesquels s'exécute cette opération, se réduisent aux suivans :

1°. La castration, par les caustiques ou les corrosifs ; 2°. par le feu ; 3°. par la ligature ; 4°. en froissant les testicules ; 5°. en les biftournant.

Quelle que soit la méthode qu'on adopte, voici d'abord comment il faut s'assurer du cheval.

On lui ceindra le corps avec une large sangle munie de deux anneaux de fer, fixés de chaque côté de la poitrine, à environ un pied & demi de distance l'un de l'autre, comme on les voit en A, figure première de la Planche I, & en MM, figure première de la Planche II.

Il sera mené, ayant les yeux bandés, sur le fumier, ou sur un gazon jonché de paille ; on lui mettra aux pâturons quatre entraves, telles qu'on voit celle en B, figure quatrième de la Planche II ; elle est composée d'une bande de cuir suffisamment large, doublée & rembourée en dedans, munie d'une boucle à l'un de ses bouts C, pour y passer & y arrêter l'autre, & garnie, du côté opposé à la boucle, d'un anneau de fer : cet anneau D sert à fixer & à passer les cordes destinées pour abattre le cheval. On aura soin que chaque corde, fixée par un de ses bouts à un des anneaux, comme on le voit en E & en FF, figure deuxième de la Planche I, repasse dans l'anneau opposé GG, de manière que la corde fixée à un anneau de l'entrave du pied de derrière, vienne repasser dans celui de l'entrave du pied de devant qui le regarde, & retourne de-là entre les deux jarrets, pour être tirée par-derrière, comme celle fixée à l'anneau de l'entrave du

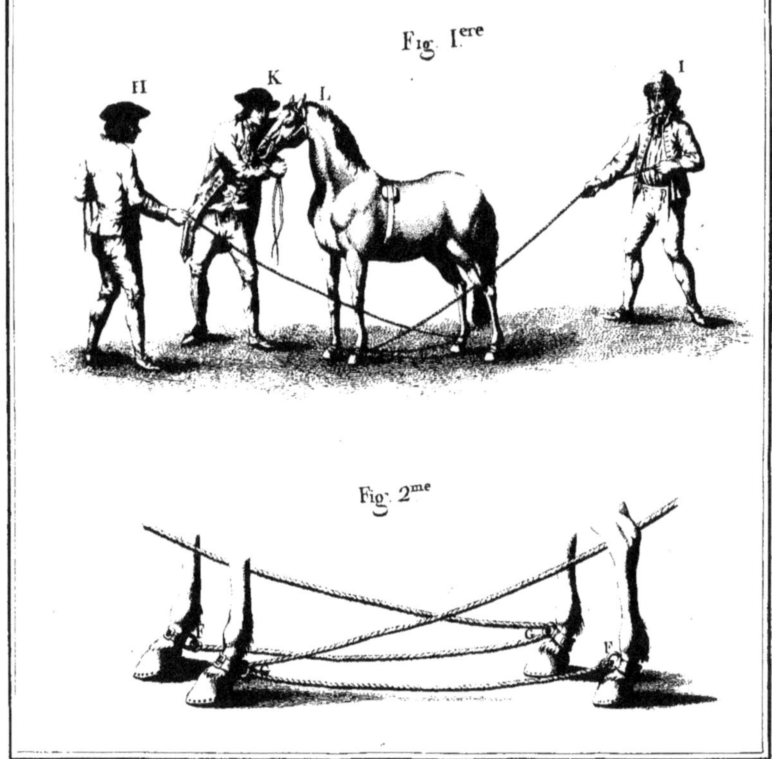
Fig. I.ere
H
K
L
I
Fig. 2.me
F
F

pied de devant ira paſſer dans celui de l'entrave du pied de derrière qui lui répond, & reviendra entre les jambes antérieures, pour être tirée en devant, comme on le voit figure deuxième de la Planche I.

Il ſeroit peut-être plus à propos d'employer de longues couroies de cuir, que des cordes, parce que celles-ci ne gliſſent pas facilement dans les anneaux ; mais les couroies de cuir ne durent pas auſſi long-temps, & ſont plus ſujettes à caſſer.

Lorſqu'on a mis les entraves & paſſé les cordes, comme il a été dit, deux hommes forts, le premier H, figure première, Planche I, placé en avant du cheval, tirant la corde qui doit ramener le pied de derrière avec celui de devant ; & le ſecond I, placé derrière, tirant du côté oppoſé, pour réunir les deux pieds que ſa corde engage, le feront tomber, s'ils ſont parfaitement d'accord ; mais un troiſième homme K tenant la tête de l'animal avec une longe, ou avec le bridon, le ſoutiendra de manière à déterminer la chûte ſur le côté, & non en devant, ſur-tout en le tirant latéralement par la crinière L.

Avec ces précautions, on évitera une chûte dangereuſe au cheval, & les riſques qu'on auroit à courir pour ſoi-même dans ſes différens mouvemens.

Auſſi-tôt qu'il eſt abattu, on paſſe les cordes qui ont réuni les pieds dans les anneaux de la ſangle, & on les fixe à ces anneaux par un nœud coulant facile à défaire, comme on le voit en M M, figure première, Planche II.

Dans le même temps, & pendant toute la durée de l'opération, un ou deux hommes N tiennent la tête du cheval fermement appuyée fur la paille.

Il eft encore bon de prévenir que le cheval doit n'avoir rien mangé de la matinée, le jour qu'on l'abattra ainfi. On fera moins expofé à lui faire crever quelque vifcère dans le ventre, que fi l'eftomac étoit rempli auparavant (1).

Caftration par les Cauftiques.

L'Opérateur fera pourvu d'un bon biftouri, de forte ficelle, de quatre petites pièces de bois, nommées en allemand *kluppen*, & en françois *billots* ou *caffots*, qui feront parfaitement égales : la longueur fera de cinq à fix pouces, & la largeur d'environ un pouce au plus. Elles auront affez de fermeté pour ne pas plier, & feront excavées intérieurement à deux lignes de profondeur, de manière que cette excavation ou gouttière arrive à une ligne près de chaque bord, tout le long de la pièce : on y pratiquera auffi une *coche* ou collet à chacun des bouts, pour y fixer le lien qu'on emploiera. Elles doivent s'appliquer l'une fur l'autre avec la plus grande juft=effe. On les fait ordinairement de bois de fureau, parce qu'en

---

(1) Ce précepte eft très-important à fuivre. J'ai vu des coliques violentes, des indigeftions, la rupture du péritoine, de l'eftomac & du diaphragme, avoir lieu, en abattant des chevaux qui avoient mangé depuis peu. (*Note de l'Editeur.*)

ôtant la moëlle qui fe trouve au centre, la gouttière ou excavation fe trouve toute faite. *Voyez*
fig. 2 & 3, Planche II (1).

Avant d'en faire ufage, on remplira la gouttière de chaque pièce de fublimé corrofif, broyé
avec de l'eau, & réduit en une efpèce de pâte
avec de la farine, ou du levain : ou l'on enduira
l'intérieur avec du levain, pour le faupoudrer
de fublimé bien broyé & bien fec, de forte que
toute la furface du levain en foit couverte.

Cela fait, l'Opérateur s'agenouille derrière
le cheval, & nettoie bien la verge & les bourfes,
ou le *fcrotum*, avec de l'eau fraîche, faifit un
tefticule d'une main, le ferre bien au-deffous;
en le tirant à lui, & de l'autre main armée
du biftouri, fait en longueur une incifion à la
peau, d'où le tefticule fort auffi - tôt; fi le
dartos, qui eft la feconde enveloppe placée
immédiatement après la peau, n'a pas été ouvert par cette première incifion, il en fait une
feconde, & le tefticule fe trouve alors entiérement à nud; il repouffe l'*épididyme* (2)
vers le ventre, le laiffe en totalité, ou en
partie, felon qu'il veut que l'animal conferve
plus ou moins du caractère mâle. Alors il faifit
le cordon fpermatique, l'engage entre deux
des pièces de bois, les lie auffi ferré qu'il eft
poffible au collet, coupe le tefticule près des

---

(1) Fig. 2, l'un des *billots* vu en deffus. O O, coche
ou collet pour la ficelle. Fig. 3, *billot* vu en dedans.
P P, gouttière ou rainure de l'intérieur. Q Q, épaiffeur
des bords.

(2) C'eft ce qu'on appelle communément *amourette*.

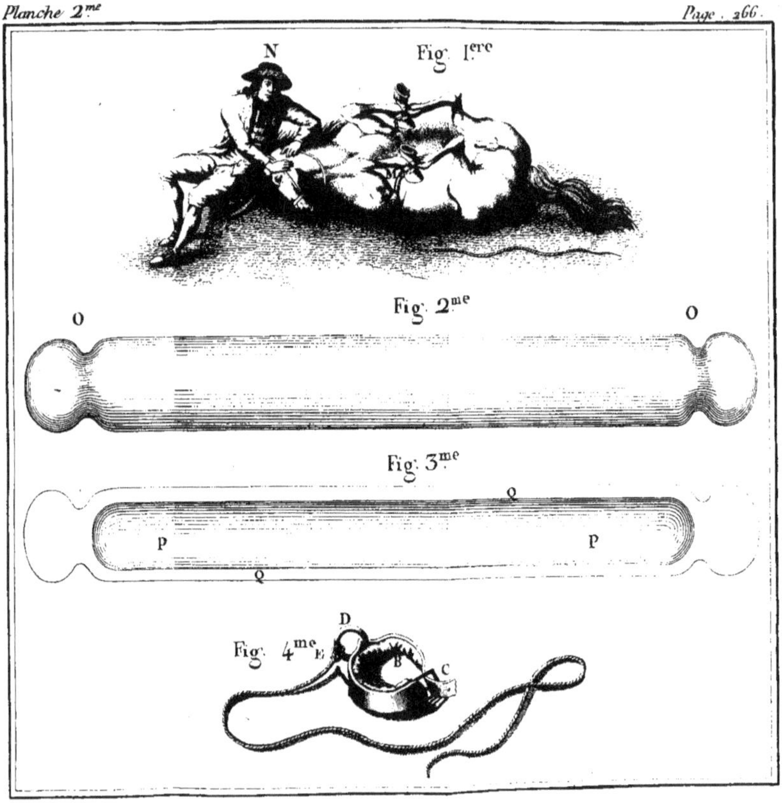

Fig. 1.ere

N

Fig. 2.me

O   O

Fig. 3.me

Q

p   P

Q

Fig. 4.me

D

E   B   C

pièces, mais sans l'emporter totalement : il en laisse, soit un tiers, soit un quart environ, afin que les billots tiennent mieux, & que les vaisseaux déférens qui y sont interceptés soient moins dans le cas de s'échapper.

Lorsqu'il a fait la même opération à l'autre testicule, il lave le *scrotum* avec du vinaigre, où l'on a jetté un peu de sel marin, le déterge bien, dégage le cheval de ses liens, le fait lever & le saigne.

On laissera le cheval reposer vingt-quatre heures. Pendant ce temps, le sublimé corrosif aura produit son effet. On coupera alors le lien qui tient les pièces de bois, & l'on achevera la séparation des parties qui sont encore adhérentes, mais mortes. On lavera de nouveau le scrotum avec de l'eau fraîche, ou mieux encore avec de l'eau aiguisée de sel & de vinaigre.

La plupart des chevaux soutiennent cette opération avec assez de tranquillité, lorsqu'on s'y prend avec douceur à leur égard ; & il est rare qu'on ait besoin de leur mettre les morailles, pour les obliger d'être tranquilles.

On fera pour lors marcher le cheval, tous les jours deux fois, l'espace d'un quart de lieue, ou d'une demi-lieue, mais avec assez de lenteur ; & tous les jours, on aura soin de lui laver & bien nettoyer le scrotum, comme on l'a fait en lui ôtant les *cassots*.

En procédant ainsi, la cure ne demande guère plus de quinze jours ; & l'on n'a aucun accident à redouter. Trois jours après la guérison, on pourra mettre le cheval à quelque travail modéré, mais qui ne dure pas long-temps, de forte qu'il ne puiffe pas s'échauffer. On fera même, fi l'on veut, quelques petites journées de chemin avec lui, pourvu qu'on ne le preffe pas.

Caftration par le feu.

LORSQU'ON aura abattu le cheval, comme il a été dit ci-devant, on aura fous la main :

1°. Deux grands couteaux de cuivre, tenus brûlans dans un réchaud plein de feu ;

2°. Une efpèce de *tenaille* de la forme des morailles, mais plus petite & plus légère, longue de cinq à fix pouces : les deux pièces n'en feront pas tranchantes du côté où elles doivent fe toucher, mais limées avec une groffe lime, de manière cependant qu'elles fe touchent exactement, lorfqu'elles font feules. A l'une des branches fera attachée une couroie de cuir, pour les lier auffi fûrement qu'on pourra. On les appelle, en françois, *morailles à châtrer* ;

3°. Une poignée de fucre fin en poudre ;

4°. Un morceau de cire jaune ;

5°. Un vaiffeau où il y aura une quantité égale & fuffifante d'eau & de vinaigre, im-prégnée d'un peu de fel.

Lorfque l'opérateur a incifé la peau & la feconde enveloppe, & que le tefticule eft à nud, il prend les morailles, faifit le cordon fpermatique entre le tefticule & l'épididyme, rapproche les deux branches, & les lie ferme-ment avec la couroie fixée à l'un des bouts ;

il prend alors un des deux couteaux tout rouges, & sépare, tant en brûlant qu'en coupant, le testicule au-dessus des morailles (1) : il jette aussi-tôt du sucre en poudre sur la surface de la section, y fait étendre de la cire jaune au moyen de l'autre couteau de cuivre très-chaud, en quantité suffisante ; de cette manière, la plaie est assurée contre toute hémorrhagie, lorsqu'on ôte les morailles, ou lors de la chûte de l'escharre de la brûlure.

Après avoir procédé de même pour le second testicule, on lavera (comme dans la première opération) le scrotum avec de l'eau mêlée de vinaigre, & légérement salée. On fera lever le cheval, & l'on réitérera les lotions tous les jours, jusqu'à parfaite guérison.

Castration par ligature, & section du testicule.

LE troisième procédé, celui que suivoient les Anciens, & qui n'est pas encore abandonné de nos jours, se réduit à ceci :

Après avoir ouvert le scrotum, on se contente de lier les vaisseaux spermatiques, soit avec un fort fil de soie, soit avec du fil de cordonnier, & l'on emporte le testicule par une section faite au - dessous de la ligature, c'est-à-dire, du côté où est le testicule. On

---

(1) C'est au-dessus, parce que le cheval est renversé, & que les morailles se trouvent entre lui & le testicule ; mais dans la position horisontale ordinaire, c'est au-dessous des morailles, & entre elles & le testicule, que la section doit être faite. (*Note de l'Editeur*).

étend fur la furface de la fection des vaiffeaux un onguent chaud, fait de fuif de bouc & de térébenthine. On lave le fcrotum avec de l'huile & du vin, & l'on fait promener le cheval ainfi coupé, dans un endroit poudreux.

Caftration par froiffement ou contufion.

CETTE opération fe fait en faififfant extérieurement le cordon fpermatique, foit avec des tenailles à mors larges & plats entre lefquels on les comprime fortement, foit en les contondant & leur ôtant toute action vitale avec deux marteaux de bois. L'animal, ainfi rendu ftérile, eft appellé en Allemand *klopthengft*, & en François *cheval froiffé*. Les Efpagnols l'appellent *caballos fabios*, *cheval fage* (1).

Caftration faite en biftournant.

LA cinquième enfin confifte à faifir les tefticules du cheval, & à les tordre fi violemment, qu'ils deviennent abfolument incapables de fervir à la fecrétion de l'humeur féminale, & fe deffèchent après cette opération. C'eft auffi de cette manière que les bergers Efpagnols châtrent en mars les agneaux de l'hiver

------

(1) En général, il n'y a pas de pays où l'on châtre moins les chevaux qu'en Efpagne. Ces animaux y font naturellement fi doux & fi traitables, qu'on n'a pas befoin de les foumettre à cette opération. Voilà pourquoi l'on dit communément : «il n'y a aucun pays où » les chevaux & les chats foient plus doux & plus » féconds qu'en Efpagne ».

précédent, qui doivent, par la suite, servir de guides aux troupeaux ambulans. Ce procédé les dispense de faire une plaie au scrotum. Ils prennent les testicules, les serrent dans la main avec force, en tordant comme une corde les vaisseaux spermatiques : par ce moyen, ils les rendent stériles sans aucun danger (2).

Les Allemands appellent ce procédé *verdrehung der hoden* ; les François *bistourner* ; & le cheval qui a été ainsi rendu stérile, *cheval bistourné.*

Le premier procédé dans lequel on emploie les corrosifs, est, sans contredit, le plus sûr & le meilleur, comme l'expérience l'a prouvé. On a eu très-peu d'exemples de mauvaise réussite, lorsque l'opérateur s'y est pris avec l'adresse & la prudence convenables ; & que d'ailleurs le cheval étoit sain & bien portant. Les autres procédés exposent l'animal à beaucoup plus de douleurs & de dangers.

La castration faite par le feu est sujette à causer des inflammations subséquentes. VÉGÈCE, qui voyoit pratiquer cette opération de son temps, dit que les animaux qui la subissent, & dont on n'a pas grand soin après, ou qui sont frappés d'un air froid, sont pris d'un *tetanos* ou d'une roideur générale dans toutes les parties du corps (1).

---

(1) Voyez *Introduction à l'Histoire naturelle & à la Géographie physique de l'Espagne*, traduite de l'original Espagnol de Guillaume BOWLES, *par le Vicomte* DE FLAVIGNY. *Paris*, 1776, *in-8°.* p. 475.
(2) Voyez *Vegetii Renati artis Veterinariæ, sive mulo Medicinæ.* Lib. III, cap. XXIV, p. 1125, *edit. cit.*

Le troisième procédé, celui dans lequel on fait la section après une ligature, paroîtroit d'abord avantageux, puisqu'on l'emploie quelquefois pour châtrer les hommes. Cependant cette opération ne va guère qu'aux jeunes chevaux d'un an : or, il est trop tôt de les couper à cet âge. Dans les chevaux plus âgés, au contraire, les vaisseaux sont trop gros, & la masse qu'on doit emporter est trop considérable : il faudroit donc resserrer la ligature à mesure qu'elle deviendroit plus lâche par l'affaissement de la partie qu'elle engage, & abattre souvent le cheval ; ce qui ne feroit pas sans danger.

Quant aux deux derniers procédés, je me contenterai de donner ici un avertissement à ceux qui veulent acheter un étalon. Comme ces chevaux *étreins* & *bistournés* ont encore leurs testicules apparens, quoique inutiles, ils pourroient bien être trompés, s'ils n'y apportoient toute l'attention requise ; & acheter un animal imparfait, qui sembleroit être bien entier.

L'âge auquel il faut couper les chevaux, & la saison dans laquelle on peut le faire le plus avantageusement, méritent une attention particulière.

L'âge le plus propre à cette opération est celui de trois, ou de quatre ans au plus. La saison la plus convenable est le printemps ou l'automne. Les chevaux ayant à cet âge le cou bien formé, du feu, de la force, tiennent alors beaucoup plus des qualités & des avantages de leur espèce, que ceux qui ont perdu leur virilité dans un âge plus tendre.

Il faut seulement prendre garde qu'ils n'aient

pas

pas encore monté de jument à cet âge : car ils font alors plus lâches, plus fufceptibles de foiblir, & ainfi plus expofés au danger dans l'opération. D'ailleurs il y a lieu de craindre qu'un cheval qui a failli, & qu'on coupe, n'ait par la fuite une fanté fort incertaine. Cependant on a quelquefois coupé de vieux étalons, fans qu'il en foit réfulté de fuites fâcheufes.

On a réellement lieu d'être furpris que quelques perfonnes aient confeillé de faire cette opération dans la première année. En effet les tefticules ne pendent pas encore dans les poulains de cet âge ; & l'on ne fait pas ce que ces jeunes animaux pourront devenir par la fuite. Il eft facile d'appercevoir que cette opération doit empêcher leur développement. D'ailleurs l'expérience a prouvé que les poulains coupés fi jeunes, reftent toujours dans un certain degré d'imperfection, auquel ils ne fe feroient pas arrêtés. Ils ont un col extrêmement mince, peu de courage, &c. &c.

Mais il faut fur-tout faire bien attention à la fanté d'un cheval qu'on veut couper : car c'eft delà particuliérement que dépend fon état futur ; on fe gardera bien auffi de le couper lorfqu'il mue. Ce feroit troubler la nature, occupée à un travail pour lequel elle a befoin des forces de l'animal ; forces qu'elle ne doit pas employer pour d'autres befoins.

Nous ne faurions trop approuver la conduite qu'ont tenue, en plufieurs contrées, où il y a beaucoup de chevaux, les princes ou les magiftrats qui ont défendu, par des ordonnances, de les laiffer couper par des châtreurs de

cochons. Ces gens agiſſent toujours ſans art &
ſans principes ; & c'eſt un haſard que l'animal
ſoit bien opéré par leurs mains. Ainſi on **en**
chargera des vétérinaires, qui, d'après des
principes réfléchis, en font ordinairement pro-
feſſion. Ce ne ſera que dans le beſoin abſolu,
qu'on aura recours à des étrangers, ou à des
gens dont la probité n'eſt pas bien connue.

CHAPITRE XVI.

De la manière de courtauder un cheval à l'angloiſe.

L A nature a donné une longue queue au
cheval ; & ce n'eſt pas inutilement. Outre qu'elle
contribue à ſa beauté, elle lui ſert encore de
défenſe contre les mouches qui l'aſſiègent.

Il y a long-temps que les Anglois ont imaginé
de *courtauder* les chevaux, & de donner à ce
qui reſte de la queue une inflexion toute contraire à celle qu'elle a naturellement. On appelle
cette méthode en Allemagne *Engliſiren*, *En-
glændern*, *Schweif·brechen* ou *Kerben*, & en François *Angloiſer* ou *mettre la queue à l'Angloiſe* ;
ainſi Angloiſer un cheval, c'eſt non-ſeulement
lui raccourcir la queue, mais encore y pratiquer en deſſous des inciſions à certaine diſtance,
pour faire porter ce qui lui en reſte dans une
direction élevée.

Le concile de *Celchyd* (*Concilium Calchutenſe*),
tenu en Angleterre vers la fin du huitième

siècle, défendit de courtauder ainsi les chevaux, sous prétexte que c'étoit un usage païen (1). C'est sans doute à cet usage qu'on doit rapporter le sobriquet qu'on donna, dans le treizième siècle, aux Anglois, en les appellant *Caudati* (2). Il n'en continua pas moins en Angleterre, & l'amour de l'imitation le fit même passer en Allemagne (3).

Les Anglois courtaudent leurs chevaux à l'âge de deux ou trois ans, soit qu'ils les destinent au trait, soit qu'ils les destinent à porter. Ils prétendent qu'ils acquièrent plus de forces dans la colonne vertébrale, lorsque le tronc de leur queue est moins long, & qu'elle a moins de crins à nourrir.

Mais ont-ils réellement songé à ce procédé pour donner plus de force à la croupe d'un cheval ? Cette force ne vient-elle pas plutôt de l'accroissement naturel & de la race ? Au-

---

(1) *Voyez* dans le *Journal de Paris*, année 1787, nᵒˢ 201 & 216, deux Lettres de MM. HUZARD & FEYDEL, contenant une notice historique & critique sur l'amputation de la queue à la manière des Anglois. (*Note de l'Editeur.*).

(2) *Voyez* DUFRESNE, *glossar.* au mot *Caudati.*

(3) Il est déjà d'assez ancienne date, sur-tout chez les Allemands & les Flamands. En 1497, l'Empereur Maximilien descendit en Italie par les Monts des Grisons, avec dix Compagnies d'Infanterie, & cinq cens Cavaliers, dont les chevaux étoient courtaudés. On lit dans la Bibliothèque militaire, que cette invention, qu'on y dit très-ancienne, est due aux Allemands; mais cela est faux. Aucun peuple ne peut le disputer aux Anglois, pour l'antiquité de cet usage. Voyez *Neve Kriegs Bibliothek. Breszlau*, 1771, in-8º, 6ᵉ cahier.

roit-on auſſi recherché certaine beauté dans cette queue coupée & relevée? Ou a-t-on d'abord voulu empêcher que des chevaux, rangés de file les uns devant les autres, ne ſaliſſent ceux de derrière en leur jettant de la boue, même dans les yeux? A-t-on voulu s'éviter la peine de trouſſer la queue dans les temps de pluie, lorſque les routes ou les chemins ſont très-boueux? J'avoue franchement que je laiſſe ces queſtions à décider à d'autres.

Au moins les Anglois ne font-ils cette opération qu'à de jeunes chevaux, dont les tendons & les ligamens ont encore beaucoup de molleſſe & de flexibilité; circonſtances néceſſaires pour eſpérer de guérir avec ſuccès, les plaies qu'on eſt obligé de faire. Ils ſont aſſurément plus prudens en cela que leurs imitateurs, qui courtaudent des chevaux de cinq & ſix ans, ou même plus âgés, & qui ne réfléchiſſent pas à l'influence déſavantageuſe que cela peut avoir ſur les forces de l'épine du dos : car je n'inſiſterai pas ici ſur le danger réel de perdre la vie, auquel une opération, ſi cruelle à cet âge, expoſe ces animaux.

Mais une autre raiſon ſemble juſtifier les Anglois de mutiler ainſi leurs chevaux, & de leur ôter cette arme que la nature leur a donné pour ſe défendre contre les inſectes qui les attaquent. On ne voit pas en Angleterre, ces légions d'ennemis qu'on rencontre dans d'autres pays; ce qui eſt dû à la fraîcheur des nuits d'été. Il n'y a guère que des mouches ordinaires, & il y a au contraire beaucoup d'inſectes aîlés, & munis d'une dure écaille, telles que ceux du genre des scarabées. Mais il est extrêmement rare d'y trouver, même dans les étés les plus chauds, l'*œstre* (1), l'*azile* (2), le *taon* (3), qui sont en Allemagne, & dans

---

(1) *Œstrus bovinus ;* en allemand, *viehbrœmse.* Cette mouche, si redoutable aux gros bestiaux, a les aîles tachetées, la cuirasse jaune, avec une lisière brune : le train de derrière est jaune, excepté la pointe, qui a une couleur noire. Linn. *system. nat. insect. VI. dipter.* n°. 220.

(2) *Conops,* en allemand, *stechfliege,* ou *pferdestecher.* Cette espèce est si semblable aux mouches ordinaires de nos appartemens, qu'on ne sauroit les distinguer, à moins qu'on ne trouve sa trompe aiguë. Elle attaque particuliérement les chevaux. Linn. *ibid.* n°. 226.

(3) *Tabanus bovinus,* en allemand, *ochsenbrœmse.* Il est généralement bien connu, & très - nombreux dans son espèce. Le dessus du corps est d'un brun cendré, jaune en-dessous : on apperçoit sur le dos du train de derrière, & tout le long, jusqu'au bas, une traînée de taches blanches triangulaires : les yeux sont verdâtres. Linn. *ibid.* n° 223.

C'est sans doute de la première espèce que parle Virgile, dans le Livre III , vers 149 & suivans de ses *Géorgiques* , en ces termes :

Asper , acerba sonans ; quo tota exterrita sylvis
Diffugiunt armenta, furit mugitibus æther
Concussus , silvæque, & sicci ripa Tanagri.

J'ajouterai à cette note de l'Auteur, que j'ai connu par expérience la fureur des *conops* dans les bois d'Allemagne, du côté d'Aschafenbourg, Palais de l'Electeur de Mayence : j'en fus assailli vers la nuit avec tant de violence, qu'il me fallut arracher & agiter continuellement de la tête aux pieds plusieurs branches d'arbres, jusqu'à ce que je fusse hors de la forêt. Ces terribles mouches font sortir le sang à l'instant même qu'elles se posent. (*Note du Traducteur.*)

d'autres pays, le fléau général des chevaux &
d'autres animaux, du fang defquels ils fe nourriffent, les perfécutant quelquefois jufqu'à les
mettre en furie.

Il y a encore une efpèce de *taon* ou *d'œftre* (1),
qui s'attache particuliérement à *l'anus* ou fon-

---

(1) *Œftrus ani equorum*, *œftrus hæmorrhoidalis*; en
allemand, *afterkriecher*. Les aîles de cette mouche ne
font pas tachetées. La cuiraffe en eft noire, & l'écaille
fupérieure de couleur pâle. Le train de derrière eft auffi
d'une teinte noire, excepté le fpondyle, qui eft blanc;
mais la pointe eft jaune. *Voyez* LINN. *ibid.* n° 220.

La femelle obferve le moment où le cheval rend
fes excrémens, & dépofe auffi-tôt fes œufs à l'orifice
du *rectum*. Les petites larves parcourent, en rampant,
les quatre-vingts pieds qu'ont de longueur les inteftins
du cheval, & fe rendent dans fon eftomac. Lorfqu'on
le diffèque, on les y trouve par centaines, & toutes
attachées à la tunique interne par leur crochet aigu.
Quelquefois elles percent totalement le vifcère, & y
caufent la gangrène inflammatoire. Cependant, lorfque
le temps de leur métamorphofe approche, elles parcourent, pour fortir, le même trajet qu'elles ont fait
pour arriver à l'eftomac, fe jettent hors de *l'anus*, font
fur le champ un trou en terre, s'y cachent, & deviennent
chryfalides. Voyez le *Syftême de la nature de* LINNÉE,
Part. 5., & le *Manuel d'Hiftoire naturelle de* BLUMEN-
BACH, page 388.

Il y a cependant un moyen de détruire les jeunes
larves qui fe nichent dans le fondement, & deviennent,
par leur grand nombre, la caufe de la mort des chevaux qui font au pâturage. C'eft de les abattre par le
procédé indiqué ci-devant, page 263; d'enlever, en
grattant, ces infectes du fondement, & d'oindre les endroits attaqués avec du goudron, ou de bon baume
vulnéraire. Voyez la *Collection allemande de* SCHREBER,
déjà ci-devant citée, *Part.* 16, *page* 15.

dement des chevaux, & qui souvent les fait périr. Ainsi les chevaux courtaudés sont encore plus exposés à cet accident, que ceux qui ne le sont pas. Mais on n'a pas ce risque à craindre en Angleterre, où l'on ne voit sans doute pas cet insecte.

On voit donc qu'il n'y a qu'en Angleterre, & même exclusivement à toute autre contrée, où les chevaux puissent se passer d'une longue queue; & que c'est agir contre le but de la nature, ou plutôt avec cruauté envers ces animaux, que de leur retrancher cette arme. En effet, n'est-ce pas les abandonner en proie à ces nuées d'insectes, contre lesquels ni les filets, ni les réseaux quelconques dont on les garnit, ne peuvent les garantir suffisamment? A peine ces défenses accessoires leur suffisent-elles, même lorsqu'ils ont une longue queue, sur-tout au service, où souvent ils ne peuvent se défendre contre cette foule d'ennemis, ni avec la bouche, ni avec les pieds (1).

La cavalerie angloise a plusieurs fois eu lieu, dans le Continent, d'éprouver toutes les suites fâcheuses qui devoient résulter de la perte de cette arme, dont elle étoit privée. La plus grande partie de ce corps fut démontée par la mort des chevaux, que les mouches firent périr près de Dettingue, en 1743, & près

____

(1) *Voyez* dans le *Journal de Paris*, année 1787, nº 265, une lettre de M. GILBERT, Professeur à l'Ecole royale Vétérinaire, sur l'utilité des différentes parties qu'on ampute ou qu'on mutile impitoyablement dans le cheval. (*Note de l'Editeur.*)

de Frizlar, Hochkirch, Wilhelmſthal, *&c.* Dans la guerre de ſept ans, qui commença en 1756, les mouches mirent la cavalerie angloiſe dans un ſi grand déſordre, près de Minden, que l'armée combinée fut ſur le point de perdre la bataille : auſſi, depuis cette dernière guerre, tous les chevaux de la **cavalerie angloiſe** ont leur queue (1).

Si, malgré ces faits d'expérience, qui devroient être autant d'avis importans & déciſifs contre l'uſage qu'un goût dépravé, ou la manie de l'imitation a introduit, on veut néanmoins faire l'opération, voici le procédé le plus ſûr, ſelon moi ; car il faut ici beaucoup plus de précaution & d'habileté que bien des gens ne le penſent (2).

On mettra le cheval au travail, où on lui arrêtera bien les jambes de derrière, afin qu'il ne puiſſe pas s'écarter de la main de l'opéra-

---

(1) « J'ai vu ſouvent nos chevaux refuſer de manger, trépigner, ſuer, ſe bleſſer les uns les autres, & dépérir à vue d'œil, dévorés par les mouches, faute de queue pour les chaſſer ; tandis que ceux des régimens étrangers, qui avoient tous leurs crins, les chaſſoient facilement, étoient tranquilles, mangeoient paiſiblement, & ſe portoient bien ». *Mylord* PEMBROCKE *military équitation : or, a method of breaching horſes. London,* 1778, in-4°. avec fig. p. 122. (*Note de l'Editeur.*)

(2) Comparez ce que je dis avec ce qu'ont dit ſur le même ſujet, MM. DE SIND, *unterricht von der pferdezucht.* in-8°, page 165 ; — LAFOSSE, *Cours d'Hippiatrique*, p. 312 & 313 ; — & *Denis* ROBERTSON, *Leichte und neue art, pferde zu engliſiren. Arnheim,* 1770. In-8°. avec fig.

teur, ni le blesser. Une personne tiendra la queue élevée, & sans être attachée.

On incisera en travers avec un bon bistouri, à deux pouces environ de l'anus, les muscles qui se trouvent à la partie inférieure de la colonne osseuse de la queue, & qui servent à l'abaisser. On ne fait pas l'incision près de l'anus, de peur que la croupière ne touche la surface des cicatrices, & pour éviter encore d'endommager le *sphincter* : on fait ensuite une seconde incision semblable, à égale distance de la première. Il faut prendre garde de couper avec le bistouri les muscles qui font aux parties latérales de la queue, & qui aident à l'élever. On aura pareillement attention d'éviter les jointures des vertèbres ; ou si on y touchoit, on prendroit garde au moins de les entamer transversalement. Il n'y a pas moins de danger à trop élever la queue dans cette opération ; car si elle venoit à se rompre, il faudroit regarder le cheval comme perdu.

On s'en tient à ces deux incisions, lorsqu'on fait cette opération à un cheval de deux ou trois ans, dont le tronc de la queue & les vertèbres ont encore beaucoup plus de souplesse que dans les chevaux plus âgés.

Quant à ceux-ci, il faut faire trois incisions, à deux ou trois pouces l'une de l'autre, & toujours inciser en travers les fibres que l'on attaque. Si les bouts des parties tranchées font une saillie, on les enlève avec de bons ciseaux courbes, mais sans en faire sortir davantage au dehors avant de les accourcir.

Comme on laisse ordinairement la queue

d'une jument plus longue, on fera les incisions un peu plus éloignées l'une de l'autre.

Voici, pour arrêter le sang & pour la cure, un *Baume vulnéraire*, dont on peut se servir avec succès pour toute plaie récente, & que l'on doit par conséquent avoir de provision dans un Haras.

> Prenez, d'esprit-de-vin rectifié, *une chopine;*
> de myrrhe, *un gros;*
> d'aloës, *une once;*
> de grande marguerite, *demi-once;*
> de racine d'angélique, *demi-once.*

Laissez bien infuser (1) le tout ensemble au soleil, ou sur un four bien chaud. Lorsque le baume est fait, on le garde pour l'usage.

Lorsqu'on veut s'en servir, on y trempe des compresses, ou de la charpie de vieux linge, ou des étoupes de chanvre fin, jusqu'à ce que l'un ou l'autre de ces objets soit suffisamment imbibé. On en remplit alors les plaies qu'on serre avec des bandes de linge; mais il faut prendre garde de trop serrer le bandage, ou de le laisser trop lâche. Dans le premier cas, il en résulteroit un gonflement suivi d'inflammation; & dans le second, on ne s'opposeroit pas assez à l'éruption du sang.

Après avoir ainsi pansé la queue, on la fixera relevée avec un cordon qui ira de chaque

---

(1) L'Auteur dit *destillirt*, ce qui sembleroit indiquer une distillation; mais il s'agit d'infusion. (*Note du Tra-ducteur.*)

côté s'attacher à la partie inférieure de la fangle, dont l'animal fera ceint. Par ce moyen, on l'empêchera de fe déjetter d'un côté ou d'autre pendant la guérifon, & elle reftera fur la ligne de l'épine du dos. Il eft inutile de fuivre le confeil de ROBERTSON; felon lui, il faudroit attacher au bout de la queue une corde, qu'on feroit paffer dans une poulie, & à laquelle on attacheroit enfuite un poids proportionné, pour tenir ainfi la queue élevée pendant plufieurs jours; mais ce feroit martyrifer inutilement l'animal pendant tout ce temps.

On évitera que la queue ne fe dérange, d'abord, moyennant les ligatures que je viens d'indiquer, & enfuite en tenant le cheval attaché de très-court à l'écurie, de forte qu'il ne puiffe pas fe coucher.

Le lendemain de l'opération, on lâchera un peu le bandage, qui doit déjà être trop ferré, à caufe du gonflement. Si ce bandage fe trouvoit adhérent, on l'imbiberoit auparavant d'un peu d'eau chaude avec une éponge; mais il ne faudroit pas déranger la charpie, dans la crainte de faire revenir le fang.

Le troifième jour on lève totalement l'appareil, pour nettoyer les plaies, les oindre du baume avec une plume, ou en injecter avec une petite feringue. Alors on panfe avec de nouvelle charpie imprégnée de ce même baume, & l'on applique le bandage comme la première fois, ne ferrant qu'avec la prudence requife: l'on réitère ainfi ces panfemens tous les deux ou trois jours.

La guérifon complète s'opère en quinze ou vingt jours tout au plus.

Il ne faut pas oublier de faigner le cheval immédiatement après l'opération des incifions. S'il fe manifeftoit quelque figne d'inflammation, ou un gonflement à l'anus, on fomenteroit foigneufement la queue & l'anus avec l'*eau végéto-minérale* de GOULARD, dont j'ai donné la compofition dans le Chapitre VI, page 104, & l'on réitéreroit encore la faignée.

Quant au retranchement qu'on veut faire à la queue, il ne faut paffer à cette feconde opération qu'après avoir parfaitement guéri les incifions faites pour la tenir relevée. Elle eft fort fimple. Dès que le bout de la queue eft abattu, on applique le feu à l'extrémité du tronc reftant. Le cheval perd beaucoup moins de crins de cette manière, qu'en lui coupant la queue en même temps qu'on y fait les incifions.

Le printemps, ou l'arrière-faifon, font des temps plus favorables pour faire cette opération, que l'hiver ou l'été, pendant lefquels on a à craindre le froid & les chaleurs.

Comme on fe propofe de donner à un cheval un air, une apparence angloife, en le courtaudant, & en incifant la queue de la manière que je viens de détailler, il feroit du dernier ridicule de prendre indiftinctement un cheval quelconque, & qui n'auroit pas la coupe de la tête un peu *bufquée*, le corps bien fait, des os bien jettés, une allure légère, une croupe élevée, & fur-tout des qualités naturelles,

qui approcheroient le plus, à tous égards,
de celles qui caractérisent les chevaux de race
angloise (1).

CHAPITRE XVII.

Des Mulets.

IL y a tout lieu de croire que le premier
mulet que nous avons eu, fut l'effet du hasard
& de la chaleur d'une femelle qui, manquant
de mâle de son espèce, aura provoqué un
mâle d'une autre espèce. C'est MICHAELIS qui
nous a tiré de l'erreur d'attribuer à ANA,
belle-mère d'*Esaü*, l'invention de la méthode
de faire produire des mulets, selon la traduction ordinaire, *Gen.* XXXVI, 24. Elle a bien
découvert les bains chauds, dont le mot, en
langue hébraïque, est le même que celui des
mulets; mais il est certain qu'alors on n'avoit
pas de chevaux dans la Palestine, non plus que
dans les troupeaux des patriarches *Abraham*,
Isaac & *Jacob*; ils vinrent plus tard d'Egypte

---

(1) *Voyez* au surplus, pour tout ce qui concerne
l'amputation de la queue *simple* ou à *l'angloise*, le *Dictionnaire de Médecine* de *l'Encyclopédie méthodique*, au
mot *Amputation de la queue*: j'y traite cet objet dans
le plus grand détail, & je fais connoître les différentes méthodes employées jusqu'à présent pour cette
opération. (*Note de l'Éditeur.*)

dans la terre promife (1). De plus, la loi défendoit aux Ifraélites de tenter aucun mélange d'efpèces différentes : aujourd'hui encore on excommunie, en Italie, en France, &c. les gardes-étalons qui tentent de pareilles productions.

Les efpèces les plus communes parmi les mulets, font :

1°. Le *mulet* proprement dit (*mulus*), en allemand, *maulthier*, dont le père eft l'âne, & la mère eft la jument. Cette efpèce étant la plus multipliée, la plus belle & la meilleure, fera la feule dont nous nous occuperons dans ce Chapitre.

2°. Le *bardeau* (*hinnus*), *maulefel* en allemand, dont le père eft le cheval, & la mère eft l'ânefle. Cette feconde efpèce eft moins belle ; l'animal eft petit ; les oreilles font un peu plus longues que celles du cheval, tout le refte tient plutôt du père que de la mère. On prétend qu'à Montmartre, près Paris, on la multiplie affez, pour fervir de bêtes de charges aux meûniers & aux plâtriers (2).

On compte encore, parmi les efpèces de

---

(1) Voyez J. D. MICHAELIS, *ælteſte geſchichte der pferde und pferdezucht in Palœſtina und den benachbarten Lœndern, ſonderlich Egypten und Arabien. 8°. 1776.*

(2) L'Auteur a été ici mal informé. Les plâtriers de Montmartre n'emploient que des ânes pour porter leur plâtre ; ils les achètent à bas prix dans les marchés des environs de la Capitale ; auffi font-ils prefque tous vieux & de rebut : ils emploient encore de petits chevaux tarés & réformés, qu'ils ont à bon compte au marché

mulets qui fervent de bêtes de fomme, les *jumarres* ou *gemars*, que les Italiens nomment *bos mulo*, ou *gemeri*, les Allemands *ochfenefel*, ou *maul-ochfen*. Ces efpèces font au nombre de quatre.

La première eft produite par le taureau & l'âneffe : elle eft nommée *bif*. La feconde eft produite par le taureau & la jument, & eft nommée *baf*. Elles ont la queue de la vache; la tête eft celle du veau, & il y a en place de cornes deux petites protubérances : elles ont le corps & les jambes du cheval ou de l'âne : leur caractère eft méchant. Ces animaux font plus forts que les mulets ordinaires, & courent très-vîte. Ils fervent en Auvergne, en Dauphiné, en Vivarais, en Savoie & en Piémont, ainfi qu'en Efpagne, pour porter, dans les montagnes, des fardeaux pefant jufqu'à fept ou huit cens livres (1).

---

aux chevaux de Paris. Les meûniers emploient de bons chevaux, ou des mulets proprement dit. (*Note de l'Editeur*, qui demeure au pied de cette montagne).

(1) Voyez *des Ritters* CARL VON LINNÉ, *natur fyftem,* 1. *theil. 8°. Nürnberg, 1773, feite 455.*

Voyez auffi *Des herrn abt* SPALLANZANI, *phyfikalifch - und matematifche abhandlungen, Leipzig, 1769.* 4ᵉ Traité, *Correfpondance fur les mulets & autres animaux bâtards.*

M. DE HALLER doute de l'exiftence des jumarres, à caufe de la difparité des parties génitales des père & mère. Voyez fa *Phyfiologie*, VIIIᵉ vol. p. 15.

Plufieurs François & Italiens m'ont affuré qu'ils font très - communs chez eux & en Dauphiné. J'en vis quelques-uns dans ma jeuneffe, qui venoient d'Italie,

M. Baretty , M. Valmont de Bomaré, & M. *le Baron* de Gleichen , parlent d'une

---

& paſſoient par Wirtemberg. Je ne les examinai pas alors avec les mêmes yeux que je les verrois aujour-d'hui.

On dit que le feu Margrave *Frederic Chretien de Bareuth* a amené d'Italie une paire de jumarres ; & on m'a aſſuré qu'il y en avoit dans les Ecuries du Prince, à Caſſel.

J. B. Porta , de Naples, aſſure en avoir vu dans Ferrare, dont il fait la deſcription, en diſant qu'ils avoient la tête comme un veau, & à la place de cornes, deux croiſſances, la robe noire , avec des yeux de bœuſ. Voyez *Mag. nat. Lib. I , cap. IX. p. m. 128.*

Dans l'*Hiſtoire générale des Egliſes évangéliques des vallées de Piémont ou Vaudoiſes , par* Jean Leger : *A Leide ,* 1669, in-fol. on trouve une gravure de *jumarre,* avec la deſcription ſuivante : « J'obſerve que le *jumarre* » eſt le plus méconnu de tous les animaux domeſtiques » qui habitent les provinces méridionales : il eſt le pro- » duit, ou d'un taureau avec une jument , ou d'un » taureau avec une âneſſe. La première production porte » le nom de *baſ.* Elle eſt la plus grande. La ſeconde , » qui porte celui de *bif ,* eſt plus petite. La première » a la mâchoire antérieure plus courte que la poſté- » rieure, ainſi qu'on le voit dans le cochon, & de » manière que les dents antérieures & ſupérieures ſont » un ou deux pouces plus en arrière que les inférieures ».

» La ſeconde production a, au contraire, la mâchoire » poſtérieure plus longue , à-peu-près comme les lièvres » & les lapins, de manière que les dents inférieures » vont auſſi plus en avant. Par cette raiſon, ni l'une » ni l'autre eſpèce ne peut paître que dans les endroits » où l'herbe eſt aſſez longue pour qu'ils puiſſent la ſaiſir » & l'arracher avec la langue, ſelon la différence de » leurs mâchoires. Ils ont la tête & la queue comme » un bœuf, & de petites protubercules au lieu de » cornes ; tout le reſte du corps reſſemble, ou à l'âne,

troiſième

troisième & quatrième espèce, dont une est le produit de l'âne & de la vache, & l'autre le produit du cheval & de la vache.

» ou au cheval. Leur force & leur courage sont éton-
» nans, relativement à leur taille. Ils sont plus petits
» que les mulets; ils mangent peu, & courent très-
» vite. En Septembre, j'ai fait un voyage de dix-huit
» milles sur un de ces *jumarres*, toujours dans des mon-
» tagnes; & malgré cela, je le fis avec beaucoup plus
» de commodité que sur un cheval ».

Cette description est la même que celle de M. le *Baron* DE GLEICHEN, dans son Ouvrage ci-après cité, page 64. (*Note de l'Auteur.*)

On voit dans le Cabinet d'Anatomie de l'Ecole royale Vétérinaire établie à Alfort, près Paris, une tête de jumarre. L'animal auquel elle appartenoit a été envoyé du Dauphiné à M. CHABERT, Directeur gé-néral des Ecoles Vétérinaires de France, comme une vraie production du taureau avec la jument; il a vécu à l'Ecole pendant six ans. M. CHABERT, toujours attentif à ce qui peut contribuer aux progrès de la science vétérinaire, & qui porte dans ses recherches le véritable esprit d'observation, après avoir comparé la conformation de cet animal avec celle de tous les autres animaux domestiques, en a fait une pièce de miologie & d'angeiologie, qu'il a placée dans le Cabinet.

La tête, dans son ensemble, se rapporte assez à celle du cheval; l'os frontal est applati & enfoncé; il pré-sente plus de surface que celui du cheval; les os du nez sont plus larges, chacun d'eux est arrondi dans sa réunion avec l'os frontal. On rencontre une forte dé-pression à leur partie moyenne, plus marquée encore que dans le cheval nommé *camus*. La réunion des os du nez forme une gouttière assez considérable; ces os se terminent en pointe, comme dans le cheval, tandis que dans le bœuf, ils sont pointus en haut, & plus

T

M. Baretty s'est assuré de l'existence de ces quatre espèces de *jumarres*, en voyageant

---

ou moins évasés & arrondis en bas ; la mâchoire postérieure est plus quarrée que dans le cheval ; il me semble cependant que cette mâchoire a plutôt la forme de celle du cochon, que de celle du bœuf, ayant deux pouces de plus en longueur que la mâchoire antérieure, il n'y a que cinq dents incisives & deux petits crochets ; comme dans la jument dite *brehaigne*, la mâchoire antérieure a six dents incisives, & point de crochets. En général, ces dents ont la forme de celles du cheval.

Quant aux protubérances sur les os pariétaux, où poussent les cornes des bœufs, & dont beaucoup d'Auteurs affirment l'existence, on n'en apperçoit ici aucune trace. Je n'ai pas vu cet animal vivant ; mais M. Chabert m'a assuré qu'il ne ressembloit pas du tout au bœuf, mais plutôt à un mulet monstrueux par la conformation de ses mâchoires, & qu'il a trouvé, dans ses voyages en Dauphiné, plusieurs de ces *jumarres* ayant les mêmes défectuosités. Il m'a ajouté qu'il n'avoit jamais pu s'assurer, par un seul fait, que ces animaux fussent réellement le produit du taureau avec la jument, ou du cheval avec la vache, quelques soins qu'il se soit donnés pour vérifier ce point si intéressant, tant pour l'histoire naturelle, que pour l'économie rurale.

Ces *jumarres* sont à la vérité moins rares dans le Dauphiné, le Vivarais & les autres provinces méridionales de la France ; mais la multiplication des mulets y étant beaucoup plus considérable, en raison du commerce que les habitans en font avec les Espagnols, il n'est pas étonnant de trouver, entre ce grand nombre d'animaux qui sont déjà des produits contre nature, des écarts & des monstruosités, puisque ces cas se trouvent aussi dans les alliances entre animaux de même espèce. J'ai sous les yeux des preuves de cette vérité. Le squelette d'une belle jument angloise, nourrie à l'Ecole vétérinaire pendant quatre ans, a la mâchoire antérieure d'un pouce plus alongée que la postérieure,

dans l'Italie, & principalement dans le Piémont.
Cet auteur, ainsi que le *Baron* DE GLEICHEN,

---

de manière que les dents de la mâchoire antérieure se
contournent, & couvrent, par leur longueur, celles
de la mâchoire postérieure. Voici encore un autre
exemple d'un petit cochon de lait, qu'on prétend mal-
à-propos être le produit d'un chien avec une truie. Cet
animal très-petit, est rembourré & conservé dans le
cabinet de l'Ecole, comme le squelette ci-dessus. Il a
la mâchoire inférieure beaucoup plus longue que l'autre;
elle ne m'a présenté que quatre dents incisives, qui ne
ressemblent, ni à celles du cochon, ni à celles du chien;
elles sont renversées de dedans en dehors; tout le
monde sait cependant que dans le cochon, au contraire,
la mâchoire supérieure est plus longue, & que ces
parties sont égales en longueur dans le chien. Tout le
reste de cet animal est du cochon.

Il me semble que ces petites protubérances sur les
os pariétaux, que plusieurs Auteurs ont rencontrées
dans le *jumarre*, & qui n'existent pas dans celui que
je viens de citer, ne prouvent pas plus que ces animaux sont une espèce particulière, que la difformité
de leur mâchoire dont nous venons de parler, puisqu'il
y avoit à Troyes, en 1780, dans la Compagnie des
Gardes du Corps de Beauveau, un cheval d'une très-
belle race, nommé *Bucéphale*, qui avoit de chaque côté
du front des protubérances osseuses, imitant jusqu'à un
certain point, par leur forme, leur position & l'intervalle qui les séparoit, des cornes de bœuf, à l'époque
où elles commencent à sortir.

M. MALATS, pensionnaire de Sa Majesté Catholique
à l'Ecole vétérinaire, m'a assuré qu'on trouve en Espagne, dans le royaume de *Séville*, dans le village de
Tribujena, dans le royaume de *Jaen* & de *Grenade*,
trois races particulières de chevaux, qui ont la plupart
une ou deux de ces protubérances, qui approchent de
la forme d'un ergot de coq, & sont vacillantes. Elles
ne servent pas seulement à distinguer la race de ces

donnent la manière dont il faut procéder pour obtenir ces productions. Pour cet effet, on amene le cheval, le taureau, ou l'âne, auprès d'une femelle de son espèce, pour le provoquer : dès qu'il montre un desir ardent, on lui substitue la femelle qu'on lui destine, & qui doit être en chaleur : on choisit un endroit sombre, & on a soin d'introduire le membre (1).

Plusieurs . prétendent que les mulets sont comme tous, ou presque tous les animaux bâtards, incapables d'engendrer ; d'autres soutiennent le contraire. Quoi qu'il en soit, les exemples qu'on apporte de leur fécondité sont extrêmement rares chez nous (2).

---

chevaux ; mais les Espagnols disent encore que c'est une marque de la bonté & de la noblesse de l'animal, & que ceux qui les ont ne sont pas sujets aux tranchées. (*Note du Traducteur.*)

(1) Ceux qui voudront s'instruire plus amplement, pourront consulter les Auteurs suivans :

Les Italiens, ou *mœurs & coutumes d'Italie*, *traduit de l'Anglois de* M. BARRETY. In-8°. 1773, page 308.

Hernn VOLKMANNS, *historisch-kritische nachrichten von Italien*, *1770. 1. B. f. 219.*

Dictionnaire raisonné universel d'Histoire naturelle, *par* M. DE BOMARE, *in-8°. Paris*, *1775*, *tome 4e*, au mot *Jumart.*

W. F. Freiherrn von GLEICHEN, *genannt ruszworm, abhandlung über die saamen-und infusions-thierchen, und über erzengung, Nürnberg, 4°. 1778, seit.* 29, 30, 64.

(2) D'où vient l'ancien proverbe, *cum mula pepererit*; quand on parloit d'une chose qu'on ne pouvoit pas espérer ; c'est pourquoi *Galba* s'étoit servi du même proverbe, quand on lui prédisoit, par différens signes,

Le mulet qui provient d'un âne avec une jument, est un animal très-souvent de la taille

---

qu'il monteroit un jour sur le trône Impérial : mais ce proverbe ne répondit pas à l'idée qu'on en avoit , & se trouva faux, puisqu'une mule engendra dans le même temps où les soldats de *Néron* se révoltèrent contre lui ; & qu'alors *Galba* se rappellant ce qu'on lui avoit prédit , prit le parti de l'Empire. Voyez SUÉTON. *in Galba. cap. IV.*

CICÉRON & JUVENAL disoient qu'il étoit plus rare de rencontrer un homme d'une conduite irréprochable, qu'une mule propre à concevoir. *Cicero de divinatione, lib. II, cap. 22 & 28. Juvenal, sat. XIII, vers 64.*

VARRON & COLUMELLE, & avant eux, DIONYSIUS & MAGON, font mention d'une mule pleine, qui existoit à Rome, & disent aussi que la fécondité des mules d'Afrique étoit très-commune. *Varron. de re rust. lib. II, cap. 1. 27. Columella , ibid. lib. VI, cap. 37. 3.*

On prétend que dans l'Afrique & dans la Syrie, les mulets se propagent eux-mêmes. Voyez *des ritters von* LINNE *natur. system. 1. th. seit. 455.*

Quoique PLINE doutoit de la fécondité des mules, il cite , dans plusieurs endroits de ses écrits, les parts des mules, comme des prodiges, & il s'appuie sur l'assertion de THÉOPHRASTE , qui prétend que ces parts sont très-communs en Capadoce. *Plin. lib. VIII , cap. 44.*

BOCHART. *hieroz. 1. 2. 20. pag. 832* , démontre , par des exemples, qu'un certain genre de mulets propage leur espèce.

Selon l'opinion d'ARISTOTE, le mulet peut engendrer avec la jument à l'âge de sept ans, & regarde au contraire la mule comme stérile. *Aristoteles histor. animal. Lib. VI. 24. Lib. II, cap. 6.*

HOUTTUIN cite un exemple récent d'une mule qui a mis bas à Palerme, en Sicile, en 1703. Voyez LINNÉE, *Syst. de la nat. Tom. I, page 455* , ci-devant cité.

Dans l'*Histoire naturelle de M.* DE BUFFON , onzième volume, page 7, on trouve une lettre de M. NORT,

du cheval, & de seize à dix-sept palmes de hauteur, très-fort, plus vigoureux même que

---

du Cap François, dans laquelle il annonce l'engendrement d'une mule avec un mulet, qu'il adresse à l'Académie royale des Sciences de Berlin.

Le *Magasin de la nature, des arts & des sciences de Berne*, 1. *vol. prem. part.* 1775, Mémoire 7, contient un Traité sur la fécondité des mulets. On y trouve que les mulets qui sont produits par un âne & une jument, sont toujours féconds ; les mules sautées par un cheval le sont aussi, mais plus rarement.

On dit qu'en Italie & en Espagne, où l'on s'occupe beaucoup plus que chez nous de la multiplication de ces animaux, les exemples de leur fécondité ne sont pas si rares. (*Note de l'Auteur.*)

M. MALATS, que j'ai déjà cité, m'a assuré avoir vu, en 1777, dans la ville de Valence, à la *puerta de quarta*, chez un Laboureur, un poulain âgé de quatre ans, de quatre pieds trois pouces de hauteur, produit par une mule avec un cheval : il avoit la tête, le dos, les sabots & la queue comme la mule, les oreilles plus courtes, mais cependant plus longues que celles du cheval, les yeux petits, les orbites très-faillans, & les salières creuses. Il étoit bai châtain. Son tempérament étoit ardent, & doué de beaucoup de méchanceté. Il hennissoit à chaque instant comme un cheval. (*Note du Traducteur.*)

M. DE BOMARE est aussi de cette opinion en faveur de la fécondité des mulets ; il se fonde sur M. ADANSON, sur le *Journal de Trévoux, d'Octobre 1703, page 82*, & sur une description anatomique de cette espèce d'animaux, faite par BLASIUS & STENON. Voyez son *Dictionnaire d'Histoire naturelle*, ci-devant cité, aux mots *Jumarre* & *Mulet*.

L'Auteur du *Dictionnaire portatif du Cultivateur ; Paris, 1760, in-8°.* nous assure que les mulets sont capables d'engendrer dans les pays chauds. Tome II, au mot *Mulet.*

le cheval, en comparaifon de fa taille. Il a
trente-fix dents, qui ont toutes la reffemblance

Au moins eft-il prouvé, dit M. le Baron DE GLEI-
CHEN, que la mule eft féconde ; on l'a vu mettre bas,
non-feulement à Milan, à Palerme, à Madrid, à Naples
& à Saint-Domingue, mais auffi à Œttingen, ville de
Souabe. Ce dernier exemple eft de l'année 1759. Le
père étoit un cheval, & la mère une mule de quatre
ans ; la production différa feulement du père, par la
longueur de fes oreilles, & ne vécut que quatorze jours.
On réitéra encore, l'année fuivante, cette expérience
avec la même mule ; les fuccès furent les mêmes, &
le poulain ne vécut également que peu de jours. Voyez
fon ouvrage ci-devant cité, page 25.

Ainfi, on ne peut pas raifonnablement nier la fécondité de ces animaux bâtards, puifque non-feulement ils
s'accouplent avec beaucoup d'ardeur, mais on reconnoît encore que leur organifation génitale eft com-
plette. Il eft cependant fingulier qu'on voie quelquefois des mulets refufer de s'accoupler avec des mules,
pour aller avec des jumens, & que d'autres préfèrent
toujours les mules.

On fait d'ailleurs que les réfultats de l'accouplement
du loup & du renard avec le chien font féconds. Voyez
BLUMENBACH, *de generis humani varietate nativa.* in·8°.
Gœtting. 1773, pag. 10.

M. SPRENGER démontre la fécondité des oifeaux
bâtards. *In opufc. phyfic. math. Hannover, 1753*, page 27.

L'Auteur de la *Doctrine des fciences économiques* prétend que la carpe fraie avec le coraffin & la tanche,
qu'il en réfulte des carpes hermaphrodites ou andro-
gynes ; que les poiffons produits de la carpe avec le
coraffin font plus larges que longs, & que ceux qui
réfultent de la carpe avec la tanche font les carpes
marquetées, & qu'elles font cependant propres à fe
produire. Voyez la 11e partie, page 461 de cet Ouvrage.

Pourroit-on donc rejetter fi légérement le foupçon

T 4

de celles de l'âne ; &, comme celles du cheval ; elles donnent des renseignemens sur son âge :

---

que nous avons sur l'origine du cheval tigré, comme le produit du zèbre de l'Égypte ; car, parmi ces chevaux, ceux qui ont, de même que les ânes, la queue en grande partie dénuée de crins, & qu'on appelle *queue de rat*, qui sont ensellés, qui ont de longues oreilles, ressemblent très-bien au zèbre, ce bel animal, qui diffère si peu du cheval. On sait de plus qu'il y a des zèbres rayés & mouchetés.

A quelle opinion peut-on se livrer sur ce qui concerne l'espèce appellée, en latin, *equus hemionus*, & *dsiggestai*, en allemand, que le Jésuite *Jean - François* GERBILLON, dans son second voyage de la Tartarie, & PALLAS, dans son voyage du Mogol, disent avoir trouvé, & qui ne sont ni chevaux ni ânes ? Le père GERBILLON & M. MESSERSCHUND, qui les ont observés les premiers, les regardent comme intermédiaires entre les deux espèces, & comme mulets féconds, au lieu que M. PALLAS les regarde, avec plus de vraisemblance, comme faisant une espèce particulière. Voyez *Histoire générale des voyages*, vol. *VII*, p. 614. *Voyages de Pallas en Russie*, cap. 28.

Je ne suis entré dans d'aussi longs détails sur cette matière, que dans la vue d'encourager ceux de mes Lecteurs qui seront à portée de faire des expériences sur la fécondité ou la stérilité des mulets & d'autres animaux bâtards, & afin de répandre quelques lumières sur les systêmes des Naturalistes, concernant les productions simples & sans mêlange. Je pense, avec le *Baron* DE GLEICHEN, que le préjugé régnant de la non-fécondité des mulets a été un des obstacles qui ont empêché ces expériences, ainsi que la crainte assez fondée que ces animaux, une fois accouplés, ne deviennent plus lascifs, plus sauvages & plus indomptables ; peut-être aussi que les expériences de ce genre tentées jusqu'à ce jour, n'ont pas été faites avec assez d'exactitude & de précision. J'espère qu'en procédant

cet animal se développe aussi aux mêmes époques, & vit communément plus long-temps
que lui ; il y en a qui prétendent qu'il parvient
jusqu'à l'âge de quatre-vingts ans.

En général, il est d'un plus long service
que le cheval ; on ne voit pas, jusqu'à l'âge
de vingt & trente ans, de diminution notable
dans ses forces & dans son ardeur ; il soutient
plus aisément les fatigues, est moins sujet aux
maladies, & peut être nourri à meilleur marché ; il dort encore moins que le cheval, &
il y en a qui ne se couchent jamais.

Outre que ces animaux sont regardés comme
d'excellentes bêtes de charge, & qu'ils portent
des fardeaux de trois, quatre, & jusqu'à cinq
cens livres pesant, sans être beaucoup fatigués,
(On a chargé, dans l'armée Autrichienne,
chaque mulet de moyenne taille de quatre cens
livres pesant, les plus grands en avoient cinq
cens.) ils servent encore pour la monture ;
leur pas est assuré & doux, & leur trot est
très-léger ; ils marchent avec la plus grande
sûreté, dans les endroits où le cheval court
risque de s'assommer ; voilà pourquoi on les

---

avec toute l'attention requise, on réussira plus souvent
à cette fécondation dans les pays tempérés. On pourroit, à cet effet, choisir des animaux jeunes & bien
portans, ne pas se contenter de faire sauter la mule
une fois, mais plusieurs, en observant néanmoins les
temps intermédiaires de chaque saut, jusqu'à son refus
absolu de recevoir le mâle. Un seul & heureux essai
seroit bien plus précieux pour les Naturalistes, que
d'apprendre que dans tel jardin fleurit un aloës.

eftime tant dans les pays montagneux &
pierreux : ils font aufli propres pour le trait,
& on les attelle en Italie, en Portugal & en
Efpagne.

Des animaux d'une efpèce différente, quoique fe rapprochant, produifent généralement,
comme le cheval & l'âne, un animal qui eft
diftingué de tous les deux. Malgré cela, on
remarque que le *bardeau* tient plus de la femelle
que du mâle ; de même que ceux qui font produits par l'âne avec la jument retiennent beaucoup des qualités du cheval ; ils font plus
beaux, plus grands, plus leftes & plus gais
que ceux qui viennent du cheval & de l'âneffe ;
les premiers héritent de l'âne fa patience & fa
conftance dans les travaux, la tête, les oreilles,
les reins, la queue & la voix ; les feconds,
au contraire, font pareffeux, difformes &
petits. On a d'autant plus de raifon de négliger
la production de ces derniers, qu'on peut
avoir les autres avec beaucoup plus de facilité.

On voit affez communément combien le
poulain a la robe de la mère, c'eft-à-dire que
fi la jument eft grife, le poulain le fera auffi ;
une mère ifabelle donnera un poulain de la
même robe, quand même le père auroit la
fienne plus foncée ; enfin il y a autant de nuances
dans les robes de mulets que dans celles des
chevaux ; celle qu'on préfère eft le bai marron,
comme étant la plus belle & la plus conftante :
il eft d'ailleurs plus commode de les tenir
propres.

On peut faire naître des mulets dans tous
les pays. On a obfervé que ceux qui font nés

dans des pays froids, valent mieux que ceux qui font nés dans les pays chauds, quoique ce foit-là leur première origine. Je doute fi les mulets qu'on élève dans les haras de Wirtemberg & de l'Evêque de Spire, ne font pas auffi beaux & auffi bons que ceux qui viennent d'Italie & d'Efpagne; j'affure qu'ils ne leur céderont pas (1).

Les ânes qui nous viennent de la partie méridionale de l'Europe, font plus grands, plus féconds & plus propres à nous fournir des ânes & des mulets. Cette vérité eft démontrée, pour peu qu'on compare cette efpèce avec celle qu'on voit dans les pays froids.

On eft convaincu que l'âne & le cheval font originaire du même pays, puifqu'on trouve encore des troupeaux nombreux d'ânes & de chevaux dans certaines contrées tempérées d'Afie. La chaleur convient mieux aux chevaux & aux mulets. Il paroît que ceux-ci fupportent moins le froid, voilà pourquoi la race en eft prefque éteinte dans le Nord, & voilà pourquoi auffi ceux qui reftent font plus petits & plus chétifs.

C'eft dans l'Efpagne & à Milan, qu'on trouve

---

(1) *Augufte*, Comte de Limbourg-Styrum, Prince régnant & Evêque de Spire, a amélioré les Haras d'Altenbourg, près Bruchfal, fondé par le Cardinal *Schœnborn*, à un tel degré qu'on peut les compter parmi les meilleurs d'Allemagne : les mulets qu'on y élève font très-recherchés, & donnent un bon revenu. On en a acheté, dans la dernière guerre, dix-neuf têtes pour l'armée de l'Empereur, qu'on a payé chacune foixante-quinze ducats.

les meilleurs ânes pour étalons; on en trouve aussi à Rome, à Gênes & dans d'autres parties d'Italie. Ils sont par-tout très-chers, sur-tout si le propriétaire sait que son animal est destiné pour le haras d'un seigneur (1).

---

(1) Il y a aussi en France quelques Provinces qui fournissent des ânes propres à servir d'étalon pour la propagation des mulets, & dans lesquelles le commerce de ces animaux, quoique bien moins étendu qu'autrefois, est encore considérable aujourd'hui ; nous croyons que nos lecteurs nous sauront gré de rapporter ce qu'on trouve de relatif à ce sujet, dans le *Mémoire du Conseil du dedans du Royaume, pour servir d'instruction à MM. les Intendans & Commissaires départis dans les Provinces du Royaume, touchant le rétablissement des Haras*, inséré page 94 du *Réglement du Roi & Instructions touchant l'administration des Haras du Royaume. A Paris, de l'Imprimerie royale. M. DCC. XXIV.* In-4°. Ce morceau intéressant & peu connu ne sera pas déplacé ici.

« Il se trouve dans le haut Poitou des *animaux* (*) qui sont presque aussi hauts que les plus grands mulets, mais d'une figure différente ; ils ont presque tous le poil long d'un demi-pied sur tout le corps, les boulets ou les jambes & les jarrets presque aussi larges que ceux des chevaux de carrosse ; on les tient à l'écurie séparément, dans des espèces de loges, attachés avec des chaînes de fer, d'où on ne les fait sortir que pour saillir la jument.... »

« Ils sont pour la plupart très-vicieux & cruels : si ces animaux se joignoient, ils s'étrangleroient ; il n'y a que l'homme qui a coutume de les panser qui ose en approcher.... communément, quand ils ont sailli, ils sont

---

(*) Dans cette province, comme dans le Languedoc, la Provence, le Dauphiné & les autres, où l'on fait des éleves en mulets, on appelle simplement l'*animal*, l'âne étalon ; ce terme si général est technique ici pour cet objet. (*Note de l'Editeur*).

J'ai vu de très-beaux mulets en Allemagne, produits par les ânes du pays, & auxquels on avoit donné des jumens de la grande taille.

---

beaucoup plus dangereux : on ne les ferre jamais, & ils portent la corne longue d'un pied ; ce qui eſt très-difforme ».

» Il y a dix à douze ans (*) qu'ils étoient d'un prix exceſſif en Poitou ; il s'en eſt vendu juſqu'à cinq cens écus pièce ; préſentement, les plus beaux ne paſſent pas huit à neuf cens livres, lorſqu'ils ſont éprouvés & reconnus bons ; ſi ce n'eſt quelques-uns, que les gardes-étalons, à qui ils appartiennent, eſtiment encore juſqu'à douze cens livres, à cauſe de leur hauteur, épaiſſeur & largeur de leurs jarrets ; la hauteur toute ſeule ne ſuffiſant pas pour en relever le prix : mais à trois & quatre ans, les plus beaux ne ſe vendent que trois, quatre & cinq cens livres ; ceux de poil bien noir ſont les plus eſtimés ; les gris ſales ſont les moins recher-chés ».

«..... La cherté de ces animaux vient principalement de la difficulté qu'il y a de les élever juſqu'à trois ans, n'y en ayant pas le quart, du moins en Poitou, qui arrivent à cet âge ; mais auſſi cet âge paſſé, ils vivent & ſervent juſqu'à vingt-cinq & trente ans..... La *goutte* & la *morve* ſont les maladies ordinaires à ces animaux, quand ils deviennent vieux »......

« Ils périſſent plus communément par les jambes, & deviennent ſi perclus, qu'ils ne peuvent plus ſortir de l'écurie. Ils ſervent par jour huit à dix jumens, quand ils ſont bien engrainés..... Ils en pourroient ſaillir autant que les baudets ; mais ils n'en feroient pas plus de poulains » (*).

(*) Cet ouvrage ayant été imprimé pour la première fois en 1717, l'époque dont il eſt fait mention ici remonte à 1705 & 1707, (*Note de l'Editeur.*)

(*) On voit, par cette phraſe, que ces animaux ne ſont pas des ânes de l'eſpèce ordinaire, qu'on diſtingue ici par le nom de *baudets* ; ſeroit-ce une autre eſpèce, originaire d'Eſ-

L'âne étalon, qu'on appelle *Baudet* en France, & *Eselhengst* en Allemagne, soit qu'on le prenne

---

« Il y a des gardes-étalons, dans le haut Poitou, qui ont cinq & six de ces animaux, dont chacun d'eux peut servir cent jumens pendant le temps d'une monte, jusques à l'âge de vingt-deux ans, après quoi ils diminuent de force: ils ne commencent à les faire servir qu'à l'âge de quatre ans. Ils sont tous d'un très-grand entretien ; car, pour les bien conserver, on leur donne jusqu'à trois boisseaux d'avoine par jour, mesure de Paris, pendant tout le temps de la monte. Tous ne sont pas également vigoureux ; de dix, à peine en trouve-t-on quatre qui servent bien : quelques-uns ne veulent point de jumens, qu'ils n'aient senti une bourique : ceux-ci ne sont pas si estimés ; on ne leur donne pas de bourique, que toute la monte ne soit finie, parce qu'ils ne voudroient plus servir de cavales ».

« Le produit de la mulasse est d'un très-considérable revenu au Poitou ; il paie au Roi un quart des impositions qui s'y lèvent. Les marchands d'Auvergne les y achètent à neuf mois, & les élèvent chez eux pour le Piémont & la Savoie ».

« Les Bayonnois les achètent aussi à neuf mois & à deux ans, & en font un grand débit en Espagne ».

« Les Provençaux & ceux de Languedoc les achètent à trois ans, pour les charrues & les litières, & enlèvent tout ce qu'il y a de plus grand & de plus beau ; ils en font aussi un débit assez considérable dans la Savoie. Les Dauphinois y font le même commerce en temps de guerre ».

« On avoit proposé, pour la perfection de l'espèce,

pagne, par exemple ou sont-ils eux-mêmes une espèce de mulets ? Dans ce dernier cas, leur fécondité ne seroit plus un problème. M. DE BUFFON n'a pas parlé de ces animaux dans son *Histoire naturelle de l'âne*, tome VIII, édition en trente-un vol. ni dans ce qu'il dit des mulets, tome XXIX, page 196 & suivantes, ni enfin dans le Supplément, in-12, tome V, page prem. & suiv. (*Note de l'Éditeur.*)

dans le pays ou qu'il vienne de l'étranger, doit être grand, vigoureux, avoir de grands & beaux yeux, les nazeaux amples & bien ouverts, l'encolure longue, la poitrine large, le dos musculeux, le garot élevé; quant à la queue, on croit que la briéveté est un signe de la vigueur de l'animal. On donne la préférence à une robe foncée; plus elle approche du noir, plus on l'apprécie & plus l'animal est vigoureux; si le poil est bien uni, c'est un signe certain de la santé de l'individu & de son énergie.

Lorsqu'on a un bon étalon, il est à propos de lui faire saillir de temps à autres, quelques ânesses, afin de conserver des individus de sa propre espèce, qui pourront servir, par la suite, à le remplacer comme étalon. Rien n'est plus commode que cette méthode, parce que le temps de la chaleur des ânesses est posté-

---

(des mulets) de faire venir des bouriquets de la plus grande taille, d'Egypte, de Malte & d'Alicante, où ils sont d'une beauté fort supérieure à ceux du haut Poitou; mais on prétend que l'on a essayé de ceux d'Egypte dans la province d'Auvergne, & qu'ils n'y ont rien produit; ce qui est assez ordinaire dans les animaux de toutes espèces, lorsqu'ils passent d'un climat fort chaud dans un pays tempéré; d'autant que l'on a l'expérience que ceux même de Poitou ne réussissent point en Auvergne, & que l'on s'en est tenu à ceux du pays »...... art. XXIX, page 135 & suivantes.
Les provinces du haut & bas Poitou, de haute & basse Auvergne, d'Aunis, de Saintonge & de Franche-Comté, produisoient alors, année commune, dix-huit à dix-neuf mille mules ou mulets. (*Note de l'Editeur.*)

rieur à celui de la chaleur des jumens; les premières y entrent dans les mois de mai, juin & juillet, & c'eſt pendant ce temps qu'elle eſt la plus forte. On n'oubliera pas de mieux ſoigner les ânons qu'on ne le fait ordinairement (1).

On ſe plaint de l'indomptabilité de ces animaux, ſeulement dans les lieux où on n'en élève pas beaucoup & où on n'en a pas aſſez de ſoins : c'eſt le contraire où ils ſont très-communs & où on les traite comme les chevaux ; ils y ſont doux, ils perdent leur méchanceté naturelle, qui n'eſt le plus ſouvent augmentée que par les mauvais traitemens : leur caractère dépend, pour ainſi dire, abſolument de leur éducation, de même que leur extérieur annonce le plus ou moins de ſoins qu'on leur

---

(1) L'obſervation ſuivante prouvera la néceſſité de ces ſoins. On voit, dans le Haras principal du Wirtemberg, un bel âne-étalon élevé dans ce même lieu, & qui ne le cède, ni en beauté, ni en grandeur, à ceux d'Italie : il a la queue auſſi courte que celle du cerf (l'homme qui gardoit ces animaux dans l'herbage a aſſuré que la mère, dans ſa plénitude, avoit fixé ſa vue ſur un cerf qui paſſoit devant elle). En venant au monde, il avoit l'anus imperforé, tout le derrière de la croupe étoit arrondi & liſſe juſqu'au tronçon de la queue ; on ne voyoit aucune trace d'ouverture pour la ſortie des excrémens : perſonne n'y fit attention ; mais le lendemain on m'avertit que le jeune ânon n'avoit pas encore fienté, qu'il étoit météoriſé & bien malade. Je preſcrivis un lavement, & c'eſt en voulant le donner, qu'on s'apperçut du défaut d'ouverture ; j'en fis une avec la lancette ; on donna tout de ſuite le lavement, & l'animal fut ſauvé.

a

a donnés pendant leur jeuneffe. Si , par la voix de la douceur, on ne parvient pas à les corriger, on y réuffira plutôt par la faim & par la foif que par les coups.

Comme l'accouplement de l'âne avec la jument eft un peu difficile , on peut inférer de-là l'horreur qu'a la nature pour produire des bâtards ; fouvent on eft obligé de mettre des lunettes à la jument, pour l'empêcher de voir l'âne qu'on lui deftine, & de fe défendre à fon approche ; elle doit être jeune , grande, forte , vigoureufe & bien corfée. Cependant on fait moins attention à la beauté de la jument, pour ce cas , que lorfqu'il s'agit d'avoir des chevaux , mais fa taille influe beaucoup fur celle qu'aura le mulet. Quant à l'inégalité de cette même taille au moment du faut , la jument eft mife à la portée de l'âne , par l'attention que l'on a de creufer le terrein où on la place , de manière que le derrière foit encore plus abaiffé que le devant. Il eft d'ufage , dans quelques haras, de donner du vin à l'âne avant le faut, quoique fans cela il foit affez ardent ; dans le cas où il manqueroit d'ardeur , on lui en procureroit à coups de bâton, l'efficacité de ce remède, qui eft fingulier & à très-bon marché, eft prouvée par l'expérience (1). On connoît

---

(1) Voyez *Georg Simon* WINTERS , *never und vermehrter traElat von der fluterey oder Fohlen-zucht*, &c. *Nürnberg*, *1703*, in-fol. page 125.

On voit quelquefois , dans Paris , des chevaux entiers attelés à des charettes fe jetter fur des jumens ; les charretiers alors cherchent à les féparer à grand's coups

d'ailleurs les effets de la flagellation fur les hommes, en pareil cas.

Quoique les ânes foient plus ardens que les chevaux, ils durent cependant plus long-temps; ils peuvent aller depuis l'âge de quatre à cinq ans jufqu'à trente, & couvrir dix à quinze jumens par an. La jument retient plus facile-ment du baudet que de l'étalon, peut-être à caufe de la longueur du membre & de la durée du coït, pendant lequel elle entre en pleine chaleur. On doit ménager les ânes, ne pas les faire fauter tous les jours, mais de deux jours l'un feulement.

On croit qu'une jument qui a fait des mulets, eft incapable de retenir lorfqu'on lui donne un étalon. Mais il eft démontré que ces deux fortes de fécondation peuvent avoir lieu. Il y a, dans le haras de Wirtemberg, une jument nommée *la Bourgeoife*, qui, après avoir donné deux mulets, a fait, quelques années après, de très-beaux poulains.

La durée de la geftation de la jument pour les mulets, eft plus longue que pour le cheval.

---

de fouet; mais loin de remplir leur but, les chevaux s'animent davantage, & les cris qu'ils pouffent annon-cent combien le fouet les aiguillonne, loin de les calmer. J'ai vu auffi, à une foire de campagne, un baudet placé près d'une bourique; il la fentit, & com-mença à braire & à s'en approcher; le propriétaire de la bourique lui donna quelques coups de bâton, pour l'éloigner; mais ils l'animèrent tellement, au contraire, qu'il fauta la bourique, malgré les coups redoublés & les efforts de fon maître pour l'en empêcher. (*Note de l'Editeur.*)

Dans le temps du part on aura pour elle les mêmes soins que j'ai indiqués ci-devant dans le Chapitre VII, *de l'accouchement des jumens,* page 107 & suivantes.

Le jeune mulet, ou *muleton,* se soutient plus promptement sur ses extrémités que le poulain ; quelques minutes après le part, il cherche les mamelles de la mère ; il ne tette que six à sept mois ; la mère ne voulant pas le souffrir plus long-temps, il est forcé de se sevrer lui-même.

On ferre les mulets qu'on destine pour la selle & pour le tirage, à la même époque que les poulains, c'est-à-dire à l'âge de deux ans & demi ou trois ans ; on se sert de fers très-légers. La ferrure de ceux qui sont destinés pour le bât ou la charge, sera un fer large, allongé & relevé en pince ; on lui donne le nom de *planche* ou *florentine* (1). Ce fer, présentant beaucoup de surface, rend l'animal plus solide que s'il étoit étroit comme celui du cheval.

On coupe les oreilles à ceux qui sont destinés pour la selle, de manière qu'elles sont pointues & imitent assez celles du cheval. Il faut, après avoir fendu la peau tout autour des oreilles, faire sortir le cartilage afin de n'amputer que lui seul, & que la peau, en se réunissant, ne rencontre pas cet obstacle, qui feroit saillie dans les lèvres de la plaie (2).

---

(1) Voyez *Essai théorique & pratique sur la ferrure,* par M. BOURGELAT, déjà ci-devant cité, page 70 & suivantes.

(2) *Voyez,* pour les détails qu'exige cette opération,

On les habitue, dans ce même âge, à la monture & à la charge, en leur mettant des poids fur le dos, tels que des facs remplis de crins, & enfuite d'autre chofe plus pefante. On ne les attelera, foit aux brancards, foit à des voitures, qu'après trois ans, & infenfible-ment on les habituera au genre d'exercice pour lequel on les deftine.

Le mulet étant plus lafcif que le cheval, & conféquemment plus indomptable, doit être plus ordinairement châtré; de plus, il eft très-fujet au *farcocèle*, qui exige pour la cure, l'opé-ration de la caftration; mais elle eft alors plus dangereufe que celle qu'on pratique ordinaire-ment, & qui, faifant perdre à l'animal une partie de fa force, eft très-fouvent néceffaire pour le rendre plus docile & plus doux. On procède pour cette opération comme fur le cheval; on choifit également l'âge de trois à quatre ans, parce qu'on court alors moins de rifque. La voix en devient auffi plus foible.

En confidérant les foins & le régime, ils font les mêmes que pour les chevaux, malgré qu'ils fe contentent d'un fourrage d'une qualité inférieure. En Italie & en Provence, on ne leur donne point d'avoine, on les nourrit feulement avec des recoupes de fon, du maïs, des châtaignes, des figues fèches, des dattes, des fèves de marais, *&c.*; ces dernières étant très - échauffantes & nutritives, doivent être

---

le *Dictionnaire de Médecine de l'Encyclopédie méthodique*, au mot *Amputation des oreilles*. (*Note de l'Editeur.*)

données avec beaucoup de précaution : on leur donne aussi du sel de temps à autre.

Les mulets aimant, comme les chevaux, une eau claire, ils endurent plutôt la soif toute la journée, que de boire une eau puante & malpropre.

Une écurie un peu chaude leur convient, & comme on les voit se vautrer souvent, on peut présumer que la poussière qui s'arrête sur leur dos, leur occasionne une démangeaison qui indique la nécessité de les tenir propres.

Il est constant que bien des mulets ne veulent obéir qu'à ceux qui en ont soin, qu'on nomme *muletier* en françois, & *maulefeltreiber*, ou *maulefelwærter* en allemand ; ce qui peut donner lieu à des inconvéniens auxquels il faut obvier, en les changeant de temps en temps de muletiers.

Il est d'autant plus étonnant qu'en Allemagne on néglige leur multiplication, que nous savons qu'elle y est très-belle, & qu'elle équivaut à celle des pays chauds ; ils sont d'ailleurs nécessaires à la Cour & à l'armée, soit pour la magnificence, soit pour le service & pour le transport des choses qui ne peuvent souffrir le charroi. Les seigneurs, en Espagne & en Portugal, s'en servent pour leurs voitures, & c'est pour cela qu'on les vend plus chers que les plus beaux chevaux. Un mulet qui est propre à être mis dans un attelage est vendu, en Italie, depuis cinq & six cens, jusqu'à mille & quinze cens *thalers*, ou écus d'Allemagne. Enfin, ils sont très-bons encore pour le labour ; & en Espagne, on les emploie généralement pour les travaux de l'agriculture (1). Ils seroient plus estimés en Allemagne, si on faisoit plus d'attention à leurs bonnes qualités, qui surpassent celles des chevaux.

---

(1) Voyez *Memoria sobre la preferencia que por su calidad se debe dar al buei respecto de la mula para la labranza*, &c. su autor el doct. *D. Josef* CASTELLNOU. *Madrid.* 1787, in-12. Dans cet Ouvrage, l'Auteur engage ses compatriotes à préférer & à substituer le bœuf au mulet pour le labour. Mais il en est de l'Espagne comme de tout autre pays ; & on peut voir, à ce sujet, ce qui a été dit ci-devant dans le Discours préliminaire, *pages xxvij & xxviij.* (*Note de l'Editeur.*)

F I N.

TABLE.

Fin de la Table.

primeurs, Libraires & autres perfonnes, de quelque qualité & condition qu'elles foient, d'en introduire d'impreffion étrangere dans aucun lieu de notre obéiffance ;
comme auffi d'imprimer ou faire imprimer, vendre,
faire vendre, débiter ni contrefaire ledit Ouvrage, fous
quelque prétexte que ce puiffe être, fans la permiffion
expreffe & par écrit dudit Expofant, fes hoirs ou
ayans-caufe, à peine de faifie & confifcation des Exemplaires contrefaits, de fix mille livres d'amende, qui
ne pourra être modérée pour la première fois, de pareille amende & de déchéance d'état en cas de récidive,
& de tous dépens, dommages & intérêts, conformément à l'Arrêt du Confeil du 30 Août 1777, concernant les contrefaçons. A la charge que ces Préfentes
feront enregiftrées tout au long fur le Regiftre de la
Communauté des Imprimeurs & Libraires de Paris,
dans trois mois de la date d'icelles ; que l'impreffion dudit
Ouvrage fera faite dans notre Royaume & non ailleurs,
en bon papier & beaux caracteres, conformément aux
Réglemens de la Librairie, à peine de déchéance du
préfent Privilège ; qu'avant de l'expofer en vente, le
Manufcrit qui aura fervi de copie à l'impreffion dudit
Ouvrage fera remis dans le même état où l'Approbation y aura été donnée, ès mains de notre très-cher &
féal Chevalier Garde-des-Sceaux de France, le fieur
DE LAMOIGNON, Commandeur de nos Ordres ; qu'il en
fera enfuite remis deux Exemplaires dans notre Biblio-
theque publique, un dans celle de notre Château du Lou-
vre, un dans celle de notre très-cher & féal Chevalier,
Chancelier de France, le fieur DE MAUPEOU, & un dans
celle dudit fieur DE LAMOIGNON ; le tout à peine de
nullité des Préfentes ; du contenu defquelles vous MAN-
DONS & enjoignons de faire jouir ledit Expofant & fes
ayans-caufe pleinement & paifiblement, fans fouffrir qu'il
leur foit fait aucun trouble ou empêchement. VOULONS
que la copie defdites Préfentes, qui fera imprimée tout au
long, au commencement ou à la fin dudit Ouvrage, foit
tenue pour duement fignifiée, & qu'aux copies collation-
nées par l'un de nos amés & féaux Confeillers-Secrétaires,
foi foit ajoutée comme à l'original. COMMANDONS au
premier notre Huiffier ou Sergent fur ce requis, de
faire, pour l'exécution d'icelles, tous actes requis &

néceſſaires, ſans demander autre permiſſion, & nonobſtant clameur de Haro, Charte Normande & Lettres à
ce contraires : Car tel eſt notre plaiſir. Donné à Ver-
ſailles, le deuxième jour du mois d'Avril, l'an de grace
mil ſept cent quatre-vingt-huit, & de notre Règne
le quatorzième. Par le Roi en ſon Conſeil.

Signé **LEBEGUE.**

*Regiſtré ſur le Regiſtre XXIII de la Chambre Royale &
Syndicale des Libraires & Imprimeurs de Paris, n°. ıııı,
fol. 507, conformément aux diſpoſitions énoncées dans le
préſent Privilège; & à la charge de remettre à ladite Chambre
les neuf Exemplaires preſcrits par l'Arrêt du Conſeil du
16 Avril 1785. A Paris, le 8 Avril 1788.*

Signé ***KNAPEN***, *Syndic.*

A PARIS, de l'Imprimerie de STOUPE.